烟草品质关键化学成分多维分析技术

主编 张承明 陈建华 王 晋
范多青 冯 欣

YANCAO PINZHI
GUANJIAN HUAXUE CHENGFEN DUOWEI FENXI JISHU

华中科技大学出版社
http://press.hust.edu.cn
中国·武汉

内 容 简 介

卷烟产品质量问题是卷烟企业关注的焦点,卷烟质量的优劣决定着企业生存和发展,特别是在国家提质增效、质量强国的大背景下,通过提升卷烟产品质量管控技术确保产品质量稳定具有十分重大的意义。本书通过介绍烟丝检测和分析技术的开发与应用,重点从卷烟产品烟丝物质基础出发,将检测和统计学方法进行集成整合,为卷烟产品质量评价和分析提供技术支撑。

本书内容较丰富全面,技术应用实例详尽,具有较强的科学性、知识性、适用性和参考性。列举了一些实例来详述建立的多维分析技术在烟草品质控制中的应用是本书编写的亮点之一,有助于读者正确理解和掌握多维分析技术在卷烟产品及烟丝物料中的应用,本书是一本适合烟草行业技术人员使用的工具书。

图书在版编目(CIP)数据

烟草品质关键化学成分多维分析技术/张承明等主编. — 武汉:华中科技大学出版社,2024.8.
ISBN 978-7-5772-1004-9

Ⅰ.TS45

中国国家版本馆 CIP 数据核字第 2024UU5614 号

烟草品质关键化学成分多维分析技术
Yancao Pinzhi Guanjian Huaxue Chengfen Duowei Fenxi Jishu

张承明　陈建华
王　晋　范多青　冯　欣　主编

策划编辑:吴晨希
责任编辑:段亚萍
封面设计:原色设计
责任监印:朱　玢
责任校对:张会军

出版发行:华中科技大学出版社(中国·武汉)　　电话:(027)81321913
　　　　　武汉市东湖新技术开发区华工科技园　　邮编:430223

录　　排:华中科技大学惠友文印中心
印　　刷:湖北新华印务有限公司
开　　本:787mm×1092mm　1/16
印　　张:17.5　插页:2
字　　数:401千字
版　　次:2024年8月第1版第1次印刷
定　　价:158.00元

本书若有印装质量问题,请向出版社营销中心调换
全国免费服务热线:400-6679-118　竭诚为您服务
版权所有　侵权必究

编辑委员会

主　编　　张承明　陈建华　王　晋　范多青　冯　欣
副主编　　张　涛　李雪梅　李　超　王庆华　杨光宇
　　　　　　叶　灵　刘　巍　赵　伟　王　岚　魏玉玲
　　　　　　田丽梅　王　涛　李响丽　杨　继　张凤梅
　　　　　　司晓喜　缪燕霞　乐志伟　王素娟　张兴月
　　　　　　杨建红
编　委　　叶祥睿　祁飞燕　郭丽娟　邹　楠　赵　敏
　　　　　　王　璐　耿永勤　缪恩铭　刘　欣　张子龙
　　　　　　杨　帅　崔柱文　陈进雄　吴亿勤　马　丽
　　　　　　廖　臻　王　建　李利君　苏　杨　王文元
　　　　　　李　晶　米其利　杨叶昆　高文军　曹红云
　　　　　　蒋次清

前言
PREFACE

卷烟产品质量问题是卷烟企业关注的焦点，卷烟质量的优劣决定着企业生存和发展，特别是在国家提质增效、质量强国的大背景下，通过提升卷烟产品质量管控技术确保产品质量稳定具有十分重大的意义。本书通过介绍烟丝检测和分析技术的开发与应用，重点从卷烟产品烟丝物质基础出发，将检测和统计学方法进行集成整合，为卷烟产品质量评价和分析提供技术支撑，可满足卷烟产品研发与维护的需求，将有力地促进卷烟产品质量管控水平的提升与技术进步。

本书内容主要分三部分呈现。第一部分概述了目前卷烟产品质量控制技术发展状况，色谱、指纹图谱技术在烟草中的应用，统计学方法在卷烟品质方面的应用。第二部分共六章，分别介绍了烟丝中挥发性卷烟风格特征成分系列检测方法开发，烟丝中挥发性、半挥发性卷烟风格特征成分系列检测方法开发，快速检测方法开发，统计方法开发，卷烟烟丝质量趋势光谱分析方法开发，检测和统计方法比较及确定。第三部分共五章，介绍了卷烟烟丝特征化学成分多维分析关键技术专题应用实例，包括野坝子蜂蜜真伪鉴别、彩色纸张颜色稳定性评价、不同梗丝质量差异性分析、不同烟叶品种差异性分析、卷烟烟气全组分分析及规律探索。

本书内容较丰富全面，技术应用实例详尽，具有较强的科学性、知识性、适用性和参考性。列举了一些实例来详述建立的多维分析技术在烟草品质控制中的应用是本书编写的亮点之一，有助于读者正确理解和掌握多维分析技术在卷烟产品及烟丝物料中的应用，本书是一本适合烟草行业技术人员使用的工具书。

本书在编写过程中参阅了许多专家、学者的研究成果，在此谨向有关专家和学者致以衷心的感谢！

本书的出版得到了云南中烟工业有限责任公司的资助，以及华中科技大学出版社有限责任公司的大力支持。在此，谨向所有为本书构思、编撰、出版提供过帮助的单位和个人表示诚挚的谢意！

由于多维分析技术涉及的学科和技术较为广泛，其知识体系和内容都还在不断的发展和完善中，而且编者水平和时间有限，书中或存不当之处，敬请读者不吝指正并提出宝贵意见。

目录

第一部分 烟草品质质量控制技术概述　1

第二部分 卷烟烟丝检测和分析新方法开发　14

第一章　烟丝中挥发性卷烟风格特征成分系列检测方法开发　16
第二章　烟丝中挥发性、半挥发性卷烟风格特征成分系列检测方法开发　27
第三章　快速检测方法开发　109
第四章　统计方法开发　139
第五章　卷烟烟丝质量趋势光谱分析方法开发　201
第六章　检测和统计方法比较及确定　206

第三部分 应用实例　210

第一章　卷烟烟丝特征化学成分多维分析关键技术专题应用研究Ⅰ
　　　　——野坝子蜂蜜真伪鉴别　210
第二章　卷烟烟丝特征化学成分多维分析关键技术专题应用研究Ⅱ
　　　　——彩色纸张颜色稳定性评价　225
第三章　卷烟烟丝特征化学成分多维分析关键技术专题应用研究Ⅲ
　　　　——不同梗丝质量差异性分析　242
第四章　卷烟烟丝特征化学成分多维分析关键技术专题应用研究Ⅳ
　　　　——不同烟叶品种差异性分析　246
第五章　卷烟烟丝特征化学成分多维分析关键技术专题应用研究Ⅴ
　　　　——卷烟烟气全组分分析及规律探索　252

第一部分
烟草品质质量控制技术概述

1. 引言

质量问题是卷烟企业重点关注的问题,卷烟质量的优劣决定着企业生存和发展,特别是在国家提质增效的大背景下,通过提升卷烟产品质量管控技术确保产品质量稳定具有十分重大的意义[1-3]。

烟草行业层面,通过卷烟国标的制定和修订,明确了烟草行业对卷烟产品质量管控的技术要求,并通过各层级检验计划的推进和实施,实现对卷烟产品质量与卷烟国标技术要求符合性的监督,促进中式卷烟产品质量的提升与改进。卷烟企业层面,一方面质量指标的检测是卷烟产品质量管控的重要组成部分;另一方面卷烟产品的质量管控不仅在于卷烟国标技术要求的符合性检验,更为重要的在于通过卷烟产品质量管控的实施有效促进本企业卷烟产品质量的提升。在实际工作中,围绕卷烟产品质量的改进与提升,存在着大量的检测和评价需求,这些需求包括新品研发、老产品改造、产品质量稳定性评价、工艺控制及优化评价,等等,这些需求的存在不仅对检测技术提出了很高的要求,也为烟草质量检测技术的进步提供了广阔的发展空间。

因此,通过检测和分析技术的开发,从卷烟产品烟丝物质基础出发,将检测和统计学方法进行集成整合,搭建能够满足卷烟产品质量评价和分析需求的检测技术平台,满足卷烟产品研发和改造的需求,将有力地促进卷烟产品质量管控水平的提升与技术进步。

2. 卷烟产品质量控制技术发展状况

2.1 质量控制

质量控制作为质量管理的一部分,致力于满足质量要求。质量控制是对生产过程参数的实测值和预期值进行比较,判断是否达到预定要求,对质量问题采取措施进行补救并防止质量问题再次发生的过程。质量控制并不是单纯的检验,它的重点在于对生产过程中的各种工艺参数进行控制。质量管理和质量控制的发展主要跨越了质量检验、统计质量控制、全面质量管理等阶段[4]。其发展简图如图1-0-1所示。

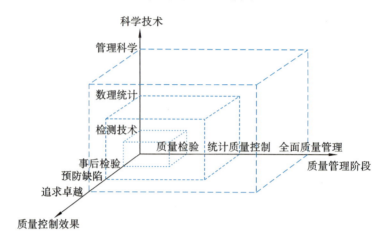

图 1-0-1　质量管理发展简图

质量控制在卷烟生产过程中的发展也大致经历了以上三个阶段。

(1)质量检验阶段。

该阶段的主要特点是"事后检验"。在该阶段的早期,卷烟企业检测卷烟产品的质量主要通过工厂操作工凭借自己长期的经验手动检测,而仅凭经验检测出的卷烟质量得不到长期保证。在该阶段的后期,卷烟企业的管理者发现仅通过手动检测卷烟的质量并不准确,需依靠专门的检测技术对卷烟的质量进行检测。这样,在卷烟企业中就成立了专门的质量管理检测部门,其作用是专门对卷烟的质量以及操作工的技术进行检测,以此来提高烟丝的质量以及操作工的工作效率。但是在检测的过程中,一旦发现废品,就得全部丢弃,缺乏预防性,而且对成品卷烟做100%的检测,缺乏经济性。

(2)统计质量控制阶段。

该阶段的主要特点是"事前预防"。在该阶段,卷烟企业将数理统计方法运用到卷烟产品质量控制中。质量检测人员每天根据数理统计方法将卷烟产品生产过程中通过测量仪器检测出来的生产数据绘制成控制图,来检测卷烟产品的质量,从而达到预防废品的目的。但是由于数理统计方法计算复杂,计算机技术还未普及,而且每天产生的数据量比较大,仅通过人工利用数理统计方法对数据进行计算,效率过低。

(3)全面质量管理阶段。

该阶段的主要特点是将计算机技术导入质量管理系统中。在该阶段,卷烟企业的管理者对卷烟产品的质量管理越加重视,他们发现对卷烟产品的质量管理不应局限于卷烟生产过程中,而是应该贯穿于卷烟质量的产生、形成和实现的全过程中。同时,由于计算机技术的迅速发展,卷烟企业将新的质量管理系统引入卷烟产品生产过程中,使卷烟产品质量管理形成了一个有效的体系[5,6]。

在产品的生产加工过程中,由于主客观因素的影响,产品质量的波动客观存在,它由人员、机器、原材料、工艺方法、测量和环境六个方面的波动影响所造成。波动分为正常波动和异常波动。正常波动是由偶然性原因即偶然因素所致,产品质量受正常波动的影响非常小,从技术上来说很难消除,而且从经济上考虑消除正常波动不仅浪费而且没有价值;异常波动是由系统性原因即异常因素所致,产品质量受异常波动的影响非常大,但可以采取相应的措施避免和消除[7,8]。

卷烟是质量多特性产品,很难做到均质,因此如何科学地评价多点生产卷烟产品的均质化程度,从而对实际生产进行指导是当前的热点问题,为此,前人展开了大量相关研究[9-13]。卷烟的质量控制在我国烟草行业中的发展与国外相比比较滞后,且大部分的卷烟企业还停留在质量检验的质量控制阶段,并没有将数理统计方法很好地运用于质量控制中,以至于产生很多问题。例如:当我们对卷烟质量进行抽查时,卷烟生产过程已经结束,若发现废品,已经无法将其复原,只能将其丢弃,导致产生大量不必要的浪费[14]。所以我们要在卷烟生产过程中,去发现卷烟存在的质量问题,防止废品卷烟的产生,提高生产效率。这强调的是全过程的预防,可以帮助企业在质量控制上真正做到"事前预防"和控制。

2.2 卷烟产品质量控制技术特点

2.2.1 烟草和烟气物质基础极其复杂

卷烟产品是质量多特性产品,并且具有不同的阶段性表现,这种表现形态包括卷烟烟支、卷烟烟气两种。从烟草化学角度出发,卷烟产品包括烟草和烟气化学两个大的物质体系。

对于烟草和烟气成分这两个极其复杂的化学体系而言,由于分析技术的限制,20世纪50年代初期,还对烟草和烟气化学组成知之甚少,从烟草和烟气中鉴定出的化合物不到100种。在Kosak等1954年发表的第一份有关烟草与烟气成分的列表中仅有大约80种物质,而且其中很多物质的准确性有待证实[15]。20世纪50年代以后,随着社会对吸烟与健康问题的关注,许多国家的卫生部门、医学机构和其他非烟草科研单位开始介入烟草和烟气化学成分的研究中,这促使烟草和烟气化学成分在这个时期被大量发现,其中包括很多烟草香味成分和对健康有害的成分;同时,先进的分离、分析和检测技术被不断地应用于烟草和烟气化学成分的分离和分析研究工作中,尤其是现代色谱技术的出现,使人们对烟草和烟气化学成分的了解由20世纪50年代的大约80种剧增到70年代初期的2000种。20世纪80年代以后,气相色谱-质谱以及液相色谱-质谱技术的应用更是极大地推动了烟草和烟气化学成分的发现,到80年代末期,从烟草和烟气中鉴定出的有机化学成分已经达5289种。2001年Hoffmann等对烟草和烟气中的主要化学成分进行了总结,其中从烟草中鉴定出的化合物超过3000种,从卷烟烟气中鉴定出的化学成分接近4000种。根据化学性质的差异,烟草的主要化学成分大致可分烃类、醇类、酚类、醛酮类、有机酸类、氨基酸及其衍生物、酯和内酯类、生物碱类、碳水化合物类、杂环类、色素、甾醇、萜烯类、酶和蛋白质类、无机物类及其他等类别。

烟气是一个不断变化的复杂物质体系,它是各类烟草制品在抽吸过程中,烟草不完全燃烧形成的。抽吸期间,燃烧着的卷烟或其他制品中的烟草暴露于室温至约 950 ℃的温度范围以及不断变化的氧浓度环境下,致使烟草中数以千计的化学成分或裂解或直接转移进入烟气中,从而形成由数千种化学物质组成的复杂的烟气化学体系。在烟气中尽管有机化学成分含量较低,但其化学组成极为复杂。根据 Dube 和 Green 在 1982 年的估计,在主流烟气中有 3875 种有机化合物,主要包括 15 类。2008 年,Alan Rodgman 和 Thomas A. Perfetti 在 *The Chemical Components of Tobacco and Tobacco Smoke* 一书中提到,包括烟草、卷烟烟气和烟草代用品烟气在内的化合物总数大约为 8400 种,这还不包括烟草添加剂成分。

艾伦·罗德曼等[16]估计:烟草中有数以万计仍没有鉴定出的化合物有待去发现。

2.2.2 现行卷烟质量管控技术手段

目前国内烟草行业所采用的卷烟产品质量控制技术,还是遵循 GB 5606 卷烟系列国家标准要求,从卷烟产品物理外观指标、烟气成分常规指标、感官评价指标三方面对卷烟产品质量进行评价和管控[17]。同时,在感官评价质量控制技术方面,也派生出一些针对卷烟风格的评吸方法,这些方法包括《卷烟 中式卷烟风格感官评价方法》YC/T 497—2014、《卷烟感官舒适性评价方法》YC/T 496—2014 等。

(1)化学成分在卷烟国标的发展历程中占有十分重要的一席之地。

对于卷烟产品质量控制,国内外开展了大量物理指标和化学成分方面的研究工作,试图从物质基础角度出发实现对卷烟质量的评价以及控制,这些研究成果在卷烟国标 1985、1996、2005 版中均有体现。

1985 版国标包括五部分:①GB 5606—1985《卷烟色香味》;②GB 5607—1985《卷烟卷制技术条件》;③GB 5608—1985《卷烟烟丝》;④GB 5609—1985《卷烟包装与贮运》;⑤GB 5610—1985《卷烟取样及质量综合判定方法》。在第三部分《卷烟烟丝》中,增加了卷烟焦油、卷烟糖碱比等指标的技术要求、试验方法和检验规则。首次提出了烟气中焦油含量低(<15 毫克/支)、中(15～25 毫克/支)、高(>25 毫克/支)的限量指标以及各类别中各等级的糖碱比的限量指标。

1996 版国标相较于 1985 版国标的变化情况:

①表述方式及结构的修改:由原来的五个独立标准变为系列标准六个部分。

②基本内容的修改:取消了对卷烟甲、乙、丙、丁级别的划分;规定了感官评吸采用暗评的要求;加强了对严重影响消费者利益的关键指标的控制;焦油量细化为五个档次,规定了盒标焦油量允差,并规定了各焦油量档次的得分;取消了卷烟糖碱比的技术要求和试验方法;增加了烟丝中水溶性总糖、总氮、总植物碱和氨态碱等主要化学成分的技术要求和试验方法;增加了烟气烟碱量的技术要求、试验方法和检验规则;增加了烟气一氧化碳的技术要求和试验方法。

2005 版国标与 1996 版国标相比,在第五部分主流烟气中,取消了烟丝中水溶性总糖、总氮、总植物碱和氨态碱的技术要求和试验方法,调整了盒标焦油量的档次及焦油量的允差;调整了烟气烟碱量允差,考核指标增加了烟气一氧化碳量。

烟草化学成分在卷烟国标发展历程中的一增一减虽然仅仅是从卷烟产品市场管控以及与国际市场接轨的角度出发进行的取舍,但其充分反映了烟草和烟气化学成分在卷烟国标的发展历程中占有十分重要的一席之地。

(2)化学成分也是推动烟草行业卷烟危害性指数控制工作的核心指标。

2005 年,国家烟草专卖局依托"卷烟危害性指标体系研究",推进卷烟危害性指标体系研究工作;通过卷烟主流烟气有害成分与毒理学指标之间的相关性研究,最终筛选出 CO、HCN、NNK、NH_3、苯并[a]芘、苯酚、巴豆醛 7 种烟气成分作为卷烟主流烟气危害性的物质基础,综合评价卷烟主流烟气的危害性,综合评价指数定义为 H 值;2008 年,烟草行业开始对全行业卷烟产品 7 项烟气成分进行年度监控。可以看出,烟气化学成分既是减害降焦工作的出发点,又是减害降焦工作的落脚点。

(3)从化学成分出发开展了大量的中式卷烟风格特征研究。

近年来,国内烟草行业聚焦风格特征这一主题,试图找到一些不同卷烟产品的特征性物质或标记物。这些研究工作包括津巴布韦烟叶烟气中关键香味物质的剖析、香精香料品控技术体系研究、特色优质烟叶开发、中式卷烟风格特征剖析、彰显黄金叶品牌风格特征关键技术研究,等等。

其中,以中式卷烟风格特征剖析为代表的经典研究结论认为:在研究所覆盖的 49 个中式烤烟型卷烟中,主要理化指标没有规律性差异,主要差别可能在于香精香料相关成分。

3. 色谱指纹图谱技术在烟草中的应用

3.1 色谱在烟草中的应用

烟草和烟气的化学成分具有高度复杂性,与其相关的研究一直是个难点问题。烟草和烟气的化学成分的复杂性在于它并不仅仅由若干个单组分化学成分简单地加和而组成,它通常是由一些单体化合物和一些成分复杂的混合物组成的。烟草和烟气化学成分的组成在某种程度上类似于中药的组成,成分极其复杂,使用传统的分析方法对其进行彻底的剖析是不能实现的,所以需要从整体角度来考虑。同时,卷烟质量控制研究的问题也是非常复杂的,如何通过对烟草和烟气化学成分组成的深入研究,以掌握卷烟特征香气形成的规律以及物质结构与气味之间的关系、嗅觉产生机理等问题是卷烟质量控制的核心问题。

现代分析化学技术的不断进步,极大地推动了烟草和烟气化学成分研究工作的开展,例如近红外技术[18,19]、气相色谱/质谱(GC/MS)联用分析技术[20]、热裂解分析手段[21,22]以及气相色谱嗅辨仪[23]等。其中气相色谱/质谱联用分析技术无疑是应用最普遍、作用最大的,GC/MS 联用技术不但拥有色谱强大的分离功能,还兼具质谱卓越的定性能力,是研究烟草和烟气化学成分的重要手段。由于烟草和烟气化学组成的复杂性,通过分析仪器所获取的信息量和数据量异常庞大[24-26]。为了能快速、准确地从这些复杂信息中提取有用的信息,化学计量学与计算机技术被引入烟草和烟气化学成分的研究工作中[27]。化学计量学是应用数学、统计学及其他方法和手段(包括计算机)选择最优试验设计和量测方法,并通过测得数据的处理和解析,最大限度地获取有关物质系统的成分、结构及其他相关信息[28]。

历经半个多世纪的发展,GC/MS联用技术以其高灵敏度、高效的分离能力而广泛应用于复杂体系研究中。该技术是利用气相色谱仪对混合物样品进行分离,而把质谱仪作为气相色谱仪的一种特殊检测器,它同时兼具气相色谱的高效分离能力与质谱仪的高效鉴别能力,而标准质谱库与计算机技术的结合,可以实现对试验数据的快速处理,使质谱库的检索能力得到很大的提高。GC/MS对样品的分析结果是以总离子流图和质谱图的形式表现出来,并储存于计算机中,使用GC/MS自带的离线工作站可以对获得的试验数据进行分析。在检索质谱库时,GC/MS离线工作站是用被检测化合物的质谱图与质谱库中的标准质谱图进行对比,得到相似程度由高到低排列的一系列化合物,值得注意的是,相似度匹配最高的物质并不一定就是被检测的化合物,要想准确定性还要结合质谱峰特性来确定[29]。

烟草的品种具有多样性,化学成分也极具复杂性,通过GC/MS获取的试验数据也变得复杂,数据量也很庞大,不仅降低了分析的效率与准确度,而且经常出现色谱峰重叠的现象,这给定性工作造成了很大的障碍,而GC/MS联用技术与化学计量学相结合可以很好地解决色谱峰重叠现象。

3.2 指纹图谱在烟草中的应用

由于现代仪器分析技术的迅速发展,"指纹图谱"技术也取得了长足发展。现代色谱指纹图谱是指先将样品经过适当前处理,如液液萃取、同时蒸馏萃取(SDE)、固相微萃取(SPME)等,然后利用气相色谱、气质联用或液相色谱等分析其中的成分,之后再借助化学计量学、统计学、应用数学等统计学方法而建立的用于鉴别样品品质与衡量质量稳定性的一种模式[30]。早期,该技术主要是以中药材为载体,建立了"中药指纹图谱技术",应用于中药材质量控制中[31]。近年来,指纹图谱在酒类[32]及茶叶[33]等多个领域得到应用。

在烟草行业中,色谱指纹图谱技术的研究也在逐渐兴起,如在卷烟香精香料质量控制[34-36]、卷烟质量控制[37,38]、真假卷烟鉴别[39,40]中的研究与应用。利用指纹图谱技术的"整体性"和"模糊性"[41]的特点,可对不同类型卷烟的质量和特色风格进行鉴定和控制。

4. 统计学方法在卷烟品质方面的应用

卷烟的品质涉及化学成分、致香成分、物理性状、外观特征、感官质量、安全性、特色工艺、卷烟烟气以及过程控制分析等,这些因素都或多或少地涉及多因素、多指标的综合评价问题,采用常规的多元统计方法已难以满足这类试验数据信息提取的需要[42]。而层次分析、模糊集理论、灰色系统理论、人工神经网络、集对分析和粗集理论、物元可拓集、投影寻踪技术等综合评价方法已在卷烟品质研究方面得到重要应用,以下将对这些统计方法在卷烟品质研究中的应用进行介绍。

4.1 层次分析

层次分析(AHP)是多目标决策的一个分支,由美国匹兹堡大学 T. L. Saaty 教授于 20 世纪 70 年代提出,它的主要功能是把定性因素定量化处理[43,44]。它本质上是一种决策思维方式,能把复杂的决策问题层次化,并将引导决策者通过一系列成对比较的评判得到各措施在某一个准则之下的相对重要程度的量度,然后通过层次的递阶关系归结为最低层相对于最高层的相对重要性权值或相对优劣次序的总排序问题。层次分析法应用十分广泛,可以和其他统计方法结合使用,主要有层次-关联分析法、模糊层次分析法、可拓层次分析法、双向层次分析法、主成分层次分析法等。目前,烟草科学研究中已经引入的层次分析方法有层次-关联分析法、模糊层次分析法,而可拓层次分析法、双向层次分析法、主成分层次分析法则应用较少。针对制丝质量评价方法存在的不足,尤长虹等[45]运用层次分析法对进柜烟丝含水率、出柜烟丝含水率、整丝率、碎丝率、纯净度、填充值等 6 个主要指标进行了分析,并设计了一种新的制丝质量评价方法。层次-关联分析法是将层次分析与灰色关联相结合的一种分析方法,它通过层次法确定权重,并拓广了灰色关联分析的"时间"概念,对随机抽样数据进行关联度分析,提高了权重确定的合理性和数据处理的科学性[46]。焦立新等[47]依据层次-关联分析法探讨了评判方法中普遍存在而又难以解决的问题,建立了烤烟品种综合性状评判的数学模型。

4.2 模糊数学分析

1965 年,美国控制论专家查德(L. A. Zadeh)第一次提出了模糊集合的概念[48],它主要用于解决复杂而又难以精确化的问题[49]。模糊技术在各个不同领域已得到广泛的应用,主要有模糊粗糙集、模糊神经网络、模糊综合评判、模糊概率值法、模糊贴近、模糊聚类、灰色模糊技术等。目前,烟草科学研究中已经引入的模糊集理论方法有模糊综合评判、模糊概率值法、灰色模糊多维综合评判、模糊相似选择法、模糊聚类、模糊控制等,而模糊粗糙集、模糊神经网络等应用较少。其中,模糊综合评判就是应用模糊数学方法对受多种因素制约的事物或对象做出一个总的评价[50],它通过模糊变换确定样本所属等级[51]。韩力群等[52]提出应用图像处理技术提取烟叶质量特征参数,应用模糊统计方法确定特征参数对各组与各级的隶属度,以及应用综合评判技术判定样本的组别与级别等方法,并给出对云南烟区烟叶样本的分级结果,表明该系统已达到人类专家分级水平,并具有积累分级经验的智能特性。江建刚[53]、高同启等[54]分别从卷烟评吸过程、卷烟质量因素两方面出发,给出了卷烟质量多级模糊综合评判模型的基本结构,并建立了卷烟评吸的评判模型。实践证明,该模型比现行卷烟质量评判方法更具有科学性、通用性和灵活性。

4.3 灰色系统理论

部分信息已知、部分信息未知的系统称为灰色系统。灰色系统理论是研究解决灰色系统建模、预测、决策和控制的理论,在 20 世纪 80 年代由我国学者邓聚龙提出[55-58]。灰色系统着重研究概率统计、模糊数学所不能解决的"小样本、贫信息不确定"问题,并依据信息覆盖,通过序列生成寻求现实规律。其特点是"少数据建模"。与模糊数学不同的是,灰色系统理论着重研究"外延明确、内涵不明确"的对象。作为解决不确定半复杂问题的科学方法,灰色系统理论与解决简单不确定问题的概率统计、模糊数学相比,实现了一次新的飞跃,而复杂不确定问题的解决,则有待于非线性科学的新突破。目前,烟草科学研究中已经应用的灰色系统理论方法主要有灰色关联、灰色综合评判、层次-灰色关联评判法、灰色关联物元分析。

4.4 人工神经网络分析

人工神经网络是一个非线性的有向图,图中含有可以通过改变权大小来存放模式的加权边,并且可以从不完整的或未知的输入找到模式[59]。神经网络是巨量信息并行处理和大规模平行计算的基础,它既是高度非线性动力学系统,又是自适应系统,可用来描述认知决策及控制的智能行为,它具有存储和应用经验知识的自然特性,它与人脑相似之处可以概括为两个方面:一是通过学习从外部环境中获取知识;二是内部神经元具有存储知识的能力[60]。目前,烟草科学研究中已经引入的人工神经网络方法有BP神经网络、Kohonen神经网络、广义回归神经网络、并联神经网络、神经-模糊方法、基于遗传算法的神经网络、神经网络聚类分析法,基于粗糙集的神经网络则应用较少。其中,BP神经网络在烟草蚜传病毒病的预测、烟叶质量分选、设备故障诊断等方面得到广泛的应用[61-63]。

4.5 集对和粗集分析

粗集(rough sets,又称粗糙集)理论是20世纪80年代初由波兰科学家Pawlak提出的一种处理模糊性和不确定性的数学工具[64]。它从一个新的角度将知识定义为对论域的划分能力,并将其引入数学中的等价关系来进行讨论,从而为数据分析,特别是不精确、不完整数据分析提供了一套新的数学方法[65]。它特别适合于数据约简、数据依赖性发现、数据相关发现、数据中类似与差异发现、数据中描述发现、决策算法生成、近似分类等[66]。集对分析是我国学者赵克勤于1989年提出的将确定性分析和不确定性分析相结合,用于统一处理模糊、随机、中介和信息不完全所致的不确定性系统的理论和方法[67]。经典的粗糙集理论缺乏对不完备信息的处理,其研究的对象是完备的信息系统,解决这个问题,可利用集对联系度定义不完备信息系统中集合的上、下近似集[68]。

4.6 投影寻踪分析

随着科学技术的发展,高维数据的统计分析越来越普遍,也愈来愈重要,多元分析方法是解决这类问题的有力工具。但传统的多元分析方法是建立在总体服从某种分布,比如正态分布这个假定基础之上的,而且多元分析对于高维非正态、非线性数据很难收到好的效果,投影寻踪技术可以解决这一问题[69]。投影寻踪分析采用的是"审视数据—模拟—预测"这样一种探索性数据分析思路,其本质是寻找由高维数据投影到低维数据的特征投影方向,通过几个投影方向了解高维数据的分布、结构等性质。投影寻踪这种新兴的统计方法适用于高维、非线性、非正态问题的分析和处理,区别于传统的统计模型所采用的"假定—模拟—预测"这样一种证实性数据分析思路[70]。目前,投影寻踪回归技术、投影寻踪聚类技术、遗传投影寻踪技术已在许多行业得到广泛的应用。

统计学中的综合评价技术在环境、食品、石油以及社会科学等研究领域得到广泛的应用[71],与多元统计方法相比较,综合评价方法在试验设计、数据分布性质、样本数量等方面的要求更为灵活。因此,将综合评价方法引入卷烟品质的研究已成为必然的趋势,可以预见,统计方法在卷烟品质研究中的应用前景将会十分广阔。

5. 小结

随着检测技术的发展,相较于5年前、10年前,检测技术在准确定性、定量方面有了长足的进步,对于复杂物质体系的检测手段方面有了一些新的思路和方法。这些方法包括色谱和光谱指纹图谱(HPLC-DAD、GC-FID、IR、UV)技术、全二维色谱技术、多反应监测(MRM)质谱技术,等等。这些技术推动了烟草和烟气化学成分检测技术的进步,对卷烟产品质量控制和减害降焦工作均起到了十分重要的推动作用。

但是,从烟丝和烟气化学成分出发对卷烟产品质量进行优劣评价一直是困扰烟草化学工作者的难题,究其原因存在三个方面的技术问题。一方面是卷烟产品加工过程涉及因素太多,内外源物质交错,无法确定卷烟产品品质优劣相关的物质基础;第二方面,由于烟草和烟气本身的成分十分复杂,协同效应大量存在,导致与总体质量相关的靶向物质不明确,难以用一种、一类或几类物质基础检测数据来评判卷烟产品的质量优劣;第三方面,烟草和烟气化学成分中,大量物质是痕量(纳克级)、微量(微克级)浓度水平,采用目前的检测技术很难准确测定。这些技术问题的存在决定了从物质基础出发进行卷烟产品质量优劣评价是不可能完成的任务。

为另辟蹊径,聚焦卷烟产品物质基础差异性评价,从烟丝化学物质基础出发,针对卷烟产品不同批次间产品稳定性评价、多点生产产品一致性评价,拟采用色谱技术、多反应监测质谱技术、近红外光谱等检测方法,通过烟丝靶向和非靶向检测方法开发、模式识别等数理统计方法的探索,建立基于烟丝物质基础的卷烟产品差异性评价方法;在集成整合的基础上,搭建较为完善的,具有较高定性和定量能力的多层次、多维度分析检测平台,为不同卷烟品牌间内在物质基础差异的定性识别、同一品牌不同批次间内在物质基础差异的定量表征、多点生产产品一致性评价提供技术支撑。

参考文献

[1] 范敏毅.基于SPC的制丝生产过程质量控制的研究[D].武汉:武汉理工大学,2014.

[2] Long Wen. Research on key technologies of MES development based on

computer and driven by ontology[J]. IEEE Computer Society,2009:112-115.

[3] 张敏,童亿刚,戴志渊,等.SPC技术在制丝质量管理中的初步应用[J].烟草科技,2004(9):10-11.

[4] 丁宁.质量管理[M].北京:清华大学出版社,2013:14-23.

[5] 李文泉,赵文田,李文斌.统计过程控制技术SPC在烟草制丝生产中的应用[J].机械工程与自动化,2009(5):116-118.

[6] 刘穗君,张新锋,王玉建.SPC的3σ原理在叶丝干燥出口含水率监测中的应用[J].烟草科技,2010(9):15-17.

[7] 纪朋,杨耀伟,张立森.统计过程控制在烟草行业中的应用综述[J].安徽农学通报,2012,18(24):195-196.

[8] 荣冈,张泉灵.MES的现状及发展[J].自动化博览,2008(3):14-18.

[9] 郝喜良,熊晓敏,万敏,等.利用多特征相似度法分析异地加工卷烟产品均质化[J].烟草科技,2009,53(10):17-20.

[10] 张强,王浩雅,黄伟,等.相似距离分析法在卷烟感官评价分析中的应用[J].江西农业学报,2011,23(1):14-17.

[11] 石凤学,王浩雅,张涛,等.欧氏距离系数在多点生产卷烟产品的均质化评价中的应用[J].安徽农业科学,2011,39(20):12569-12572.

[12] 崔庆军.论产品质量均质化——基于卷烟行业视角[J].经济与管理,2010,24(4):57-60.

[13] 梁桐.卷烟均质化加工技术研究[J].黑龙江科技信息,2008,12(35):56,141.

[14] 岳圆.SPC在烟厂制丝线信息管理系统中的设计[D].上海:复旦大学,2010.

[15] 谢剑平.烟草与烟气化学成分[M].北京:化学工业出版社,2010.

[16] (美)艾伦·罗德曼,托马斯·艾伯特·佩尔费蒂.烟草及烟气化学成分[M].2版.缪明明,刘志华,李雪梅,等译.北京:中国科学技术出版社,2017.

[17] GB 5606 卷烟系列国标.

[18] 刘珂,刘保国,张运森.近红外光谱分析技术及应用研究[J].河南工业大学学报(自然科学版),2009,30(1):88-93.

[19] 陈卫军,魏益民,欧阳韶晖,等.近红外技术及其在食品工业中的应用[J].食品科技,2001(4):55-57.

[20] 高芸,刘百战,朱晓兰,等.秘鲁浸膏精油化学成分的GC/MS分析[J].分析仪器,1999(3):37-39.

[21] 魏跃伟,王建玲,姬小明,等.金莲花挥发油的热裂解产物分析及卷烟加香应用研究[J].河南农业大学学报,2011,45(3):275-279.

[22] 王树荣,刘倩,郑赟,等.基于热重红外联用分析的生物质热裂解机理研究[J].工程热物理学报,2006,27(2):351-353.

[23] 田怀香,王璋,许时婴.GC-O法鉴别金华火腿中的风味活性物质[J].食品与发

酵工业,2004,30(12):117-123.

[24] Zou Xiaobo,Wu Shouyi. Evaluating the quality of cigarettes by an electronic nose system [J]. Journal of Testing and Evaluation,2002,30(6):532-535.

[25] Luo Dehan, Gholam Hosseini H, Stewart J R. Application of ANN with extracted parameters from an electronic nose in cigarette brand identification[J]. Sensors and Actuators B,Chemical,2003,99(2):253-257.

[26] Ködderitzsch P, Bischoff R, Veitenhansl P, et al. Sensor array based measurement technique for fast-responding cigarette smoke analysis[J]. Sensors and Actuators B,2004,107(1):479-489.

[27] 张翾辉,江青茵,曹志凯,等.一种全自动智能调香机的设计[J].香料香精化妆品,2008,12(6):5-7.

[28] 庄昊勇,蔡继宝,王汉龙,等.香精香料数据库系统的建立与应用研究[J].计算机与应用化学,2005,22(9):734-736.

[29] 车宗伶.气相色谱-质谱联用(GC/MS)技术对香精香料分析的经验探讨[J].香料香精化妆品,2010(5):33-38,47.

[30] 吴帅,雷声,杨锡洪,等.指纹分析技术及其在食品中的应用[J].食品与机械,2005,31(1):249-252,268.

[31] 王冬梅,白洁,杨得坡.色谱技术在中药指纹图谱研究中的应用[J].色谱,2003,23(6):572-576.

[32] 孙细珍."指纹图谱"技术在白酒产品质量评价中的应用[J].酿酒科技,2005(10):33-36.

[33] 袁敏,张铭光,袁鹏.热裂解色谱/质谱法研究茶叶的指纹图谱[J].华南师范大学学报(自然科学版),2006(1):60-64.

[34] 陈爱明,梁逸曾,张良晓,等.烟用香精香料指纹图谱质量控制系统的构建[J].计算机与应用化学,2009(3):373-378.

[35] 李蓉,曹慧君,李晓宁.烟用香精香料的气相色谱特征指纹图谱分类研究[J].化工时刊,2007(8):45-48.

[36] 王平,朱晓兰,苏庆德.色谱指纹图谱分析在香精香料质量控制中的应用[J].化工新型材料,2010(4):114-116,124.

[37] 余苓,张怡春,周春平,等.烟丝硅烷化GC指纹图谱在卷烟质量判别中的应用[J].中国烟草学报,2007(3):18-20.

[38] 余苓,刘百战,王美琳,等.指纹图谱异常指数法在烟气色谱数据处理中的应用[J].中国烟草学报,2006(4):15-19.

[39] 廖堃,胡纲.气相色谱-质谱指纹图谱在甄别真假卷烟上的应用[J].分析测试学报,2006(1):22-26.

[40] 李军,朱苏闽,林平.固相微萃取-气相色谱-质谱指纹图谱鉴别仿冒品牌卷烟

[J].烟草科技,2002(12):26-28.

[41] 谢培山.中药质量控制的发展趋势[J].中医药现代化,2003,5(3):56-59.

[42] 李东亮,许自成.烟草试验数据信息提取的统计学方法Ⅰ:多元统计分析方法[J].烟草农业科学,2006,2(2):118-122.

[43] Saaty T L,Bennett J P. A theory of analytical hierarchies applied to political candidacy[J]. Behavioral Science,1977,22(4):237-245.

[44] 于英川.现代决策理论与实践[M].北京:科学出版社,2005:61-66.

[45] 尤长虹,张楚安,彭传新.制丝质量评价方法的设计与应用[J].烟草科技,2001(7):22-24.

[46] 焦立新,谷立中.层次-关联评判法在种植制度综合评判中的应用[J].安徽农业技术师范学院学报,1994,8(1):74-78.

[47] 焦立新,周应兵,林国平,等.烤烟品种综合性状评判的数学模型研究[J].农业工程学报,1998(3):220-225.

[48] Zadeh L A. Fuzzy Sets[J]. Inf. Cont,1965(8):338-358.

[49] 杨崇瑞.模糊数学及其应用[M].北京:农业出版社,1994:26-29.

[50] 王道勇.模糊综合评判的失效与处理[J].工科数学,1994,10(1):45-49.

[51] 贺仲雄.模糊数学及其应用[M].天津:天津科学技术出版社,1983:112-116.

[52] 韩力群,何为,段振刚,等.烤烟烟叶自动分级的智能技术[J].农业工程学报,2002,18(6):173-175.

[53] 江建刚.模糊综合评判技术在卷烟评吸过程中的应用[J].安庆师范学院学报(自然科学版),2002,8(1):38-40.

[54] 高同启,张卫旗.卷烟质量多级模糊综合评判模型研究[J].合肥工业大学学报(自然科学版),1998,21(6):57-62.

[55] Deng Julong. Control problems of grey systems[J]. Systems and Control Letters,1982,1(5):288-294.

[56] Deng Julong. Introduction to grey system theory[J]. The Journal of Grey System,1989,1(1):1-24.

[57] Deng Julong. Essential models for grey forecasting control[J]. The Journal of Grey System,1990,2(1):1-10.

[58] 邓聚龙.灰色系统理论教程[M].武汉:华中理工大学出版社,1990:99-108.

[59] 蒋宗礼.人工神经网络导论[M].北京:高等教育出版社,2001:91-96.

[60] 吴建生,周优军,金龙.神经网络及其研究进展[J].广西师范学院学报(自然科学版),2005,21(1):92-97.

[61] 任广伟,王凤龙,高汉杰,等.BP神经网络在烟草蚜传病毒病预测中的应用[J].中国烟草学报,2004,10(4):26-29.

[62] 蔡健荣,方如明,张世庆,等.利用计算机视觉技术的烟叶质量分选系统研究

[J]. 农业工程学报,2000,16(3):118-122.

[63] 骆德汉,郎文辉. 一种神经网络专家系统的故障诊断方法[J]. 烟草科技,1999(5):24-26.

[64] 吴清烈,蒋尚华. 预测与决策分析[M]. 南京:东南大学出版社,2004:201-208.

[65] Pawlak Z,Busse J G. Rough sets[J]. Communication on the ACM,1995,38(11):89-95.

[66] 祝峰,王加佳,严向奎. 粗集理论的现状与前景[J]. 新疆大学学报(自然科学版),2000,17(4):1-4,7.

[67] 赵克勤. 集对分析及其初步应用[M]. 杭州:浙江科学技术出版社,2000:133-138.

[68] 吕丹,吴孟达. 集对分析与粗糙集的结合[J]. 计算机工程与应用,2005(33):180-182.

[69] 李祚泳. 投影寻踪的理论及应用进展[J]. 大自然探索,1998,17(1):48-51.

[70] 李世玲. 基于投影寻踪和遗传算法的一种非线性系统建模方法[J]. 系统工程理论与实践,2005(4):22-28.

[71] 许自成,闫新甫. 统计学原理在烟草科学研究中的应用[J]. 中国烟草,2000(5):18-19.

第二部分
卷烟烟丝检测和分析新方法开发

围绕卷烟研发、维护和质量管控需求,针对卷烟烟丝香气成分、卷烟产品剖析、卷烟产品多点加工均质化学评价等目前标准方法还没有覆盖的关键指标和技术进行深入研究。

针对梳理出的卷烟风格特征化学成分清单,开展相关检测技术的开发。所开发的方法包括3类共计14个检测和统计方法。这些检测和统计方法包括:①烟丝中挥发性成分测定 搅拌棒吸附萃取-热脱附-气相色谱-质谱(SBSE-TD-GC-MS)法;②烟丝中挥发性成分测定 搅拌棒吸附萃取-顶空-气相色谱-质谱(SBSE-HS-GC-MS)法;③烟丝中挥发性、半挥发性成分(苯乙醛)测定 静态顶空-气相色谱-质谱(HS-GC-MS)法;④烟丝中挥发性、半挥发性成分(β-紫罗兰酮)测定 顶空-固相微萃取-气相色谱-质谱(HS-SPME-GC-MS)法;⑤烟丝中挥发性、半挥发性成分测定 溶剂萃取直接进样-气相色谱-质谱/质谱(LSE-GC-MS/MS)法;⑥烟丝中挥发性、半挥发性成分(苯乙醇)测定 静态顶空-气相色谱-质谱/质谱(HS-GC-MS/MS)法;⑦烟丝中挥发性、半挥发性成分测定 顶空-固相微萃取-气相色谱-质谱/质谱(HS-SPME-GC-MS/MS)法;⑧烟丝中烟碱快速测定 DART SVP-MS/MS法;⑨包装材料色差快速测定 近红外光谱法;⑩卷烟烟丝中非挥发性特征组分高效液相色谱-二极管检测器(HPLC-DAD)测定及趋势分析;⑪烟丝中挥发性成分顶空-固相萃取-热脱附-气相色谱-质谱(HS-SBSE-TD-GC-MS)指纹图谱评价方法;⑫烟丝中挥发性、半挥发性成分顶空-气相色谱-质谱(HS-GC-MS)指纹图谱评价方法;⑬溶剂萃取直接进样-气相色谱-质谱/质谱(LSE-GC-MS/MS)法检测结果多元因子分析赋权优化风格特征成分管控清单;⑭溶剂萃取直接进样-气相色谱-质谱/质谱(LSE-GC-MS/MS)法检测结果多元因子分析统计方法。

样品主要前处理方法的介绍详见表2-0-1。

表 2-0-1　样品前处理方法简介

前处理方法	工作原理	技术特点
SBSE-TD	固态萃取搅拌棒-热脱附，实际上是一套技术组合，它将挥发物从复杂基质中萃取出来并浓缩，以用于 GC 或 GC/MS 分析。 主要步骤如下：①空气或其他气体样品从热脱附管中（装有一种或多种固体吸附剂的不锈钢或玻璃热脱附管）经过，几乎所有化合物都被吸附在管内；②加热时，挥发物从吸附剂或样品本身释放出来，并被惰性气流带到次级捕集阱；③次级捕集阱被快速加热，同时用载气吹扫，将脱附的挥发物带入气相色谱仪进行分离和分析	固态萃取搅拌棒（SBSE）是近几年发展起来的技术之一。1999 年加拿大学者 Arthur 和 Janusz Pawliszyn 等在研究固相微萃取（SPME）技术时发现，虽然样品中被测定物质的浓度很高，但是 SPME 测定的回收率仍然很低，测定的灵敏度仍然不够高。通过研究发现，将聚二甲基硅氧烷（PDMS）涂敷在萃取棒上（膜厚 0.5~1.0 mm），萃取棒固相萃取体积是 SPME 的 50 倍以上，具有比 SPME 更小的相比（水相体积/PDMS 相体积），获得了很高的测定灵敏度和回收率。之后，Gerstel GmbH 公司实现了商品化的磁力搅动吸附萃取棒
HS	顶空进样器（HS），是气相色谱法中一种方便快捷的样品前处理方法，其原理是将待测样品置入一密闭的容器中，通过加热升温使挥发性组分从样品基体中挥发出来，在气液（或气固）两相中达到平衡，直接抽取顶部气体进行色谱分析，从而检验样品中挥发性组分的成分和含量。现代顶空分析法主要分为静态顶空分析、动态顶空分析、顶空-固相微萃取三类，本书所涉及的 HS 主要指静态顶空	主要通过加热升温使挥发性组分从样品基体中挥发出来，达到平衡状态后抽取顶部气体进行色谱分析；使用顶空进样技术可以免除冗长烦琐的样品前处理过程，避免有机溶剂对分析造成的干扰，减少对色谱柱及进样口的污染
SPME	固相微萃取技术，是通过采用涂有固定相的熔融石英纤维来吸附、富集样品中的待测物质。其中吸附剂萃取技术始于 1983 年，其最大特点是能在萃取的同时对分析物进行浓缩，目前最常用的固相萃取（SPE）技术就是将吸附剂填充在短管中，当样品溶液或气体通过时，分析物则被吸附萃取，然后再用不同溶剂将各种分析物选择性地洗脱下来	固相微萃取克服了传统样品前处理技术的缺陷，集采样、萃取、浓缩、进样于一体，大大加快了分析检测的速度。其显著的技术优势正受到环境、食品、医药行业分析人员的普遍关注，并得到大力推广应用

第一章 烟丝中挥发性卷烟风格特征成分系列检测方法开发

方法1 烟丝中挥发性成分测定 搅拌棒吸附萃取-热脱附-气相色谱-质谱（SBSE-TD-GC-MS）法

1. 实验材料

1.1 实验仪器

PerkinElmer Clarus 600 气相色谱-质谱联用仪，HP-INNOWax 气相色谱柱（30 m× 0.25 mm×0.25 μm），PerkinElmer TurboMatrix 300 热脱附仪。

1.2 试剂和样品

萘（标准对照品，丙酮配制，6 μg·mL^{-1}），YX-R［红塔烟草（集团）有限责任公司卷烟样品］、YY-R［红云红河烟草（集团）有限责任公司卷烟样品］、ZH-R（上海烟草集团有限责任公司卷烟样品）、BS-H（湖南中烟工业有限责任公司卷烟样品）。

2. 方法

2.1 样品预处理

取卷烟10支至大烧杯中，加入内标萘（6 μg·mL^{-1}）40 μL，另取一个较小的烧杯倒扣在烟丝上，密封一段时间。将固相萃取吸附剂放入小烧杯上面进行吸附，2 h后取出置于热脱附管中准备进样。

2.2 热脱附操作条件

样品脱附管温度:180 ℃。冷阱捕集温度:－20 ℃。冷阱热脱附温度:260 ℃。阀温度:190 ℃。传输线温度:200 ℃。脱附时间:30 min。进口分流流速:10 mL·min^{-1}。出口分流流速:10 mL·min^{-1}。

2.3 气相色谱-质谱操作条件

色谱柱:HP-INNOWax 气相色谱柱(30 m×0.25 mm×0.25 μm),离子源温度为 180 ℃,流速为 1 mL·min^{-1},质谱扫描范围为 50～300 amu,程序升温为 50 ℃保持 1 min,然后以 5 ℃·min^{-1}升温至 200 ℃,保持 10 min。

2.4 定量计算公式

$$X_n = \frac{M_i \times A_n}{m \times A_i} \tag{2.1.1}$$

式中:X_n——第 n 种挥发性组分的含量,μg·g^{-1};

M_i——加入的内标的质量;

A_n——第 n 种挥发性组分的色谱峰面积;

A_i——内标的色谱峰面积;

m——实验称取的烟丝或烟末的质量,g。

3. 分析结果

四个卷烟样品色谱图见图 2-1-1。

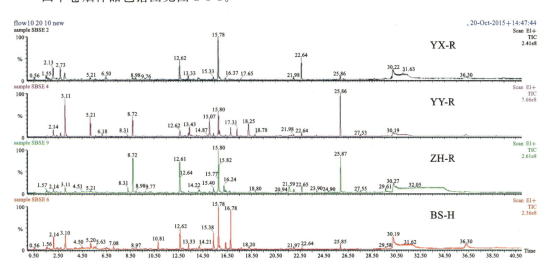

图 2-1-1　四个卷烟样品气相色谱-质谱总粒子流图

四个卷烟样品挥发性成分谱库检索差异性统计表如表 2-1-1 所示。

表 2-1-1　四个卷烟样品挥发性成分谱库检索差异性统计表

中文名	英文名	CAS 号	沸点/℃	YX-R	YY-R	BS-H	ZH-R
四种香烟同时具有的							
苄醇	Benzyl alcohol	100-51-6	205	√	√	√	√
乙醇	Ethanol	64-17-5	78	√	√	√	√
丙二醇	Propylene glycol	57-55-6	187	√	√	√	√
甘油	Glycerin	56-81-5	290	√	√	√	√
乙醛	Acetaldehyde	75-07-0	21	√	√	√	√
苯甲醛	Benzaldehyde	100-52-7	179	√	√	√	√
乙酸	Acetic acid	64-19-7	117～118	√	√	√	√
2,6-二叔丁基对甲酚	Butylated hydroxytoluene	128-37-0	265	√	√	√	√
三种香烟同时具有的							
羟基丙酮	1-Hydroxy-2-propanone	116-09-6	145～146	√	√	√	
丁二酸二甲酯	Dimethyl succinate	106-65-0	200		√	√	√
2-乙酰基吡咯	1-(1H-Pyrrol-2-yl)-ethan-1-one	1072-83-9	220	√	√	√	
2-甲基丁酸-3-甲基丁酯	Butanoic acid, 2-methyl-, 3-methylbutyl ester	27625-35-0	41	√	√		√
异戊酸异戊酯	Isopentyl isopentanoate	659-70-1	190.5	√	√	√	√
二氢猕猴桃内酯	2(4H)-Benzofuranone,5,6,7,7a-tetrahydro-4,4,7a-trimethyl-,(R)-	17092-92-1	90	√	√		√
一乙酸甘油酯	1,2,3-Propanetriol,1-acetate	106-61-6	258	√	√		√
gamma-丁内酯	gamma-Butyrolactone	96-48-0	204～205	√		√	√

续表

中文名	英文名	CAS号	沸点/℃	YX-R	YY-R	BS-H	ZH-R
甲基磺酸酐	Methanesulfonic anhydride	7143-01-3	125	√		√	√
吡啶	Pyridine	110-86-1	115～116	√		√	√
3-乙酰基吡啶	1-(3-Pyridinyl)-ethanone	350-03-8	220	√		√	√
长叶烯	Longifolene	475-20-7	250～265		√	√	√
棕榈酸	n-Hexadecanoic acid	57-10-3	351.5		√	√	
戊二酸二甲酯	Pentanedioic acid, dimethyl ester	1119-40-0	210～215		√	√	√
两种香烟同时具有的							
己醛	Hexanal	66-25-1	130～131	√	√		
香叶基丙酮	Geranylacetone	689-67-8	124	√	√		
乙酸乙酯	Ethyl acetate	141-78-6	75～77.5	√	√		
2-乙基己基乙酸酯	2-Ethylhexyl acetate	103-09-3	198	√	√		
糠醛	Furfural	98-01-1	167	√		√	
2-乙基己醇	2-Ethylhexanol	104-76-7	184	√			√
氨基脲	Hydrazinecarboxamide	57-56-7		√			√
甲基庚烯酮	5-Hepten-2-one, 6-methyl-	110-93-0	73	√	√		
丙二醇甲醚	2-Propanol,1-methoxy-	107-98-2	118～119		√	√	
薄荷脑	Menthol	1490-04-6	93		√	√	
壬醛	1-Nonanal	124-19-6	190～192		√		√
乙酸丙酯	n-Propyl acetate	109-60-4	102		√	√	
YX-R 特有的							
蒎烯	6,6-trimethyl-(1 theta)-bicyclo[3.1.1]hept-2-en	7785-70-8	155～156	√			

续表

中文名	英文名	CAS号	沸点/℃	YX-R	YY-R	BS-H	ZH-R
1-二十二烯	1-Docosene	1599-67-3		√			
1-(三甲基硅基)丙炔	1-(Trimethylislyl)-1-propyne	6224-91-5	99~100	√			
2-壬醇	2-Nonanol	628-99-9	193~194	√			
己基癸醇	2-hexyl-1-Decanol	2425-77-6	193~197	√			
芳樟醇	Linalool	78-70-6	199	√			
L-薄荷醇	L-Menthol	2216-51-5	212	√			
3-呋喃甲醇	3-Furanmethanol	4412-91-3		√			
异植物醇	Isophytol	505-32-8	107~110	√			
2-乙基己烯醛	2-ethyl-2-Hexenal	645-62-5		√			
十二醛	Dodecyl aldehyde	112-54-9	237~239	√			
十三醛	Tridecanal	10486-19-8	266	√			
2,6,6-三甲基-2-环己烯-1,4-二酮	2,6,6-Trimethyl-2-cyclohexene-1,4-dione	1125-21-9	92~94	√			
草酸	Oxalic acid	144-62-7	150	√			
丙烯酸2-乙基己酯	2-Ethylhexyl acrylate	103-11-7	215~219	√			
对甲氧基肉桂酸辛酯	Octyl 4-methoxycinnamate	5466-77-3	198~200	√			
甲苯	Toluene	108-88-3	111	√			
1,2,3-三甲苯	1,2,3-trimethyl-Benzene	526-73-8	175~176	√			
2-叔丁基对甲苯酚	2-tert-Butyl-4-methylphenol	2409-55-4	237	√			
YY-R 特有的							
2,2,4,6,6-五甲基庚烷	2, 2, 4, 6, 6-pentamethyl-Heptane	13475-82-6	180		√		

续表

中文名	英文名	CAS号	沸点/℃	YX-R	YY-R	BS-H	ZH-R
异长叶烯	Isolongifolene	1135-66-6	123~142		√		
右旋萜二烯	Cyclohexene, 1-methyl-4-(1-methylethenyl)-,(4R)-	5989-27-5	176~176.4		√		
1-乙氧基-2-丙醇	propylene glycol monoethyl ether	1569-02-4	132		√		
癸醛	Decanal	112-31-2	207~209		√		
氧化异佛尔酮	7-Oxabicyclo[4.1.0]heptan-2-one,4,4,6-trimethyl-	10276-21-8	208.6		√		
2-羟基-3,5,5-三甲基环己-1-烯-1-酮	2-Cyclohexen-1-one, 2-hydroxy-3,5,5-trimethyl-	4883-60-7	90~100		√		
2,6-二叔丁基苯酚	2,6-Di-tert-butylphenol	128-39-2	253		√		
丁香酚	Eugenol	97-53-0	254		√		
酞酸二乙酯	Diethyl phthalate	84-66-2	298~299		√		
碳酸二甲酯	Dimethyl carbonate	616-38-6	90		√		
2-甲氧基乙酸乙酯	2-Methoxy acetate	110-49-6	145		√		
3,7,11-三甲基-1,6,10-十二烷三烯-3-醇乙酸酯	Nerolidyl acetate	2306-78-7			√		
己二酸二甲酯	Dimethyl adipate	627-93-0	109~110		√		
乙二醇甲醚	2-Methoxyethanol	109-86-4	124		√		
4-烯丙基苯甲醚	4-Allylanisole	140-67-0	215~216		√		
N,N-二甲基甲酰胺	N,N-Dimethylformamide	68-12-2	153		√		

续表

中文名	英文名	CAS号	沸点/℃	YX-R	YY-R	BS-H	ZH-R
BS-H 特有的							
顺-1,3-二甲基环己烷	cis-1,3-Dimethylcyclohexane	638-04-0	120			√	
2,3-环氧-2-甲基丁烷	Oxirane,2,2,3-trimethyl-	5076-19-7				√	
糠醇	Furfuryl alcohol	98-00-0	170			√	
苯乙烯	phenylethylene	100-42-5	145~146			√	
(1α,2β,5α)-2-甲基-5-(1-甲基乙烯基)-环己烷-1-醇	(1.alpha.,2.beta.,5.alpha.)-2-Methyl-5-(1-methylvinyl) cyclohexan-1-ol	38049-26-2				√	
异辛醇	Isooctanol	26952-21-6	185-189			√	
2-甲基四氢呋喃-3-酮	2-Methyltetrahydrofuran-3-one	3188-00-9	139			√	
2-正戊基呋喃	2-Pentylfuran	3777-69-3	57			√	
苯甲酸	Benzoic acid	65-85-0	249			√	
乙酸丁酯	Butyl acetate	123-86-4	127			√	
乙酸异丁酯	Isobutyl acetate	110-19-0	116~117.5			√	
2-乙基己基乙酸酯	2-ethylhexyl acetate	103-09-3	198			√	
1,2-丙二醇二乙酸酯	Propylene glycol diacetate	623-84-7	190~191			√	
乙二醇二乙酸酯	ethylene glycol diacetate	111-55-7	186~187			√	
二乙酸甘油酯	Diacetin	25395-31-7	280			√	
甘油单乙酸酯	Monoacetin	26446-35-5	153			√	
乙二醇单乙醚	2-Ethoxyethanol	110-80-5	135			√	

续表

中文名	英文名	CAS 号	沸点/℃	YX-R	YY-R	BS-H	ZH-R
ZH-R 特有的							
1,2-环氧-7-辛烷	Oxirane, 2-hexyl-	2984-50-1					√
2-癸醇	2-Decanol	1120-06-5					√
(一)-异蒲勒醇	Cyclohexanol, 5-methyl-2-(1-methylethenyl)-, (1R, 2S, 5R)-	89-79-2					√
3-糠醛	3-Furaldehyde	498-60-2	145.3				√
4-吡啶甲醛	4-Pyridinecarboxaldehyde	872-85-5	198				√
苯乙酮	Acetophenone	98-86-2	202.6				√
丙酮	Acetone	67-64-1	56				√
7-苯甲酰庚酸	7-benzoylheptanoic acid	66147-75-9					√
gamma-戊内酯	gamma-Valerolactone	108-29-2	207~208				√
三乙酸甘油酯	Triacetin	102-76-1	258				√
异丁香酚	Phenol, 2-methoxy-4-(1-propen-1-yl)-	97-54-1	266				√
氨基乙腈	amino-acetonitrile	540-61-4	58				√
肼	Hydrazine	302-01-2	113.5				√

YY-R 中部分挥发性组分内标法相对定量结果如表 2-1-2 所示。

表 2-1-2　YY-R 中部分挥发性组分内标法相对定量结果

序号	RT/min	物质名称	响应因子	含量/(μg/10 支)
1	3.104	乙酸丙酯	3179452	0.0049
2	5.198	丙二醇甲醚	623637.5	0.0251
3	8.306	2-甲基丁酸-3-甲基丁酯	1080271	0.1453

续表

序号	RT/min	物质名称	响应因子	含量/(μg/10 支)
4	10.818	2-乙基己基乙酸酯	566188	0.2771
5	12.589	乙酸	17044826	0.0092
6	15.078	长叶烯	22294330	0.007
7	15.849	丙二醇	83128312	0.0019
8	18.248	戊二酸二甲酯	20266594	0.0077
9	19.029	萘(内标)	653823.4	—
10	21.984	苄醇	1889258	0.0831
11	22.657	2,6-二叔丁基对甲酚	6074128	0.0258
12	23.903	3-乙酰基吡咯	692245.7	0.2267

4. 小结

本方法"烟丝中挥发性成分测定 搅拌棒吸附萃取-热脱附-气相色谱-质谱",能够较好地诠释烟丝中的挥发性成分。实验结果表明:采用 SBSE-TD-GC-MS 方法进行烟丝中挥发性成分检测,能够很容易地发现不同品牌烟丝挥发性成分的差异,今后可作为卷烟开包香、嗅香等挥发性检测对象的有力技术手段。

方法2 烟丝中挥发性成分测定 搅拌棒吸附萃取-顶空-气相色谱-质谱(SBSE-HS-GC-MS)法

1. 实验材料

1.1 实验仪器

PerkinElmer Clarus 600 气相色谱-质谱联用仪,DB-5MS 气相色谱柱(30 m×0.25 mm×0.25 μm),PerkinElmer TurboMatrix 40 Trap。

1.2 试剂和样品

萘(标准对照品,丙酮配制,$6\ \mu g \cdot mL^{-1}$)。

2. 方法

2.1 样品预处理

取卷烟 10 支至大烧杯中,加入内标萘($6\ \mu g \cdot mL^{-1}$)$40\ \mu L$,另取一个较小的烧杯倒扣在烟丝上,密封一段时间。再将搅拌棒放入小烧杯上面进行吸附,2 h 后取出置于热脱附管中准备进样。

2.2 顶空操作条件

取样针温度:120 ℃。传输线温度:190 ℃。炉温:180 ℃。GC 循环时间:57 min。样品平衡时间:30 min。加压时间:0.20 min。进样时间:0.1 min。

2.3 色谱条件

色谱柱:DB-5MS 气相色谱柱($30\ m \times 0.25\ mm \times 0.25\ \mu m$),离子源温度为 180 ℃,流速为 $1\ mL \cdot min^{-1}$,质谱扫描范围为 50~300 amu,程序升温为 50 ℃保持 1 min,然后以 5 ℃ $\cdot min^{-1}$ 升温至 200 ℃,保持 10 min。

3. 结果

实验结果如图 2-1-2 所示。

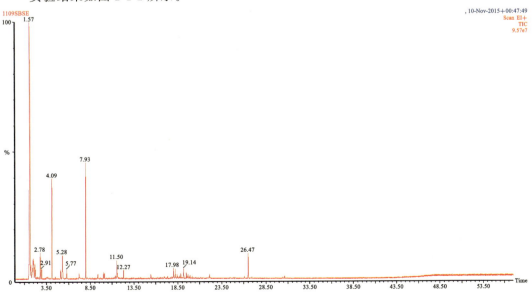

图 2-1-2 实验结果

4. 小结

该方法是方法 1 SBSE-TD-GC-MS 的替代方法,开发的目的是解决缺少"热脱附"设备的问题,目前将 SBSE-HS-GC-MS 法作为平台分析烟丝挥发性成分的核心方法。

第二章　烟丝中挥发性、半挥发性卷烟风格特征成分系列检测方法开发

方法3　烟丝中挥发性、半挥发性成分（苯乙醛）测定 静态顶空-气相色谱-质谱（HS-GC-MS）法

本实验将静态顶空（HS）与气相色谱-质谱（GC-MS）相结合，旨在建立一种简便、快速、准确的苯乙醛测定方法，并应用该方法对不同品牌卷烟中苯乙醛进行定量分析。

1. 范围

本法测定了不同品牌卷烟中苯乙醛的含量。

2. 原理

在密闭容器中和一定温度下，试样中的挥发性有机化合物在气相和基质之间达到平衡时，将气相部分导入气相色谱-质谱仪进行分离鉴定，经基质矫正后，测定挥发性有机化合物在试样中的含量。

3. 试剂和材料

警告：实验室内不应摆放相关挥发性有机化合物。实验人员应佩戴防护器具以保证安全。测试废液收集后统一处置。

除特殊要求外，应使用分析纯级或以上试剂。

3.1　试剂

（1）苯乙醛标准品；
（2）丙酮；

(3)萘；

(4)三乙酸甘油酯；

(5)N,N-二甲基甲酰胺。

3.2 标准工作溶液

3.2.1 标准工作储备溶液

准确称取 0.0106 g 苯乙醛标准品于 100 mL 容量瓶中,用丙酮溶解并稀释至刻度,摇匀,即得 106 μg·mL^{-1} 苯乙醛标准储备液。准确称取 0.06 g 萘(IS)标准品于 100 mL 容量瓶中,用丙酮溶解并稀释至刻度,摇匀,即得 600 μg·mL^{-1} IS 溶液。分别精确移取 5 mL 和 0.5 mL IS 溶液于 50 mL 容量瓶中,用丙酮溶解并稀释至刻度,摇匀,作为基质溶剂备用,其分别为浓度 60 μg·mL^{-1} 和 6 μg·mL^{-1} IS 溶液。该储备液在 −20 ℃ 冰箱内存放,有效期为 3 个月。取用时放置于常温下,达到常温后充分摇匀方可使用。

3.2.2 标准工作溶液

准确移取 106 μg·mL^{-1} 的苯乙醛标准储备溶液 0.16 mL、0.235 mL、0.445 mL、0.935 mL、1.85 mL、2.81 mL、4 mL、5 mL、6.65 mL 于 9 只 10 mL 容量瓶中,分别加入 60 μg·mL^{-1} IS 溶液,用丙酮溶解并稀释至刻度,摇匀,得到浓度分别为 1.696 μg·mL^{-1}、2.491 μg·mL^{-1}、4.717 μg·mL^{-1}、9.911 μg·mL^{-1}、19.61 μg·mL^{-1}、29.786 μg·mL^{-1}、42.4 μg·mL^{-1}、53 μg·mL^{-1}、70.49 μg·mL^{-1} 和 IS 浓度为 6 μg·mL^{-1} 的系列标准溶液。该标准溶液在 −20 ℃ 冰箱内存放,有效期为 3 个月。取用时放置于常温下,达到常温后充分摇匀方可使用。

4. 仪器及条件

4.1 静态顶空

(1)顶空瓶容量:20 mL。

(2)样品平衡温度:80 ℃。

(3)传输线温度:180 ℃。取样针温度:120 ℃。

(4)载气压力:30.0 PSI。

(5)样品平衡时间:45 min。加压平衡时间:0.2 min。进样时间:0.10 min。拔针时间:0.5 min。GC 分析循环时间:30 min。

(6)高压进样,进样压力:35.0 PSI。色谱柱压力:30.0 PSI。

(7)操作模式:恒定。

(8)进样模式:时间。

4.2 气相色谱仪(GC)

(1)载气:高纯氦气,纯度≥99.999%。
(2)载气压力:74 kPa。
(3)DB-5MS 弹性石英毛细管色谱柱(30 m×0.25 mm×0.25 μm)。
(4)进样口温度:250 ℃。
(5)流速:1.0 mL·min^{-1}(恒流模式)。分流比:10∶1。
(6)升温程序:初始温度50 ℃,保持1 min。以 10 mL·min^{-1}的速率升至250 ℃,保持5 min。
(7)传输线温度:260 ℃。

4.3 质谱仪(MS)

(1)EI 电离模式:电子源轰击(EI)。
(2)电离能:70 eV。
(3)灯丝电流:80 μA。
(4)离子源温度:180 ℃。
(5)容积延迟:4 min。
(6)选择离子 SIM 模式,扫描范围:30～500 amu。

苯乙醛的定性定量离子如表 2-2-1 所示。

表 2-2-1 苯乙醛的定性定量离子

化合物	保留时间 m/z	目标离子 m/z	辅助定量离子 m/z
苯乙醛	7.31	91	92/120
IS	9.21	210	90

5. 样品处理

品牌卷烟样品拆开包装后,取每支卷烟舍弃滤棒后沿纵向剪开,烟丝采用等量递增法充分混匀后平铺于干净白纸上,称重时从左往右依次顺序取等份烟丝,使用分析天平称取上述样品 0.6 g(精确至 0.1 mg),并加入 30 μL 浓度为 6 μg·mL^{-1} 的内标液于 20 mL 顶空瓶中,迅速压紧瓶盖,适当振摇,使样品均匀而松散地平铺于瓶底,进行 GC-MS 分析。

6. 结果计算

品牌卷烟试样中苯乙醛含量按式(2.2.1)进行计算。

$$C_s = \frac{\left(\frac{A_s}{A_i} + a\right) \times C_i \times V}{k \times m} \tag{2.2.1}$$

式中：C_s——试样中苯乙醛的含量，单位为毫克每千克($mg \cdot kg^{-1}$)；

A_s——试样中苯乙醛的峰面积，单位为 U(积分单位)；

A_i——内标物质的峰面积，单位为 U(积分单位)；

C_i——加入内标物质的浓度，单位为微克每毫升($\mu g \cdot mL^{-1}$)；

m——称取烟丝质量，单位为克(g)；

k——苯乙醛的标准工作曲线斜率；

a——苯乙醛的标准工作曲线截距；

V——标准溶液(或内标)体积，单位为毫升(mL)($V = 0.03$ mL)。

取两次平行测定结果的算术平均值作为试样测定结果，精确至 0.01 毫克每千克($mg \cdot kg^{-1}$)。两次平行测定结果的相对平均偏差应不大于 5%。

7. 结果与讨论

7.1 平衡温度的选择

在平衡时间 45 min 下对不同温度(60 ℃、70 ℃、80 ℃、90 ℃、100 ℃)的顶空气相色谱进行分析，以苯乙醛的色谱峰面积为指标，考察不同平衡温度对顶空气体中苯乙醛量的影响。结果(图 2-2-1)表明，随着平衡温度的升高，苯乙醛的色谱峰面积逐渐增大。在 60～70 ℃下，增速较慢；在 70～90 ℃时，增速较快，随后趋缓。由于温度越高，挥发性化合物越多，杂质峰增加，对离子源污染也越大，且升高温度可缩短平衡时间，会使气相中的有机物浓度增加，提高灵敏度，但温度过高不仅会增大溶剂峰的干扰，而且可能破坏平衡的稳定性，并且延长分析时间，同时还会影响色谱柱和质谱灯丝的使用寿命。因此，综合考虑苯乙醛的易挥发性(沸点为 78 ℃)及减少离子源的污染和杂质峰干扰等因素，选择平衡温度 80 ℃。

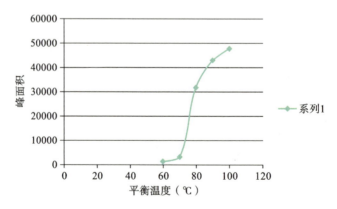

图 2-2-1 顶空平衡温度对峰面积的影响

7.2 平衡时间的选择

在相同平衡温度80 ℃下,对不同平衡时间(5 min、15 min、30 min、45 min、60 min)下苯乙醛的峰面积变化进行比较。结果(图2-2-2)表明,5～45 min内,苯乙醛的响应值随平衡时间延长而增加;45 min后,峰面积趋于稳定,表明气—液两相之间已基本达到平衡。由于气相色谱循环时间仅为30 min,采用顶空进样器重叠平衡功能,柱温可以同时平衡多个样品瓶以提高工作效率,实现高通量分析的目的。综合时间成本及响应灵敏度,选择45 min为最佳平衡时间。

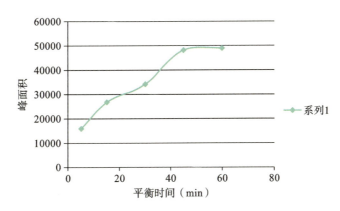

图2-2-2 顶空平衡时间对峰面积的影响

7.3 基质的选择

实验分别考察了梗丝、薄片、烟末,结果(图2-2-3)表明:梗丝对苯乙醛的吸附较小而对内标萘的吸附较大;薄片对苯乙醛的吸附较大;烟末的吸附均较小,且出峰比较稳定。因此,暂定烟末作为基质。

7.4 基质校正剂的选择

实验用烟丝考察了三醋酸甘油酯、N,N-二甲基甲酰胺、饱和食盐水、纯化水四种基质,结果(图2-2-4)表明:加饱和食盐水的样品出峰情况较好,全扫描图谱中物质出峰总个数、峰高与空白烟丝的色谱图相似,故初步选择饱和食盐水为基质校正剂,其浓度有待实验研究。

7.5 基质校正剂体积的选择

实验预用0.5 g烟末分别考察了0.25 mL、0.5 mL、0.75 mL、1 mL、2.5 mL的饱和食盐水,实验结果(图2-2-5)表明:体积为0.25 mL的样品出峰响应值高,往上做高浓度体积的有待实验。

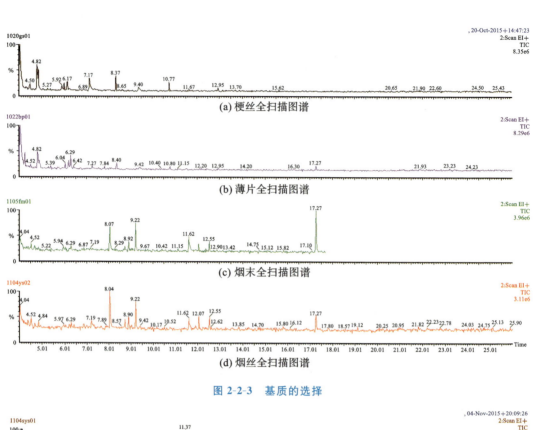

图 2-2-3 基质的选择

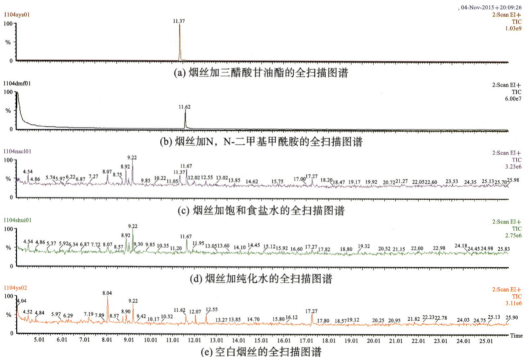

图 2-2-4 基质校正剂的选择

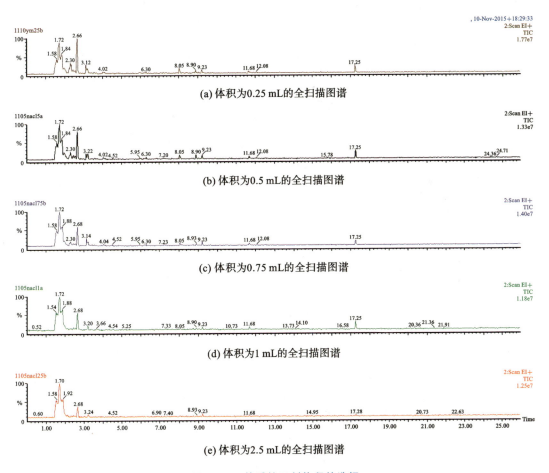

图 2-2-5 基质校正剂体积的选择

7.6 标准曲线的制作

实验用逐级稀释的方法找出仪器能检出的标准溶液的最低浓度。往上稀释找到峰型好且信噪比低的包括最低浓度的 5 个不同浓度水平的标准溶液。

取标准工作溶液进行 HS-GC-MS 分析，并以苯乙醛色谱峰面积(A_s)与内标色谱峰面积(A_i)比值 $Y(A_s/A_i)$ 为纵坐标、其相应浓度比 X 为横坐标进行回归分析。考虑到品牌卷烟试样苯乙醛含量会超出低浓度标准工作曲线的范围，故分别作了两条标准工作曲线。得回归方程分别为：

$$y = 0.2959x - 0.0818 \ (R^2 = 0.9969) \quad (2.2.2)$$

$$y = 0.6413x - 1.1664 \ (R^2 = 0.9968) \quad (2.2.3)$$

工作曲线相关数据见表 2-2-2 和表 2-2-3，工作曲线见图 2-2-6 和图 2-2-7。

表 2-2-2 低浓度标准工作溶液检测数据

苯乙醛浓度 /($\mu g \cdot mL^{-1}$)	萘的浓度 /($\mu g \cdot mL^{-1}$)	苯乙醛峰面积 A_s	萘峰面积 A_i	峰面积比 A_s/A_i	浓度比
1.70	6	1126	77008	0.01	0.28
2.49	6	5098	95376	0.05	0.42
4.72	6	12478	108018	0.12	0.79
9.91	6	47836	114996	0.42	1.65
19.61	6	135464	152776	0.89	3.27

表 2-2-3 高浓度标准工作溶液检测数据

苯乙醛浓度 /($\mu g \cdot mL^{-1}$)	萘的浓度 /($\mu g \cdot mL^{-1}$)	苯乙醛峰面积 A_s	萘峰面积 A_i	峰面积比 A_s/A_i	浓度比
19.61	6	135464	152776	0.89	3.27
29.79	6	689507	316221	2.18	4.97
42.4	6	958599	299965	3.2	7.07
53	6	1317550	291753	4.52	8.83
70.49	6	1610569	251664	6.4	11.75

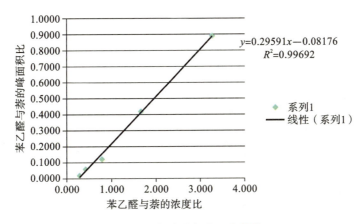

图 2-2-6　低浓度标准工作曲线

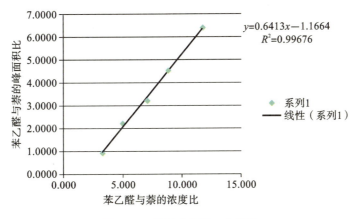

图 2-2-7　高浓度标准工作曲线

7.7　方法的评价

7.7.1　检出限和定量限

实验以最低浓度水平(1.696 μg·mL^{-1})的标准溶液连续进样 10 次,采用峰面积比对浓度作图建立的低浓度标准曲线方程计算出每个苯乙醛与内标峰面积比值对应的浓度值,1.696 μg·mL^{-1}的标准溶液色谱图见图 2-2-8。

从图 2-2-8 可以看出,以 1.696 μg·mL^{-1}作为标准曲线的最低点时,仪器信噪比足够低,其 $S/N=15.6$,仪器能检出峰来。实验中还考察了更低浓度的标准溶液,仪器无法检出峰。所以 1.696 μg·mL^{-1}作为最低浓度。最低浓度标准溶液 10 次连续进样测定结果见表2-2-4。通过代入曲线方程(2.2.2)计算出每个峰面积比对应的浓度值,计算最低浓度检测结果的标准偏差(SD)记为 α,$\alpha=0.038$ μg·mL^{-1}。$3\alpha=0.11$ μg·mL^{-1}。代入公式(2.2.1)计算出检出限(LOD):0.0055 mg·kg^{-1}(选取 $m=0.6$ g,$V=0.03$ mL)。定量限(LOQ):0.0190 mg·kg^{-1}。

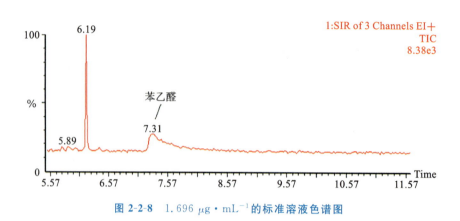

图 2-2-8　1.696 μg·mL^{-1} 的标准溶液色谱图

表 2-2-4　最低浓度标准溶液(浓度为 1.696 μg·mL^{-1})连续进样 10 次测定结果

进样次数	苯乙醛峰面积 A_s	萘峰面积 A_i	峰面积比 A_s/A_i	萘的浓度 /(μg·mL^{-1})	检测浓度值 /(μg·mL^{-1})	SD /(μg·mL^{-1})
第1次	1174	76598	0.02	6	1.97	
第2次	924	68221	0.01	6	1.93	
第3次	1174	80390	0.01	6	1.95	
第4次	920	71395	0.01	6	1.92	
第5次	561	66962	0.01	6	1.83	0.038
第6次	941	72688	0.01	6	1.92	
第7次	995	76580	0.01	6	1.92	
第8次	918	67592	0.01	6	1.93	
第9次	1098	83769	0.01	6	1.92	
第10次	970	83477	0.01	6	1.89	

7.7.2 方法的精密度与加标回收率

在空白顶空瓶中分别加入高、中、低 3 个不同浓度(1.696 μg·mL^{-1}、19.61 μg·mL^{-1}、70.49 μg·mL^{-1})的苯乙醛标准溶液,平行测定 5 次,采用 HS-GC-MS 法测定相应的苯乙醛浓度,根据测定结果以及标准溶液的理论浓度值,计算方法的回收率。结果(表 2-2-5)显示,苯乙醛的回收率为 96%～113%,表明本方法的准确性较高。根据测定结果计算苯乙醛的相对标准偏差(RSD)为 1.01%～2.96%,说明该方法的重复性较好。

表 2-2-5 回收率和精密度

浓度水平	加标量/(μg·mL^{-1})	测定量/(μg·mL^{-1})	回收率/(%)	SD	Mean	RSD
低	1.696	1.87	110.20	0.02	1.90	1.01%
		1.90	112.23			
		1.89	111.39			
		1.91	112.74			
		1.92	112.98			
中	19.61	19.64	100.14	0.59	19.84	2.96%
		19.00	96.89			
		20.57	104.88			
		20.16	102.80			
		19.85	101.22			
高	70.49	70.79	100.42	1.11	69.71	1.59%
		70.60	100.16			
		68.91	97.76			
		70.01	99.31			
		68.22	96.78			

8. 品牌卷烟样品测定

利用建立的 HS-GC-MS 在线监测方法对卷烟企业的 6 种主流品牌烟(编号 1、2、3、4、5、6)做了测定,每个样品平行测定 2 次。根据每个样品测定的峰面积比值(A_s/A_i)的算术平均值(Mean),分别代入标准曲线方程(2.2.3)计算出相应的苯乙醛的浓度 C_1,单位为微克每毫升($\mu g \cdot mL^{-1}$),再代入公式(2.2.1)计算出样品中苯乙醛的含量 C_2(选取 $m=0.6$ g,$V=0.03$ mL),单位为毫克每千克($mg \cdot kg^{-1}$),结果见表 2-2-6。

表 2-2-6 不同品牌卷烟样品中苯乙醛含量测定结果

品牌卷烟样品编号	苯乙醛峰面积 A_s	萘峰面积 A_i	峰面积比 A_s/A_i	Mean (A_s/A_i)	苯乙醛浓度 C_1 /($\mu g \cdot mL^{-1}$)	苯乙醛含量 C_2 /($mg \cdot kg^{-1}$)
1	12207	5105	2.3912	2.33	32.69	1.63
	11452	5060	2.2632			
2	4600	3518	1.3076	1.46	24.57	1.23
	5207	3232	1.6111			
3	6439	2640	2.4390	2.18	31.30	1.57
	7239	3771	1.9196			
4	6263	3367	1.8601	1.92	28.88	1.44
	5187	2620	1.9798			
5	3798	2712	1.4004	1.52	25.14	1.26
	4055	2471	1.6410			
6	7938	2820	2.8149	2.81	37.24	1.86
	8147	2896	2.8132			

标准工作溶液和典型样品色谱图如图 2-2-9 至图 2-2-14 所示。

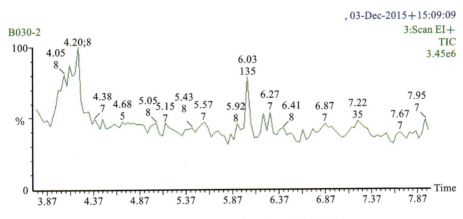

图 2-2-9　标准工作溶液总离子流图(TIC)

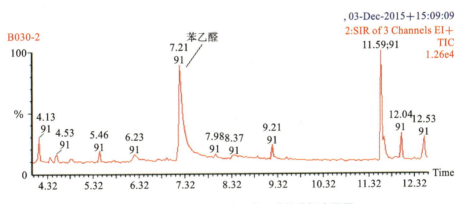

图 2-2-10　标准工作溶液中苯乙醛的选择离子图

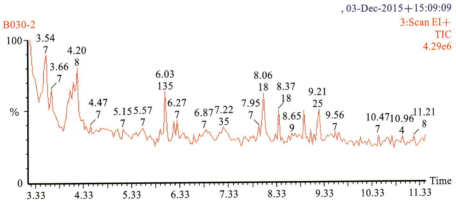

图 2-2-11　典型样品 1 总离子流图(TIC)

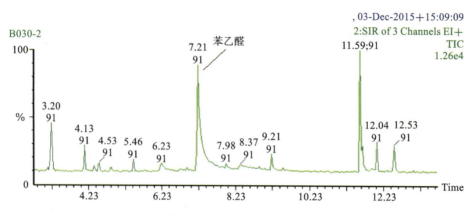

图 2-2-12　典型样品 1 中苯乙醛的定性定量离子图

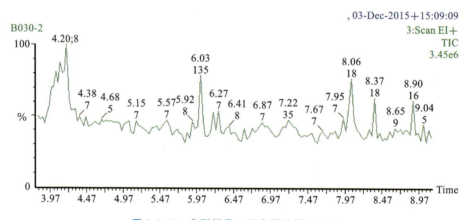

图 2-2-13　典型样品 2 总离子流图 (TIC)

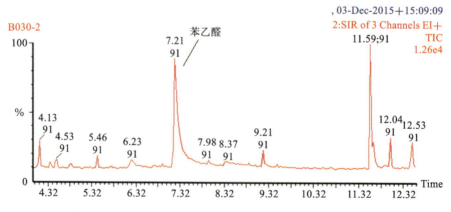

图 2-2-14　典型样品 2 中苯乙醛的选择离子图

9. 小结

该方法以苯乙醛为研究对象,开发了准确测定烟丝中挥发性、半挥发性成分(苯乙醛)的静态顶空-气相色谱-质谱(HS-GC-MS)方法。该方法具有两个功能:一是能够输出卷烟烟丝风格特征的指纹图谱评价基础谱线;二是为进一步发展 SPME-GC-MS/MS、HS-GC-MS/MS 和其他相关方法提供了基础数据。

方法4 烟丝中挥发性、半挥发性成分(β-紫罗兰酮)测定 顶空-固相微萃取-气相色谱-质谱(HS-SPME-GC-MS)法

本方法将静态顶空(HS)、固相微萃取(SPME)与气相色谱-质谱(GC-MS)相结合,旨在建立一种简便、快速、准确的 β-紫罗兰酮测定方法,且运用该方法对不同品牌卷烟中 β-紫罗兰酮进行定量分析。

1. 范围

本方法规定了烟丝中致香物质 β-紫罗兰酮的固相微萃取-气相色谱-质谱(SPME-GC-MS)法,烟丝中与其性质相近的香料成分可参考使用。

本方法测定卷烟烟丝中 β-紫罗兰酮的检出限为 0.00032 mg/kg,定量限为 0.00106 mg/kg。

2. 原理

在密闭容器和一定萃取温度、萃取时间、解吸附时间条件下,烟丝样品中的挥发性和半挥发性物质在气相—液相或固相之间达到平衡时,物质与萃取头进行吸附和解吸附,将气相部分导入气相色谱-质谱仪进行检测,内标法定量。

3. 试剂和材料

除特殊要求外,应使用分析纯或以上级试剂。

3.1 试剂

(1) β-紫罗兰酮:纯度≥99%。
(2) 萘:纯度≥99%。
(3) 丙酮:色谱纯。

(4)无水乙醇丙二醇混合溶液:无水乙醇:丙二醇(体积比)=9:1。

3.2 内标溶液

3.2.1 内标储备液

准确称取 30 mg 萘至 50 mL 棕色容量瓶中,使用丙酮定容至刻度,内标储备液在 4 ℃冰箱中冷藏备用,有效期为 6 个月。

3.2.2 一级内标溶液

准确移取 1 mL 内标储备液至 100 mL 棕色容量瓶中,使用丙酮定容至刻度,一级内标溶液在 4 ℃冰箱中冷藏备用,有效期为 3 个月。

3.3 标准溶液

3.3.1 标准工作储备溶液

准确称取 0.0250 g 的 β-紫罗兰酮(精确至 0.1 mg)至 100 mL 棕色容量瓶中,用乙醇-1,2-丙二醇溶液定容至刻度,放入 4 ℃冰箱中冷藏备用,有效期为 1 个月。

3.3.2 标准工作溶液

系列标准工作溶液以丙酮作定容溶剂,根据样品实际含量配制合适浓度系列标准工作溶液,该标准工作溶液至少配制五级,取用时放置于常温下,达到室温后方可使用。

4. 仪器设备

常用实验仪器及下述各项。
(1)分析天平:感量为 0.1 mg。
(2)移液枪:0.25~5 mL。
(3)固相微萃取仪(SPME)。
(4)气相色谱-质谱联用仪。
(5)色谱柱:DB-5MS 弹性石英毛细管色谱柱(30 m×0.25 mm×0.25 μm)。

5. 分析步骤

5.1 样品制备

品牌卷烟样品拆开包装后,取每支烟支舍弃滤棒后沿纵向剪开,烟丝采用等量递增法充分混匀后平铺于干净白纸上,称重时从左往右依次顺序取等份烟丝,使用分析天平称取上述样品 0.6 g(精确至 0.1 mg),并加入 30 μL 浓度为 6 μg·mL^{-1} 的内标液于 20 mL 顶空瓶中,迅速压紧瓶盖,适当振摇,使样品均匀而松散地平铺于瓶底,供 SPME-GC-MS 分析用。

5.2 测定次数

每个样品应平行测定两次。

5.3 固相微萃取色谱质谱分析

按照制造商操作手册运行气相色谱-质谱联用仪,以下分析条件可供参考,采用其他条件应验证其适用性。

5.3.1 固相微萃取条件

——顶空瓶:20 μL。
——样品萃取时间:20 min。
——解吸附时间:5 min。
——样品萃取温度:80 ℃。
——红色萃取头(65 μm PDMS/DVB)。
——振荡速度:250 r/min。

5.3.2 气相条件

——程序升温:起始温度 50 ℃,保持 1 min,后以 10 ℃·min^{-1} 升温至 250 ℃,保持 9 min。
——进样口温度:250 ℃。
——载气:氦气(纯度 ≥ 99.99%),恒流模式,柱流量 1 mL·min^{-1}。
——不分流进样。

5.3.3 质谱条件

——离子源温度:230 ℃。
——四极杆温度:180 ℃。
——传输线温度:280 ℃。
——电离方式:EI,电离电压 70 eV。
——扫描方式:选择离子扫描(SIM),扫描范围 35~400 amu。

β-紫罗兰酮和萘的定量及定性离子如表 2-2-7 所示。

表 2-2-7 β-紫罗兰酮和萘的定量及定性离子

序号	物质名称	保留时间	定量离子	定性离子
1	β-紫罗兰酮	14.432	177	192
2	萘	10.175	128	128

5.4 测定

5.4.1 定性分析

选择特异性和响应较高的离子作为定量离子,结合其相对保留时间进行定性。

5.4.2 定量分析

用气相色谱-质谱联用仪测定标准工作溶液,得到 β-紫罗兰酮和内标的积分峰面积(表 2-2-8)。用 β-紫罗兰酮的峰面积和内标峰面积的比值作为纵坐标、β-紫罗兰酮浓度和内标浓度比值作为横坐标,建立 β-紫罗兰酮的校正曲线。对校正数据进行线性回归,R^2 应不小于 0.99。测定时,根据样品色谱图中 β-紫罗兰酮峰面积以及内标峰面积分别计算得到每个卷烟样品中 β-紫罗兰酮的浓度($\mu g \cdot mL^{-1}$)。标准曲线如图 2-2-15 所示。

表 2-2-8　β-紫罗兰酮标准工作溶液检测数据

β-紫罗兰酮浓度 /($\mu g \cdot mL^{-1}$)	萘的浓度 /($\mu g \cdot mL^{-1}$)	浓度比	A_s	A_i	A_s/A_i
0.15	6	0.025	187652	10936712	0.0172
0.25	6	0.0417	581342	11530758	0.0504
0.5	6	0.0833	1411304	17704079	0.0797
2.5	6	0.4167	9184822	12702845	0.7231
5	6	0.8333	15290800	10268999	1.489

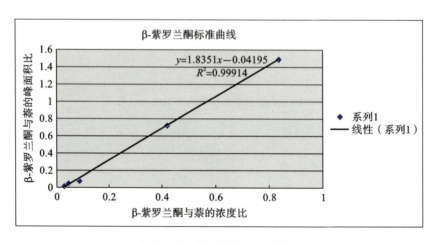

图 2-2-15　β-紫罗兰酮标准曲线

6. 结果计算与表述

试样中 β-紫罗兰酮的含量按式(2.2.4)进行计算:

$$C_s = \frac{\left(\dfrac{A_s}{A_i} + a\right) \times C_i \times V}{k \times m} \tag{2.2.4}$$

式中:C_s——试样中 β-紫罗兰酮的含量,单位为 $mg \cdot kg^{-1}$;

A_s——试样中 β-紫罗兰酮的峰面积,单位为 U(积分单位);

A_i——内标物质的峰面积,单位为 U(积分单位);

C_i——加入内标物质的浓度,单位为 $\mu g \cdot mL^{-1}$;

m——称取烟丝质量,单位为 g;

k——β-紫罗兰酮的标准工作曲线斜率;

a——β-紫罗兰酮的标准工作曲线截距。

取两个平行样品的算术平均值作为测试结果,结果精确至 $0.0001\ mg \cdot kg^{-1}$。

7. 检出限与定量限的测定

本实验通过进样 10 次低浓度($0.15\ \mu g \cdot mL^{-1}$)的 β-紫罗兰酮工作溶液,进行 HS-SPME-GC-MS 分析,计算得其检出限与定量限分别为 $0.00032\ \mu g \cdot g^{-1}$ 与 $0.00106\ \mu g \cdot g^{-1}$。

8. 重复性与回收率

β-紫罗兰酮的回收率为 86.12%~112.40%,加入 3 个不同浓度($0.15\ \mu g \cdot mL^{-1}$、$2.5\ \mu g \cdot mL^{-1}$、$5\ \mu g \cdot mL^{-1}$)的工作溶液后回收率的相对标准偏差为 1.14%~4.87%($n=5$),如表 2-2-9 所示。

表 2-2-9　本方法 β-紫罗兰酮回收率与精密度($n=5$)

烟丝/g	β-紫罗兰酮/($\mu g \cdot mL^{-1}$)	萘/($\mu g \cdot mL^{-1}$)	A_s	A_i	A_s/A_i	回收率/(%)	RSD/(%)
0.6048	0.15	6	3991998	10321135	0.3868	89.74	
0.6042	0.15	6	3895967	10080329	0.3865	90.19	
0.6050	0.15	6	3942596	10174807	0.3875	90.97	1.14
0.6086	0.15	6	3897885	10023845	0.3889	88.41	
0.6025	0.15	6	3689874	10340724	0.3568	90.79	

续表

烟丝/g	β-紫罗兰酮/($\mu g \cdot mL^{-1}$)	萘/($\mu g \cdot mL^{-1}$)	A_s	A_i	A_s/A_i	回收率/(%)	RSD/(%)
0.6022	2.5	6	5285626	11120166	0.4753	86.42	4.87
0.6081	2.5	6	5347687	11143058	0.4799	86.12	
0.6006	2.5	6	5212029	10670967	0.4884	95.98	
0.6093	2.5	6	5588809	11438438	0.4886	91.09	
0.6092	2.5	6	5189228	10526473	0.493	93.99	
0.6012	5	6	13999176	12098521	1.1571	107.04	2.46
0.6049	5	6	14018807	12156712	1.1532	105.56	
0.6045	5	6	11989278	10276497	1.1667	107.43	
0.6060	5	6	13027197	10973504	1.1872	109.72	
0.6067	5	6	14495376	11987936	1.2092	112.4	

9. 样品测定

按照仪器条件测定样品,两组样品平行测定 2 次。将每组所得 2 个 A_s/A_i 的值代入标准曲线,计算得 A、B 两个品牌烟丝中 β-紫罗兰酮平均含量分别为 0.0617 mg·kg^{-1}、0.0641 mg·kg^{-1}。典型标样和卷烟样品色谱图如图 2-2-16 至图 2-2-18 所示。

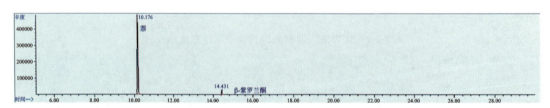

图 2-2-16 标准曲线中 5 $\mu g \cdot mL^{-1}$ β-紫罗兰酮色谱图

10. 小结

该方法以 β-紫罗兰酮为研究对象,开发了准确测定烟丝中挥发性、半挥发性成分(β-紫罗兰酮)的顶空-固相微萃取-气相色谱-质谱(HS-SPME-GC-MS)方法,该方法主要是为进一步发展 SPME-GC-MS/MS、HS-GC-MS/MS 和其他相关方法提供基础数据和前期方法考察结论。

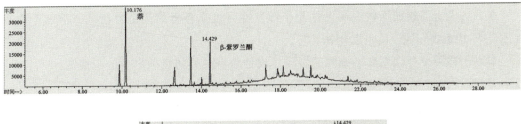

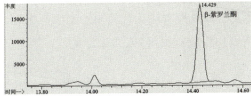

图 2-2-17　A 品牌烟丝 SIM 扫描色谱图及 β-紫罗兰酮色谱峰

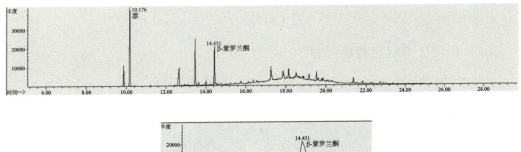

图 2-2-18　B 品牌烟丝 SIM 扫描色谱图及 β-紫罗兰酮色谱峰

方法 5　烟丝中挥发性、半挥发性成分测定 溶剂萃取直接进样-气相色谱-质谱/质谱（LSE-GC-MS/MS）法

本方法依据卷烟烟丝中重要致香成分清单，采用溶剂萃取、气相色谱（GC）分离和串联质谱检测器（MS/MS）检测等技术，建立了一种准确测定烟丝中挥发性、半挥发性成分的靶向测定方法。

1. 范围

本方法规定了卷烟烟丝中挥发性及半挥发性有机化合物的测定方法——溶剂萃取直接进样-气相色谱-质谱/质谱联用法。

本方法适用于卷烟烟丝中挥发性及半挥发性致香成分的定性定量分析检测。

2. 方法提要

卷烟烟丝中的挥发性及半挥发性有机化合物用乙醚振荡提取,提取液经过滤后用直接进样-气相色谱-质谱/质谱联用仪进行测定,内标法定量。

3. 试剂和材料

警告:实验室内不应摆放相关挥发性有机化合物。实验人员应佩戴防护器具以保证安全。测试废液收集后统一处置。

除特殊要求外,应使用分析纯级或以上试剂。

3.1 挥发性有机化合物标样

挥发性有机化合物标样如表 2-2-10 所示。

表 2-2-10 挥发性有机化合物标样

序号	挥发性有机化合物
1	苯乙醛
2	苯乙醇
3	萘
4	香茅醇
5	苯乙酸乙酯
6	香芹酮
7	香叶醇
8	乙酸苯乙酯
9	洋茉莉醛
10	丁香酚

续表

序号	挥发性有机化合物
11	山楂花酮
12	β-二氢大马酮
13	β-紫罗兰酮
14	5-甲基糠醛
15	肉桂酸乙酯
16	异戊酸异戊酯
17	δ-十一内酯
18	δ-己内酯
19	γ-庚内酯
20	反式-肉桂醛
21	2,3,5-三甲基吡嗪
22	γ-辛内酯
23	γ-十一内酯
24	2,6-二甲基吡啶
25	异丁酸乙酯
26	苯甲酸苯甲酯
27	4-甲基-2-苯基-1,3-二氧戊环
28	二氢香豆酯
29	对茴香醛
30	δ-壬内酯
31	δ-癸内酯
32	α-松油醇
33	4-羟基-2,5-二甲基-3(2H)-呋喃酮

续表

序号	挥发性有机化合物
34	芳樟醇
35	麦芽酚
36	3-乙氧基-4-羟基苯甲醛
37	2-甲基四氢呋喃-3-酮
38	糠醇
39	3,5,5-三甲基环己烷-1,2-二酮
40	2-乙酰基吡咯
41	乙基麦芽酚
42	乙酸异丁酯
43	苄醇
44	苯乙酮
45	异佛尔酮
46	肉桂酸肉桂酯
47	γ-戊基丁内酯
48	氧化异佛尔酮
49	香兰素
50	3-乙基吡啶
51	戊酸乙酯
52	金合欢基丙酮
53	乙酸芳樟酯
54	乳酸乙酯
55	β-环柠檬醛
56	L-薄荷醇

续表

序号	挥发性有机化合物
57	丁酸乙酯
58	甲基环戊烯醇酮
59	6-甲基-5-庚烯-2-酮
60	2-甲基吡嗪
61	苯甲醛二甲缩醛
62	茴香烯
63	γ-己内酯
64	δ-十二内酯
65	α-当归内酯
66	γ-十二内酯
67	γ-癸内酯
68	肉桂酸苄酯
69	R-(＋)-柠檬烯
70	D-薄荷醇
71	3-羟基-2-丁酮
72	覆盆子酮
73	β-石竹烯
74	4-乙烯基愈创木酚

3.2　溶剂

(1)无水乙醇；
(2)丙二醇；
(3)乙醚。

3.3 标准工作溶液

3.3.1 标准工作储备溶液

分别称取有机化合物标样各 0.0050 g(或 0.01 g)于不同的 50 mL(或 100 mL)容量瓶中,用无水乙醇丙二醇混合溶液[无水乙醇:丙二醇=9:1]定容,配制成质量浓度为 100 μg/mL 的标准储备液,摇匀后倒入棕色香精香料瓶中封存,同时放入 4 ℃冰箱中冷藏备用。

3.3.2 标准工作溶液

以乙醚为溶剂,采用标准工作储备溶液制备系列标准工作溶液,该系列标准工作溶液至少配制 5 级,其浓度范围应覆盖样品中挥发性有机化合物的含量,其中内标萘浓度为 1 μg/mL,具体标准工作溶液浓度范围见表 2-2-11。

表 2-2-11 标准工作溶液浓度范围

序号	物质名称	标准工作溶液浓度范围/(μg/mL)					
		6 级	5 级	4 级	3 级	2 级	1 级
1	3-羟基-2-丁酮	5.0000	4.0000	2.5000	2.0000	1.0000	0.1000
2	异丁酸乙酯	0.2700	0.2160	0.1350	0.1080	0.0540	0.0054
3	乙酸异丁酯	0.2500	0.2000	0.1250	0.1000	0.0500	0.0050
4	丁酸乙酯	0.1263	0.1010	0.0631	0.0505	0.0253	0.0025
5	2-甲基四氢呋喃-3-酮	0.5175	0.4140	0.2588	0.2070	0.1035	0.0104
6	乳酸乙酯	0.2525	0.2020	0.1263	0.1010	0.0505	0.0051
7	2-甲基吡嗪	0.6000	0.4800	0.3000	0.2400	0.1200	0.0120
8	糠醇	2.9500	2.3600	1.4750	1.1800	0.5900	0.0590
9	α-当归内酯	0.5600	0.4480	0.2800	0.2240	0.1120	0.0112
10	2,6-二甲基吡啶	0.5200	0.4160	0.2600	0.2080	0.1040	0.0104
11	戊酸乙酯	0.1213	0.0970	0.0606	0.0485	0.0243	0.0024
12	3-乙基吡啶	1.6875	1.3500	0.8438	0.6750	0.3375	0.0338
13	5-甲基糠醛	7.3000	5.8400	3.6500	2.9200	1.4600	0.1460
14	6-甲基-5-庚烯-2-酮	0.5000	0.4000	0.2500	0.2000	0.1000	0.0100
15	2,3,5-三甲基吡嗪	0.2375	0.1900	0.1188	0.0950	0.0475	0.0048

续表

序号	物质名称	标准工作溶液浓度范围/(μg/mL)					
		6级	5级	4级	3级	2级	1级
16	甲基环戊烯醇酮	1.3250	1.0600	0.6625	0.5300	0.2650	0.0265
17	R-(＋)-柠檬烯	0.5000	0.4000	0.2500	0.2000	0.1000	0.0100
18	苄醇	0.0052	0.0042	0.0026	0.0021	0.0010	0.0001
19	苯乙醛	0.4650	0.3720	0.2325	0.1860	0.0930	0.0093
20	γ-己内酯	0.5900	0.4720	0.2950	0.2360	0.1180	0.0118
21	4-羟基-2,5-二甲基-3(2H)-呋喃酮	0.2500	0.2000	0.1250	0.1000	0.0500	0.0050
22	苯乙酮	0.0052	0.0041	0.0026	0.0021	0.0010	0.0001
23	2-乙酰基吡咯	0.5000	0.4000	0.2500	0.2000	0.1000	0.0100
24	δ-己内酯	1.4625	1.1700	0.7313	0.5850	0.2925	0.0293
25	氧化异佛尔酮	0.5250	0.4200	0.2625	0.2100	0.1050	0.0105
26	芳樟醇	0.7000	0.5600	0.3500	0.2800	0.1400	0.0140
27	异戊酸异戊酯	0.4700	0.3760	0.2350	0.1880	0.0940	0.0094
28	苯甲醛二甲缩醛	0.0054	0.0043	0.0027	0.0022	0.0011	0.0001
29	苯乙醇	1.2375	0.9900	0.6188	0.4950	0.2475	0.0248
30	麦芽酚	48.0000	38.4000	24.0000	19.2000	9.6000	0.9600
31	异佛尔酮	0.1300	0.1040	0.0650	0.0520	0.0260	0.0026
32	3,5,5-三甲基环己烷-1,2-二酮	5.0500	4.0400	2.5250	2.0200	1.0100	0.1010
33	γ-庚内酯	1.2500	1.0000	0.6250	0.5000	0.2500	0.0250
34	L-薄荷醇	0.2375	0.1900	0.1188	0.0950	0.0475	0.0048
35	D-薄荷醇	0.4750	0.3800	0.2375	0.1900	0.0950	0.0095
36	α-松油醇	0.5750	0.4600	0.2875	0.2300	0.1150	0.0115
37	乙基麦芽酚	7.3000	5.8400	3.6500	2.9200	1.4600	0.1460
38	β-环柠檬醛	0.6000	0.4800	0.3000	0.2400	0.1200	0.0120

续表

序号	物质名称	标准工作溶液浓度范围/(μg/mL)					
		6级	5级	4级	3级	2级	1级
39	香茅醇	0.4850	0.3880	0.2425	0.1940	0.0970	0.0097
40	香芹酮	0.5550	0.4440	0.2775	0.2220	0.1110	0.0111
41	苯乙酸乙酯	0.5300	0.4240	0.2650	0.2120	0.1060	0.0106
42	香叶醇	0.5100	0.4080	0.2550	0.2040	0.1020	0.0102
43	对茴香醛	0.3100	0.2480	0.1550	0.1240	0.0620	0.0062
44	乙酸芳樟酯	1.3313	1.0650	0.6656	0.5325	0.2663	0.0266
45	乙酸苯乙酯	0.2425	0.1940	0.1213	0.0970	0.0485	0.0049
46	γ-辛内酯	0.0072	0.0058	0.0036	0.0029	0.0014	0.0001
47	4-甲基-2-苯基-1,3-二氧戊环	0.2825	0.2260	0.1413	0.1130	0.0565	0.0057
48	反式-肉桂醛	0.5900	0.4720	0.2950	0.2360	0.1180	0.0118
49	茴香烯	0.6300	0.5040	0.3150	0.2520	0.1260	0.0126
50	4-乙烯基愈创木酚	1.2500	1.0000	0.6250	0.5000	0.2500	0.0250
51	洋茉莉醛	0.4950	0.3960	0.2475	0.1980	0.0990	0.0099
52	山楂花酮	0.1263	0.1010	0.0631	0.0505	0.0253	0.0025
53	丁香酚	0.5050	0.4040	0.2525	0.2020	0.1010	0.0101
54	γ-戊基丁内酯	0.0062	0.0050	0.0031	0.0025	0.0012	0.0001
55	二氢香豆酯	0.3475	0.2780	0.1738	0.1390	0.0695	0.0070
56	δ-壬内酯	0.5750	0.4600	0.2875	0.2300	0.1150	0.0115
57	香兰素	2.9750	2.3800	1.4875	1.1900	0.5950	0.0595
58	β-二氢大马酮	0.2525	0.2020	0.1263	0.1010	0.0505	0.0051
59	β-石竹烯	3.4250	2.7400	1.7125	1.3700	0.6850	0.0685
60	3-乙氧基-4-羟基苯甲醛	2.3500	1.8800	1.1750	0.9400	0.4700	0.0470
61	肉桂酸乙酯	1.3000	1.0400	0.6500	0.5200	0.2600	0.0260

续表

序号	物质名称	标准工作溶液浓度范围/(μg/mL)					
		6级	5级	4级	3级	2级	1级
62	γ-癸内酯	0.4900	0.3920	0.2450	0.1960	0.0980	0.0098
63	β-紫罗兰酮	0.1375	0.1100	0.0688	0.0550	0.0275	0.0028
64	δ-癸内酯	0.1713	0.1370	0.0856	0.0685	0.0343	0.0034
65	覆盆子酮	0.1263	0.1010	0.0631	0.0505	0.0253	0.0025
66	γ-十一内酯	0.4700	0.3760	0.2350	0.1880	0.0940	0.0094
67	δ-十一内酯	2.6750	2.1400	1.3375	1.0700	0.5350	0.0535
68	γ-十二内酯	0.5350	0.4280	0.2675	0.2140	0.1070	0.0107
69	δ-十二内酯	0.6500	0.5200	0.3250	0.2600	0.1300	0.0130
70	苯甲酸苯甲酯	0.2800	0.2240	0.1400	0.1120	0.0560	0.0056
71	金合欢基丙酮	4.9000	3.9200	2.4500	1.9600	0.9800	0.0980
72	肉桂酸苄酯	1.2625	1.0100	0.6313	0.5050	0.2525	0.0253
73	肉桂酸肉桂酯	1.2375	0.9900	0.6188	0.4950	0.2475	0.0248
74	IS(萘)	6.0000	6.0000	6.0000	6.0000	6.0000	6.0000

4. 仪器及条件

(1)振荡摇床。

振荡频率:150 r/min。振荡幅度:30 mm。振荡时间:2 h。

(2)气相色谱仪(GC)。

色谱柱:DB-5MS弹性石英毛细管色谱柱(30 m×0.25 mm×0.25 μm,美国Agilent公司)。进样口温度:250 ℃。恒流模式,柱流量1 mL/min。进样量:1 μL。分流比:10∶1。升温程序:初始温度50 ℃,保持2 min,以5 ℃/min的速率升温至250 ℃,保持20 min。传输线温度:250 ℃。载气:He(纯度≥99.99%)。

(3)质谱仪(MS)。

①电离方式:电子源轰击(EI)。

②电离能:70 eV。

③灯丝电流:80 μA。

④离子源温度:170 ℃。

⑤传输线温度:250 ℃。

⑥全扫描监测 Full scan 模式,扫描范围:10～500 amu。

⑦多反应监测 MRM 模式,离子选择参数见表 2-2-12。

表 2-2-12 致香成分的定性离子对、定量离子对和碰撞能量

序号	物质名称	定量离子对	碰撞能/V	定性离子对	碰撞能/V
1	苯乙醛	120/90.9	12	120/92.1	5
2	苯乙醇	122/92	8	122/90.9	25
3	IS(萘)	128/101.9	22		
4	香茅醇	138.1/95	12	138.1/81	8
5	苯乙酸乙酯	91/65	20	164/91	18
6	香芹酮	108.1/92.9	12	108.1/76.9	25
7	香叶醇	93/77	15	123/81	12
8	乙酸苯乙酯	104/78	15	104/77	30
9	洋茉莉醛	150/65	30	150/120.9	25
10	丁香酚	164/148.9	15	164.1/104	18
11	山楂花酮	135/77	15	150/134.9	12
12	β-二氢大马酮	192.2/177	12	177/121	18
13	β-紫罗兰酮	177.1/162	15	177/146.9	25
14	5-甲基糠醛	109/53	12	81/53	7
15	肉桂酸乙酯	131/103	13	103/77	15
16	异戊酸异戊酯	70.1/55	10	85.1/57	7
17	δ-十一内酯	99/71	7	71.1/43	9
18	δ-己内酯	70.1/42.1	5	70.1/55	7
19	γ-庚内酯	85/57	5	110.1/68.1	10

续表

序号	物质名称	定量离子对	碰撞能/V	定性离子对	碰撞能/V
20	反式-肉桂醛	103.1/77	15	131/77	30
21	2,3,5-三甲基吡嗪	122.1/81	12	81.1/42	5
22	γ-辛内酯	85/57	7	100.1/72	5
23	γ-十一内酯	85/57	7	128.1/95	10
24	2,6-二甲基吡啶	107.1/92	20	92.1/65	10
25	异丁酸乙酯	71.1/43	5	88.1/73	10
26	苯甲酸苯甲酯	105/77	15	77.1/51	14
27	4-甲基-2-苯基-1,3-二氧戊环	105/77	15	163.1/105	17
28	二氢香豆酯	148/120	12	120/91	19
29	对茴香醛	135/107	10	135/77	20
30	δ-壬内酯	99/71	7	71.1/43	9
31	δ-癸内酯	99/71	7	71.1/43	10
32	α-松油醇	93.1/77	15	121.1/93	10
33	4-羟基-2,5-二甲基-3(2H)-呋喃酮	128/85	8	85/57	7
34	芳樟醇	93.1/77	15	71.1/43	8
35	麦芽酚	126/71	16	71/43	8
36	3-乙氧基-4-羟基苯甲醛	137/109	15	166.1/137	22
37	2-甲基四氢呋喃-3-酮	72.1/43	5	100.1/72	5
38	糠醇	98.1/70	7	98.1/42	10
39	3,5,5-三甲基环己烷-1,2-二酮	70.1/55	5	98.1/70	7
40	2-乙酰基吡咯	109.1/94	12	94.1/66	10

续表

序号	物质名称	定量离子对	碰撞能/V	定性离子对	碰撞能/V
41	乙基麦芽酚	140.1/71	16	140.1/69	14
42	乙酸异丁酯	74.1/28	5	74.1/56	3
43	苄醇	73/43	5	71.1/43	7
44	苯乙酮	107.1/79	10	77.1/51	15
45	异佛尔酮	105.1/77	15	120.1/105	8
46	肉桂酸肉桂酯	82.1/54	8	138.1/82	10
47	γ-戊基丁内酯	131.1/103	16	103.1/77	16
48	氧化异佛尔酮	85.1/57	8	100.1/54	8
49	香兰素	83.1/55	10	69.1/41	10
50	3-乙基吡啶	151.1/123	12	152.1/123	24
51	戊酸乙酯	92.1/65	12	107.1/92	17
52	金合欢基丙酮	85.1/57	7	88.1/61	8
53	乙酸芳樟酯	69.2/41	9	107.2/91	16
54	乳酸乙酯	93.2/77	15	91.1/65	19
55	β-环柠檬醛	75.1/45	5	75.1/47	5
56	L-薄荷醇	109.2/67.1	10	152.2/136.9	12
57	丁酸乙酯	95.2/67.1	10	95.2/55	15
58	甲基环戊烯醇酮	71.2/43	5	88.1/61	7
59	6-甲基-5-庚烯-2-酮	112.1/84	10	69.2/41.2	7
60	2-甲基吡嗪	108.2/93	10	69.2/41	7
61	苯甲醛二甲缩醛	94.1/67	12	67.1/40	5

续表

序号	物质名称	定量离子对	碰撞能/V	定性离子对	碰撞能/V
62	茴香烯	121.1/77	15	121.1/91	15
63	γ-己内酯	148.2/133	20	147.2/91	15
64	δ-十二内酯	85.1/57	5	70.2/55	8
65	α-当归内酯	99.1/71	7	71.2/43	8
66	γ-十二内酯	98.1/55	11	98.1/70	9
67	γ-癸内酯	85.1/57	7	85.1/29	8
68	肉桂酸苄酯	85.1/57	7	85.1/29	8
69	R-(＋)-柠檬烯	131.1/103	14	91.1/65	15
70	D-薄荷醇	93.2/76.9	15	68.2/53	10
71	3-羟基-2-丁酮	95.2/67	10	71.2/43	7
72	覆盆子酮	88.1/45	5	88.1/44	5
73	β-石竹烯	107.1/77	19	164.2/107	16
74	4-乙烯基愈创木酚	91.1/65	17	133.2/104.9	14

(4)分析天平,感量为 0.0001 g。

(5)移液枪,5000 μL。

5. 试样制备

(1)取成品卷烟进行试样制备,试样制备应快速准确,并确保样品不受污染。每个实验样品制备三个平行试样。

(2)烟支。随机取新开包的同一品牌的烟支 3 支,剥去卷烟纸和滤嘴,取出烟丝,记录重量,再分别放入 3 个 100 mL 锥形瓶中,作为试样。

(3)提取。在准备好的试样中分别加入 1 mL 60 μg/mL 的内标萘、9 mL 乙醚,迅速盖上盖摇匀,置于振荡摇床上振荡 2 h,用 10 mL 针筒取上层萃取液经 0.22 μm 微孔滤膜过滤,供气相色谱-质谱/质谱仪测定。

6. 分析步骤

6.1 定性分析

对照标样的保留时间、定性离子对和定量离子对,确定试样中的目标化合物。当试样和标样在相同保留时间处(±0.2 min)出现,且各定性离子的相对丰度与浓度相当的标准溶液的离子相对丰度一致,其误差符合表 2-2-13 规定的范围,则可判断样品中存在对应的被测物。

表 2-2-13　定性确证时相对离子丰度的最大允许误差

相对离子丰度/(%)	允许的相对误差/(%)
>50	±20
20～50	±25
10～20	±30
≤10	±50

部分标样和试样的直接进样-气相色谱-质谱/质谱图如图 2-2-19 至图 2-2-28 所示。

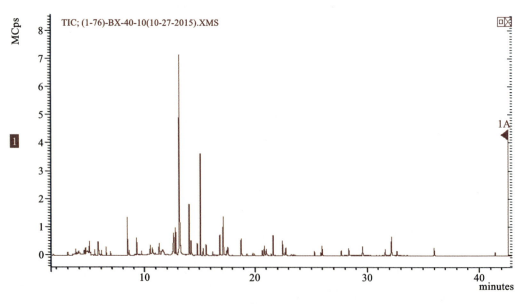

图 2-2-19　标准工作溶液直接进样-气相色谱-质谱/质谱总离子流图(TIC)

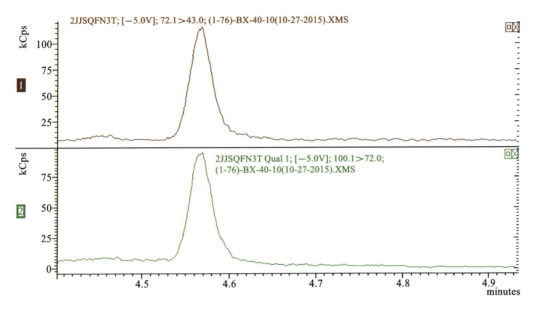

图 2-2-20　标准工作溶液中 2-甲基四氢呋喃-3-酮的定性定量离子图

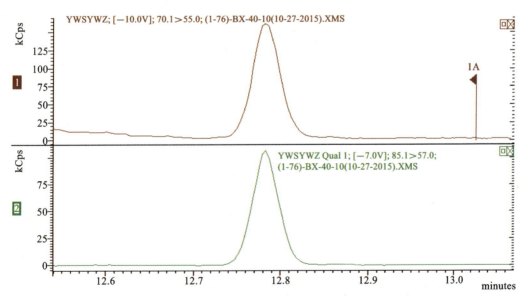

图 2-2-21　标准工作溶液中异戊酸异戊酯的定性定量离子图

6.2　定量分析

6.2.1　标准工作曲线绘制

根据致香成分标样的定量离子峰面积与内标峰面积的比值及标准工作溶液中目标物的浓度与内标物浓度的比值,建立标准工作曲线,工作曲线线性相关系数 $R^2 \geqslant 0.95$。

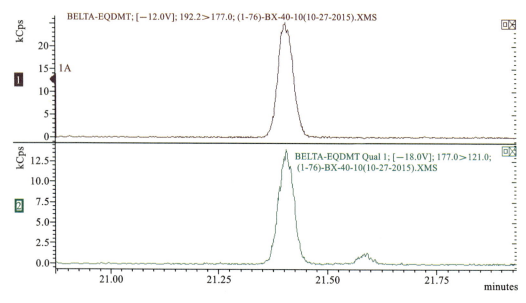

图 2-2-22　标准工作溶液中 β-二氢大马酮的定性定量离子图

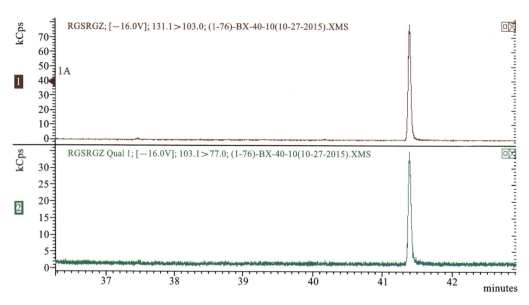

图 2-2-23　标准工作溶液中肉桂酸肉桂酯的定性定量离子图

6.2.2　样品测定

每个样品平行测定 3 次。根据试样中目标化合物的定量离子峰面积计算样品中挥发性及半挥发性有机化合物的含量。

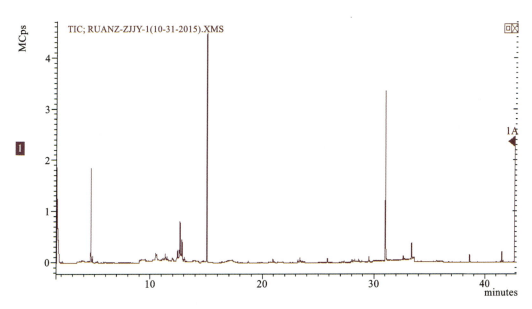

图 2-2-24　典型样品直接进样-气相色谱-质谱/质谱总离子流图(TIC)

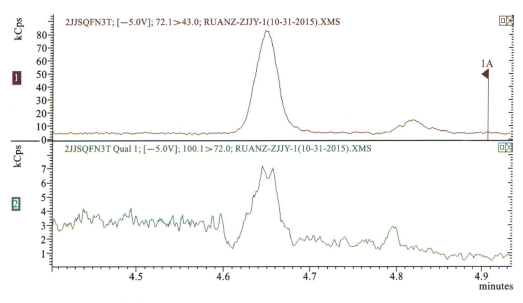

图 2-2-25　典型样品中 2-甲基四氢呋喃-3-酮的定性定量离子图

7. 结果计算与表述

7.1　试样中挥发性及半挥发性有机化合物含量的计算方法

试样中挥发性及半挥发性有机化合物的含量按式(2.2.5)进行计算：

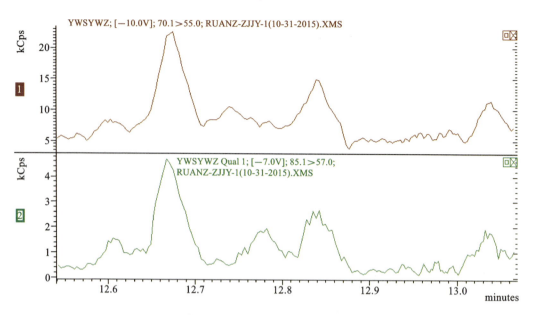

图 2-2-26　典型样品中异戊酸异戊酯的定性定量离子图

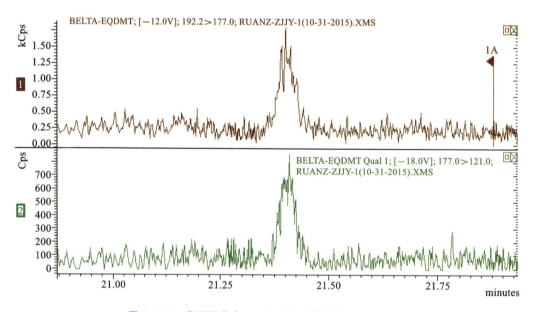

图 2-2-27　典型样品中 β-二氢大马酮的定性定量离子图

$$C_s = \frac{\left(\dfrac{A_s}{A_i} + a\right) \times C_i \times V}{k \times m} \quad (2.2.5)$$

式中：C_s——试样中某一种特征物质的含量，单位为 mg/kg；

A_s——试样中挥发性或半挥发性有机化合物的峰面积，单位为 U（积分单位）；

A_i——内标物质的峰面积，单位为 U（积分单位）；

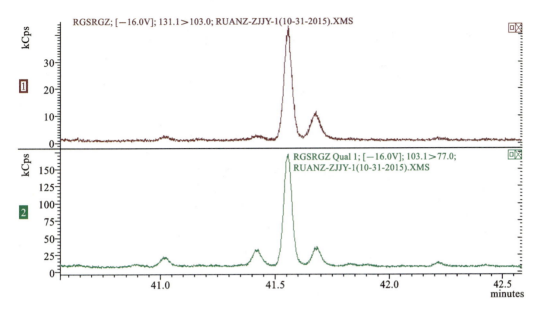

图 2-2-28 典型样品中肉桂酸肉桂酯的定性定量离子图

C_i——加入内标物质的量,单位为 μg/mL;

m——称取烟丝质量,单位为 g;

k——各挥发性或半挥发性有机化合物的标准工作曲线斜率;

a——各挥发性或半挥发性有机化合物的标准工作曲线截距;

V——移取标液体积。

7.2 结果表述

取两次平行测定目标物质获得的定量离子峰面积与内标峰面积比值的平均值代入公式(2.2.5)计算,其结果作为样品中挥发性或半挥发性有机化合物的分析结果,保留小数点后四位。

8. 检出限、定量限、回收率和重复性

8.1 标准曲线方程

特征香气成分的标准曲线方程如表 2-2-14 所示。

表 2-2-14 特征香气成分的标准曲线方程

序号	物质名称	标准曲线方程
1	3-羟基-2-丁酮	$y=0.03x-0.0011, R^2=0.997$

续表

序号	物质名称	标准曲线方程
2	异丁酸乙酯	$y=1.2519x-0.0007, R^2=0.9997$
3	乙酸异丁酯	$y=0.2799x+0.0005, R^2=0.9944$
4	丁酸乙酯	$y=1.6948x-0.0004, R^2=0.9982$
5	2-甲基四氢呋喃-3-酮	$y=0.553x-0.0011, R^2=0.9967$
6	乳酸乙酯	$y=0.1603x-0.0001, R^2=0.9923$
7	2-甲基吡嗪	$y=1.2147x+0.0034, R^2=0.991$
8	糠醇	$y=0.4086x-0.003, R^2=0.9997$
9	α-当归内酯	$y=0.3432x-0.0003, R^2=0.9979$
10	2,6-二甲基吡啶	$y=0.5284x-0.0005, R^2=0.9987$
11	戊酸乙酯	$y=1.55x+0.0006, R^2=0.9996$
12	3-乙基吡啶	$y=1.3755x-0.0094, R^2=0.9989$
13	5-甲基糠醛	$y=0.049x-0.0005, R^2=0.9994$
14	6-甲基-5-庚烯-2-酮	$y=1.0609x-0.0002, R^2=1$
15	2,3,5-三甲基吡嗪	$y=0.7988x-0.0005, R^2=0.9997$
16	甲基环戊烯醇酮	$y=0.5415x-0.0024, R^2=0.9947$
17	R-(+)-柠檬烯	$y=0.7459x-0.0015, R^2=0.9984$
18	苄醇	$y=17.351x-0.0006, R^2=0.997$
19	苯乙醛	$y=0.1573x-0.0003, R^2=0.9956$
20	γ-己内酯	$y=0.9314x-0.0018, R^2=0.9994$
21	4-羟基-2,5-二甲基-3(2H)-呋喃酮	$y=0.1428x-0.0028, R^2=0.9955$
22	苯乙酮	$y=4.8331x+0.0006, R^2=0.9895$

续表

序号	物质名称	标准曲线方程
23	2-乙酰基吡咯	$y=2.2324x-0.0165, R^2=0.9991$
24	δ-己内酯	$y=0.1207x-0.0005, R^2=0.9987$
25	氧化异佛尔酮	$y=1.1843x-0.0014, R^2=0.9998$
26	芳樟醇	$y=0.6033x-0.0193, R^2=0.993$
27	异戊酸异戊酯	$y=0.653x-0.0001, R^2=0.9998$
28	苯甲醛二甲缩醛	$y=1.4519x+3\text{E}-5, R^2=0.9964$
29	苯乙醇	$y=1.4844x-0.005, R^2=0.9996$
30	麦芽酚	$y=0.3251x-0.2723, R^2=0.9944$
31	异佛尔酮	$y=1.2072x-0.0006, R^2=0.9967$
32	3,5,5-三甲基环己烷-1,2-二酮	$y=0.3913x-0.0121, R^2=0.9945$
33	γ-庚内酯	$y=0.9957x-0.004, R^2=0.9989$
34	L-薄荷醇	$y=1.5296x-0.0029, R^2=0.9945$
35	D-薄荷醇	$y=0.7319x-0.0018, R^2=0.995$
36	α-松油醇	$y=0.8398x-0.0021, R^2=0.9986$
37	乙基麦芽酚	$y=0.1132x-0.0283, R^2=0.9932$
38	β-环柠檬醛	$y=0.3617x-0.0013, R^2=0.9965$
39	香茅醇	$y=0.0787x-0.0002, R^2=0.9986$
40	香芹酮	$y=0.5471x-0.0014, R^2=0.9985$
41	苯乙酸乙酯	$y=1.9961x-0.0048, R^2=0.998$
42	香叶醇	$y=2.4186x-0.0059, R^2=0.9981$
43	对茴香醛	$y=0.7763x-0.0019, R^2=0.9963$

续表

序号	物质名称	标准曲线方程
44	乙酸芳樟酯	$y=1.0678x-0.011, R^2=0.9958$
45	乙酸苯乙酯	$y=0.584x-0.0044, R^2=0.9935$
46	γ-辛内酯	$y=9.653x-0.0008, R^2=0.9982$
47	4-甲基-2-苯基-1,3-二氧戊环	$y=1.1821x-0.0015, R^2=0.9976$
48	反式-肉桂醛	$y=0.8649x-0.0048, R^2=0.9924$
49	茴香烯	$y=0.0716x-0.0002, R^2=0.9966$
50	4-乙烯基愈创木酚	$y=0.4719x-0.0041, R^2=0.9928$
51	洋茉莉醛	$y=0.3188x-0.0012, R^2=0.9925$
52	山楂花酮	$y=1.9697x-0.0141, R^2=0.9937$
53	丁香酚	$y=0.2804x-0.0013, R^2=0.9905$
54	γ-戊基丁内酯	$y=1.5975x-0.0002, R^2=0.9723$
55	二氢香豆酯	$y=0.8207x-0.0011, R^2=0.9951$
56	δ-壬内酯	$y=1.2334x-0.0051, R^2=0.9963$
57	香兰素	$y=0.3461x-0.0262, R^2=0.992$
58	β-二氢大马酮	$y=0.2621x-0.0005, R^2=0.9926$
59	β-石竹烯	$y=0.2504x-0.0049, R^2=0.997$
60	3-乙氧基-4-羟基苯甲醛	$y=0.6693x-0.0243, R^2=0.9938$
61	肉桂酸乙酯	$y=0.1592x-0.0071, R^2=0.9921$
62	γ-癸内酯	$y=1.2495x-0.0058, R^2=0.992$
63	β-紫罗兰酮	$y=0.3224x-0.0004, R^2=0.9946$
64	δ-癸内酯	$y=0.5457x-0.0009, R^2=0.9954$

续表

序号	物质名称	标准曲线方程
65	覆盆子酮	$y=0.4552x-0.0012, R^2=0.9979$
66	γ-十一内酯	$y=0.8331x-0.0049, R^2=0.9918$
67	δ-十一内酯	$y=0.2451x-0.0013, R^2=0.9988$
68	γ-十二内酯	$y=0.8453x-0.0064, R^2=0.9911$
69	δ-十二内酯	$y=1.0086x-0.0083, R^2=0.9906$
70	苯甲酸苯甲酯	$y=2.1818x-0.005, R^2=0.9937$
71	金合欢基丙酮	$y=0.6594x-0.0792, R^2=0.9955$
72	肉桂酸苄酯	$y=0.4214x-0.0086, R^2=0.9929$
73	肉桂酸肉桂酯	$y=0.2251x-0.0085, R^2=0.9937$

8.2 检出限、定量限

方法检出限、定量限实验结果如表 2-2-15 所示。

表 2-2-15　方法检出限、定量限实验结果

序号	物质名称	检出限/(mg/kg)	定量限/(mg/kg)
1	3-羟基-2-丁酮	1.0434	3.4781
2	异丁酸乙酯	0.0196	0.0653
3	乙酸异丁酯	0.0082	0.0272
4	丁酸乙酯	0.0224	0.0746
5	2-甲基四氢呋喃-3-酮	0.0413	0.1378
6	乳酸乙酯	0.0213	0.0710
7	2-甲基吡嗪	0.0879	0.2930
8	糠醇	0.0996	0.3320

续表

序号	物质名称	检出限/(mg/kg)	定量限/(mg/kg)
9	α-当归内酯	0.0390	0.1299
10	2,6-二甲基吡啶	0.0629	0.2096
11	戊酸乙酯	0.0312	0.1039
12	3-乙基吡啶	0.0818	0.2726
13	5-甲基糠醛	0.3993	1.3311
14	6-甲基-5-庚烯-2-酮	0.1093	0.3645
15	2,3,5-三甲基吡嗪	0.0219	0.0728
16	甲基环戊烯醇酮	0.3505	1.1682
17	R-(+)-柠檬烯	0.0459	0.1530
18	苄醇	0.0020	0.0065
19	苯乙醛	0.0465	0.1549
20	γ-己内酯	0.0570	0.1899
21	4-羟基-2,5-二甲基-3(2H)-呋喃酮	0.3961	1.3204
22	苯乙酮	0.0080	0.0266
23	2-乙酰基吡咯	0.0905	0.3016
24	δ-己内酯	0.2770	0.9234
25	氧化异佛尔酮	0.0394	0.1314
26	芳樟醇	0.1294	0.4315
27	异戊酸异戊酯	0.0330	0.1100
28	苯甲醛二甲缩醛	0.0072	0.0239
29	苯乙醇	0.1050	0.3501
30	麦芽酚	7.8548	26.1826

续表

序号	物质名称	检出限/(mg/kg)	定量限/(mg/kg)
31	异佛尔酮	0.0127	0.0423
32	3,5,5-三甲基环己烷-1,2-二酮	0.2088	0.6960
33	γ-庚内酯	0.1047	0.3489
34	L-薄荷醇	0.0214	0.0713
35	D-薄荷醇	0.0320	0.1067
36	α-松油醇	0.0580	0.1934
37	乙基麦芽酚	2.1596	7.1987
38	β-环柠檬醛	0.0529	0.1763
39	香茅醇	0.1368	0.4562
40	香芹酮	0.1027	0.3423
41	苯乙酸乙酯	0.0543	0.1810
42	香叶醇	0.0461	0.1538
43	对茴香醛	0.0319	0.1064
44	乙酸芳樟酯	0.0571	0.1903
45	乙酸苯乙酯	0.1353	0.4511
46	γ-辛内酯	0.0030	0.0099
47	4-甲基-2-苯基-1,3-二氧戊环	0.0308	0.1026
48	反式-肉桂醛	0.0577	0.1925
49	茴香烯	0.0473	0.1575
50	4-乙烯基愈创木酚	0.0926	0.3085
51	洋茉莉醛	0.0429	0.1431
52	山楂花酮	0.0474	0.1580

续表

序号	物质名称	检出限/(mg/kg)	定量限/(mg/kg)
53	丁香酚	0.0861	0.2871
54	γ-戊基丁内酯	0.0151	0.0504
55	二氢香豆酯	0.0334	0.1114
56	δ-壬内酯	0.0436	0.1453
57	香兰素	1.5795	5.2649
58	β-二氢大马酮	0.0157	0.0525
59	β-石竹烯	0.1774	0.5915
60	3-乙氧基-4-羟基苯甲醛	0.5013	1.6710
61	肉桂酸乙酯	0.0710	0.2368
62	γ-癸内酯	0.0313	0.1044
63	β-紫罗兰酮	0.0131	0.0436
64	δ-癸内酯	0.0349	0.1164
65	覆盆子酮	0.1135	0.3783
66	γ-十一内酯	0.1307	0.4356
67	δ-十一内酯	0.2258	0.7527
68	γ-十二内酯	0.1183	0.3943
69	δ-十二内酯	0.1809	0.6030
70	苯甲酸苯甲酯	0.0275	0.0916
71	金合欢基丙酮	1.9313	6.4376
72	肉桂酸苄酯	0.4384	1.4612
73	肉桂酸肉桂酯	0.8397	2.7989

8.3 回收率

样品加标回收率实验结果如表 2-2-16 所示。

表 2-2-16 样品加标回收率实验结果

序号	物质名称	低浓度算数平均值($n=5$)	中浓度算数平均值($n=5$)	高浓度算数平均值($n=5$)
1	3-羟基-2-丁酮	33.27%	137.16%	138.84%
2	异丁酸乙酯	−19.72%	32.70%	46.68%
3	乙酸异丁酯	152.53%	452.91%	756.68%
4	丁酸乙酯	−401.15%	−36.94%	23.34%
5	2-甲基四氢呋喃-3-酮	−735.77%	−63.98%	−46.27%
6	乳酸乙酯	−27395.00%	−2290.66%	−1149.55%
7	2-甲基吡嗪	62.34%	121.01%	108.24%
8	糠醇	26.60%	81.84%	89.34%
9	α-当归内酯	−125.59%	45.50%	20.64%
10	2,6-二甲基吡啶	−10.75%	70.07%	78.77%
11	戊酸乙酯	137.75%	96.47%	88.51%
12	3-乙基吡啶	161.75%	102.46%	96.66%
13	5-甲基糠醛	146.39%	205.23%	175.27%
14	6-甲基-5-庚烯-2-酮	−1.77%	74.70%	77.09%
15	2,3,5-三甲基吡嗪	123.25%	95.28%	97.36%
16	甲基环戊烯醇酮	−12.36%	162.03%	102.86%
17	R-(+)-柠檬烯	−589.82%	316.52%	159.34%
18	苄醇	−1307.59%	531.24%	−117.44%

续表

序号	物质名称	低浓度算数平均值($n=5$)	中浓度算数平均值($n=5$)	高浓度算数平均值($n=5$)
19	苯乙醛	−14.78%	121.53%	103.69%
20	γ-己内酯	7.64%	72.94%	89.64%
21	4-羟基-2,5-二甲基-3(2H)-呋喃酮	45.73%	181.72%	201.17%
22	苯乙酮	−774.40%	200.49%	122.15%
23	2-乙酰基吡咯	−35.14%	106.20%	91.05%
24	δ-己内酯	5.19%	113.05%	74.08%
25	氧化异佛尔酮	124.37%	103.72%	93.67%
26	芳樟醇	1404.08%	332.78%	196.40%
27	异戊酸异戊酯	125.95%	249.19%	161.66%
28	苯甲醛二甲缩醛	−114.79%	370.91%	187.62%
29	苯乙醇	−11.77%	68.22%	87.35%
30	麦芽酚	28.27%	77.21%	88.89%
31	异佛尔酮	179.78%	114.90%	99.51%
32	3,5,5-三甲基环己烷-1,2-二酮	15.19%	76.92%	85.37%
33	γ-庚内酯	134.78%	94.12%	84.95%
34	L-薄荷醇	361.53%	167.18%	118.54%
35	D-薄荷醇	272.38%	155.14%	110.15%
36	α-松油醇	177.51%	100.76%	89.05%
37	乙基麦芽酚	18.54%	73.74%	85.28%
38	β-环柠檬醛	24.87%	72.57%	77.71%
39	香茅醇	−131.44%	62.37%	79.44%

续表

序号	物质名称	低浓度算数平均值($n=5$)	中浓度算数平均值($n=5$)	高浓度算数平均值($n=5$)
40	香芹酮	190.82%	114.92%	100.63%
41	苯乙酸乙酯	185.86%	116.19%	94.16%
42	香叶醇	179.22%	117.65%	106.60%
43	对茴香醛	281.45%	132.00%	107.58%
44	乙酸芳樟酯	262.09%	124.82%	106.86%
45	乙酸苯乙酯	995.17%	300.79%	194.53%
46	γ-辛内酯	−175.29%	230.29%	86.92%
47	4-甲基-2-苯基-1,3-二氧戊环	181.31%	116.10%	111.18%
48	反式-肉桂醛	321.22%	132.86%	109.32%
49	茴香烯	33.68%	120.09%	118.25%
50	4-乙烯基愈创木酚	19.51%	209.47%	177.25%
51	洋茉莉醛	−4.79%	109.94%	81.13%
52	山楂花酮	−107.54%	27.73%	45.78%
53	丁香酚	−27.01%	143.24%	132.19%
54	γ-戊基丁内酯	−1771.05%	529.26%	93.49%
55	二氢香豆酯	−5.77%	39.51%	29.66%
56	δ-壬内酯	29.68%	58.91%	56.60%
57	香兰素	44.10%	137.22%	150.09%
58	β-二氢大马酮	−107.77%	108.04%	104.38%
59	β-石竹烯	32.93%	98.48%	93.65%
60	3-乙氧基-4-羟基苯甲醛	509.71%	211.92%	175.52%

续表

序号	物质名称	低浓度算数平均值($n=5$)	中浓度算数平均值($n=5$)	高浓度算数平均值($n=5$)
61	肉桂酸乙酯	1103.43%	357.47%	256.05%
62	γ-癸内酯	333.92%	141.71%	113.86%
63	β-紫罗兰酮	−160.91%	123.10%	115.55%
64	δ-癸内酯	−10.85%	52.92%	48.42%
65	覆盆子酮	−127.63%	73.15%	89.37%
66	γ-十一内酯	−383.56%	16.78%	53.06%
67	δ-十一内酯	31.33%	68.58%	71.30%
68	γ-十二内酯	−405.95%	−4.25%	38.77%
69	δ-十二内酯	8.70%	65.70%	58.12%
70	苯甲酸苯甲酯	−391.14%	224.03%	176.08%
71	金合欢基丙酮	−2495.66%	270.73%	211.51%
72	肉桂酸苄酯	37.79%	174.62%	166.90%
73	肉桂酸肉桂酯	−108.64%	328.24%	361.08%

8.4 方法重复性

方法重复性实验结果如表 2-2-17 所示。

表 2-2-17 方法重复性实验结果

序号	物质名称	低浓度 RSD ($n=5$)	中浓度 RSD ($n=5$)	高浓度 RSD ($n=5$)
1	3-羟基-2-丁酮	20.45%	3.81%	3.00%
2	异丁酸乙酯	75.38%	55.49%	59.50%
3	乙酸异丁酯	46.50%	6.33%	23.88%

续表

序号	物质名称	低浓度 RSD ($n=5$)	中浓度 RSD ($n=5$)	高浓度 RSD ($n=5$)
4	丁酸乙酯	6.97%	28.41%	15.93%
5	2-甲基四氢呋喃-3-酮	8.55%	26.94%	15.70%
6	乳酸乙酯	7.16%	21.71%	18.85%
7	2-甲基吡嗪	34.92%	5.80%	2.66%
8	糠醇	6.30%	4.18%	2.07%
9	α-当归内酯	9.71%	28.20%	24.13%
10	2,6-二甲基吡啶	38.68%	4.87%	5.47%
11	戊酸乙酯	4.41%	2.76%	5.97%
12	3-乙基吡啶	0.95%	1.87%	2.86%
13	5-甲基糠醛	5.40%	1.60%	29.69%
14	6-甲基-5-庚烯-2-酮	102.13%	7.83%	4.99%
15	2,3,5-三甲基吡嗪	2.55%	3.74%	2.83%
16	甲基环戊烯醇酮	68.98%	10.26%	6.29%
17	R-(+)-柠檬烯	29.43%	27.88%	21.09%
18	苄醇	20.92%	25.81%	13.58%
19	苯乙醛	126.31%	6.61%	5.00%
20	γ-己内酯	25.37%	2.65%	5.96%
21	4-羟基-2,5-二甲基-3(2H)-呋喃酮	33.13%	6.48%	11.08%
22	苯乙酮	8.00%	28.83%	19.53%
23	2-乙酰基吡咯	19.50%	5.94%	6.66%
24	δ-己内酯	280.87%	10.27%	3.39%
25	氧化异佛尔酮	8.54%	2.99%	1.57%

续表

序号	物质名称	低浓度 RSD $(n=5)$	中浓度 RSD $(n=5)$	高浓度 RSD $(n=5)$
26	芳樟醇	0.24%	2.29%	1.96%
27	异戊酸异戊酯	10.46%	6.47%	4.87%
28	苯甲醛二甲缩醛	0.00%	18.61%	14.90%
29	苯乙醇	38.58%	64.55%	2.71%
30	麦芽酚	12.47%	6.58%	4.47%
31	异佛尔酮	3.58%	6.09%	2.21%
32	3,5,5-三甲基环己烷-1,2-二酮	18.73%	7.32%	3.77%
33	γ-庚内酯	1.74%	1.72%	3.56%
34	L-薄荷醇	2.16%	2.02%	3.79%
35	D-薄荷醇	4.21%	12.20%	2.79%
36	α-松油醇	5.59%	3.86%	2.76%
37	乙基麦芽酚	16.74%	4.17%	7.20%
38	β-环柠檬醛	25.82%	3.23%	4.52%
39	香茅醇	16.10%	9.47%	4.70%
40	香芹酮	0.97%	7.68%	5.79%
41	苯乙酸乙酯	2.19%	2.97%	4.91%
42	香叶醇	2.15%	4.95%	4.67%
43	对茴香醛	1.07%	1.52%	1.62%
44	乙酸芳樟酯	0.89%	3.01%	5.27%
45	乙酸苯乙酯	0.90%	2.77%	3.32%
46	γ-辛内酯	60.22%	28.02%	13.38%
47	4-甲基-2-苯基-1,3-二氧戊环	3.58%	7.04%	7.24%

续表

序号	物质名称	低浓度 RSD ($n=5$)	中浓度 RSD ($n=5$)	高浓度 RSD ($n=5$)
48	反式-肉桂醛	1.00%	1.78%	3.23%
49	茴香烯	15.67%	5.69%	2.44%
50	4-乙烯基愈创木酚	156.88%	8.56%	8.25%
51	洋茉莉醛	31.64%	11.70%	5.46%
52	山楂花酮	2.75%	30.20%	4.73%
53	丁香酚	46.32%	9.58%	5.03%
54	γ-戊基丁内酯	37.03%	33.83%	63.30%
55	二氢香豆酯	159.68%	9.88%	3.30%
56	δ-壬内酯	6.62%	3.06%	14.70%
57	香兰素	15.47%	7.90%	5.44%
58	β-二氢大马酮	12.75%	9.42%	4.76%
59	β-石竹烯	14.45%	5.94%	5.35%
60	3-乙氧基-4-羟基苯甲醛	0.59%	4.37%	2.84%
61	肉桂酸乙酯	0.27%	1.29%	2.26%
62	γ-癸内酯	0.78%	1.50%	4.79%
63	β-紫罗兰酮	8.99%	7.10%	6.28%
64	δ-癸内酯	83.37%	10.45%	9.11%
65	覆盆子酮	18.02%	17.33%	12.63%
66	γ-十一内酯	5.28%	52.66%	14.41%
67	δ-十一内酯	16.79%	6.65%	6.39%
68	γ-十二内酯	1.20%	100.59%	20.44%
69	δ-十二内酯	29.63%	6.21%	8.69%

续表

序号	物质名称	低浓度 RSD ($n=5$)	中浓度 RSD ($n=5$)	高浓度 RSD ($n=5$)
70	苯甲酸苯甲酯	6.47%	8.35%	11.31%
71	金合欢基丙酮	6.01%	44.26%	22.00%
72	肉桂酸苄酯	12.88%	8.89%	11.82%
73	肉桂酸肉桂酯	43.25%	17.59%	16.40%

9.样品测定结果

成品卷烟烟丝样品的香气成分测定结果如表 2-2-18 所示。

表 2-2-18 成品卷烟烟丝样品的香气成分测定结果

序号	物质名称	YY-R /(mg/kg)	YX-R /(mg/kg)	ZH-R /(mg/kg)	FRW-Y /(mg/kg)	HJY /(mg/kg)	SY-R /(mg/kg)
1	3-羟基-2-丁酮	4.0877	—	3.6818	3.7136	4.0376	3.8868
2	异丁酸乙酯	0.1281	0.1370	0.2160	0.1956	0.1753	0.1849
3	乙酸异丁酯	—	0.0133	—	0.0922	0.0755	0.1339
4	丁酸乙酯	0.2267	0.2507	0.3051	0.3098	0.3235	0.3292
5	2-甲基四氢呋喃-3-酮	2.5250	2.4723	2.5083	2.7660	2.6129	2.5077
6	乳酸乙酯	35.9330	36.8525	39.6761	40.2378	38.0802	35.9808
7	2-甲基吡嗪	—	—	—	—	—	0.0157
8	糠醇	0.8063	0.9721	0.9193	0.8246	0.8715	0.8727
9	α-当归内酯	0.6009	0.6077	0.7495	0.6184	0.7344	0.5745
10	2,6-二甲基吡啶	0.1709	0.1696	0.1667	0.2043	0.2016	0.1887
11	戊酸乙酯	—	—	—	—	—	0.0524
12	3-乙基吡啶	—	—	—	—	—	0.6811

续表

序号	物质名称	YY-R /(mg/kg)	YX-R /(mg/kg)	ZH-R /(mg/kg)	FRW-Y /(mg/kg)	HJY /(mg/kg)	SY-R /(mg/kg)
13	5-甲基糠醛	—	—	—	—	—	—
14	6-甲基-5-庚烯-2-酮	0.1156	0.1106	0.1710	0.1432	0.1850	0.1537
15	2,3,5-三甲基吡嗪	—	0.0625	0.0630	—	0.0662	0.0773
16	甲基环戊烯醇酮	0.8692	0.9781	0.9669	1.0764	1.2183	1.0835
17	R-(＋)-柠檬烯	2.7847	3.3985	5.7276	5.3303	5.4420	4.4044
18	苄醇	0.0541	0.0822	0.0807	0.0655	0.0668	0.0524
19	苯乙醛	0.4127	0.4227	0.5675	0.4923	0.5166	0.4303
20	γ-己内酯	0.2326	0.2788	0.3700	0.4299	0.4237	0.4256
21	4-羟基-2,5-二甲基-3(2H)-呋喃酮	1.8777	1.8663	1.8613	2.0134	2.0314	2.0045
22	苯乙酮	0.0125	0.0184	0.0266	0.0258	0.0273	0.0275
23	2-乙酰基吡咯	0.9758	1.4492	0.9437	0.7813	0.9577	0.8270
24	δ-己内酯	0.9448	—	1.4604	1.0568	1.0117	0.9593
25	氧化异佛尔酮	—	—	0.1709	0.1847	0.1911	0.1957
26	芳樟醇	—	—	—	—	—	—
27	异戊酸异戊酯	0.2309	—	0.5623	0.3576	0.2982	0.3091
28	苯甲醛二甲缩醛	—	—	—	—	—	0.0125
29	苯乙醇	0.7103	0.9171	0.5113	0.4448	0.5232	0.4266
30	麦芽酚	77.5135	75.6518	72.3290	77.7307	79.8778	78.6435
31	异佛尔酮	—	0.0518	—	—	0.0803	0.0710
32	3,5,5-三甲基环己烷-1,2-二酮	3.3400	3.1459	3.1188	3.6282	3.5590	3.3798
33	γ-庚内酯	—	—	—	—	—	—
34	L-薄荷醇	—	0.2218	—	—	0.3485	—

续表

序号	物质名称	YY-R /(mg/kg)	YX-R /(mg/kg)	ZH-R /(mg/kg)	FRW-Y /(mg/kg)	HJY /(mg/kg)	SY-R /(mg/kg)
35	D-薄荷醇	—	0.3213	—	—	0.5090	—
36	α-松油醇	—	—	—	—	—	—
37	乙基麦芽酚	23.4008	22.3670	—	23.2225	23.8767	24.6519
38	β-环柠檬醛	0.3716	0.3683	0.3819	—	0.3902	0.3873
39	香茅醇	0.5445	0.4970	0.4545	0.5722	0.6114	0.5240
40	香芹酮	—	—	—	—	—	—
41	苯乙酸乙酯	—	0.2604	—	—	0.2894	0.3417
42	香叶醇	—	—	—	—	—	—
43	对茴香醛	—	—	0.3772	—	—	—
44	乙酸芳樟酯	—	—	—	—	—	—
45	乙酸苯乙酯	—	0.6980	0.6743	—	0.7341	0.7277
46	γ-辛内酯	0.0187	0.0177	0.0205	0.0288	0.0264	0.0306
47	4-甲基-2-苯基-1,3-二氧戊环	—	—	—	—	—	—
48	反式-肉桂醛	—	—	—	—	—	—
49	茴香烯	0.3765	0.3627	0.3614	0.3757	0.3677	0.3665
50	4-乙烯基愈创木酚	1.4232	1.7808	1.8095	1.4152	1.3415	1.4271
51	洋茉莉醛	0.4083	0.4147	0.4164	0.4296	0.4261	0.4761
52	山楂花酮	0.7116	0.7081	0.6445	0.6931	0.7128	0.6964
53	丁香酚	0.7851	0.5715	1.1346	0.7147	0.7704	1.0012
54	γ-戊基丁内酯	0.1181	0.1003	0.1027	0.0938	0.0909	0.0846
55	二氢香豆酯	0.2021	0.1764	0.2519	0.1910	0.1927	0.1558
56	δ-壬内酯	—	—	—	—	—	—

续表

序号	物质名称	YY-R /(mg/kg)	YX-R /(mg/kg)	ZH-R /(mg/kg)	FRW-Y /(mg/kg)	HJY /(mg/kg)	SY-R /(mg/kg)
57	香兰素	7.1274	7.1430	6.7743	7.2603	7.5422	7.2516
58	β-二氢大马酮	0.3705	0.2899	0.2760	0.2604	0.3033	0.3457
59	β-石竹烯	2.1540	2.4242	2.4082	3.2764	3.5060	3.8682
60	3-乙氧基-4-羟基苯甲醛	—	3.2902	3.3496	3.4239	—	—
61	肉桂酸乙酯	—	—	—	—	—	—
62	γ-癸内酯	0.4586	0.4365	—	—	—	—
63	β-紫罗兰酮	0.2833	0.3118	0.3020	0.2572	0.2853	0.2541
64	δ-癸内酯	0.1903	0.1740	—	0.1784	0.1909	—
65	覆盆子酮	0.3221	0.3747	0.4365	0.3567	0.4115	0.3987
66	γ-十一内酯	1.2730	0.6798	0.6916	—	0.7177	0.7057
67	δ-十一内酯	0.5567	0.5643	0.5272	0.5852	0.6082	0.6106
68	γ-十二内酯	1.4345	1.2443	1.3940	1.8164	1.6531	1.6530
69	δ-十二内酯	0.8219	0.7746	0.7489	0.7887	0.8121	0.7930
70	苯甲酸苯甲酯	1.1546	0.5261	0.2460	0.4393	2.0959	0.4837
71	金合欢基丙酮	62.6419	63.1857	45.6983	37.6379	55.3047	29.8226
72	肉桂酸苄酯	2.1841	2.0429	1.8833	2.2062	2.4139	1.9756
73	肉桂酸肉桂酯	6.1536	6.3436	7.4833	6.3695	6.4563	9.0947

10. 小结

虽然从回收率、重复性角度考虑,该方法目前还存在一些问题,但是该检测方法的建立,大大增强了通过定量方法准确测定烟丝挥发性、半挥发性成分,从而实现基于卷烟风格特征成分进行质量管控的信心和技术能力,同时也为后续改进提供了标杆和支撑方法,具有里程碑性质。

方法6　烟丝中挥发性、半挥发性成分（苯乙醇）测定 静态顶空-气相色谱-质谱/质谱（HS-GC-MS/MS）法

本方法采用静态顶空（HS）、气相色谱（GC）分离和串联质谱检测器（MS/MS）检测等技术，建立了一种准确测定烟丝中挥发性、半挥发性成分（苯乙醇）的靶向测定方法。

1. 范围

本方法规定了采用静态顶空-气相色谱-串联质谱联用法测定市售卷烟烟丝中致香成分苯乙醇的含量的检测方法。

本方法适用于不同品牌卷烟烟丝中苯乙醇含量的测定。

本方法苯乙醇的检出限为 0.0036 mg/kg。

2. 原理

在密闭容器中和在一定温度下，试样中的致香物质在气相和基质（液相或固相）之间达到平衡时，将气相部分导入气相色谱-串联质谱（GC-MS/MS）仪，采用多反应监测 MRM 模式进行检测，内标法定量。

3. 试剂和材料

除另有规定外，所有试剂均为分析纯。

3.1　试剂

(1) 苯乙醇，纯度≥99%；
(2) 萘，纯度≥99%；
(3) 丙酮，色谱纯；
(4) 无水乙醇丙二醇混合溶液，无水乙醇∶丙二醇（体积比）=9∶1。

3.2　内标溶液

3.2.1　内标储备液

准确称取 30 mg 萘至 50 mL 棕色容量瓶中，使用丙酮定容至刻度，内标储备液在 4 ℃冰箱中冷藏备用，有效期为 6 个月。

3.2.2 一级内标溶液

准确移取 1 mL 内标储备液至 100 mL 棕色容量瓶中,使用丙酮定容至刻度,一级内标溶液在 4 ℃冰箱中冷藏备用,有效期为 3 个月。

3.3 标准溶液

3.3.1 标准工作储备溶液

在 50 mL 的容量瓶中准确称取苯乙醇 0.005 g(精确到 0.1 mg),加入无水乙醇与 1,2-丙二醇的混合溶液定容至刻度,摇匀,苯乙醇浓度为 100 μg/mL,放入 4 ℃冰箱中冷藏备用,有效期为 1 个月。

3.3.2 标准工作溶液

系列标准工作溶液以丙酮作定容溶剂,根据样品实际含量配制合适浓度系列标准工作溶液,该标准工作溶液至少配制五级,取用时放置于常温下,达到室温后方可使用。

4. 仪器与设备

常用实验仪器及下述各项。
(1)分析天平,感量为 0.1 mg。
(2)移液枪,0.25～5 mL。
(3)静态顶空仪。
(4)三重四极杆气相色谱质谱联用仪。
(5)色谱柱:DB-5MS 弹性石英毛细管色谱柱(30 m×0.25 mm×0.25 μm)。

5. 测定步骤

5.1 样品处理

品牌卷烟样品拆开包装后,取每支烟支舍弃滤棒后沿纵向剪开,烟丝采用等量递增法充分混匀后平铺于干净白纸上,称重时从左往右依次顺序取等份烟丝,使用分析天平称取上述样品 0.6 g(精确至 0.1 mg),并加入 30 μL 浓度为 6 μg/mL 的内标液于 20 mL 顶空瓶中,迅速压紧瓶盖,适当振摇,使样品均匀而松散地平铺于瓶底,供 HS-GC-MS/MS 分析用。试样制备应快速准确,并确保样品不受污染。

5.2 测定次数

每个样品应平行测定两次。

5.3 静态顶空分析条件

样品环容量:3 mL。样品平衡温度:100 ℃。样品环温度:120 ℃。传输线温度:180

℃。样品平衡时间:45 min。GC 循环时间:70 min。样品瓶加压压力:138 kPa。加压时间:0.20 min。充气时间:0.20 min。样品环平衡时间:0.05 min。进样时间:0.50 min。

5.4 气相色谱分析条件

①色谱柱:DB-5MS 弹性石英毛细管色谱柱(30 m×0.25 mm×0.25 μm)。
②进样口温度:250 ℃。传输线温度:250 ℃。
③恒流模式,柱流量 1 mL/min。
④进样方式:分流进样,分流比为 20∶1,进样量为 1 μL。
⑤升温程序:初始温度 80 ℃,保持 1 min,以 3 ℃/min 的速率升温至 100 ℃,保持 5 min;再以 15 ℃/min 的速率升温至 250 ℃,保持 20 min。

5.5 串联质谱分析条件

①电离方式:EI 电离模式,电离能 70 eV。
②离子源温度:170 ℃。传输线温度:250 ℃。
③Q2 碰撞气:氩气(纯度 99.999%)。
④扫描方式:多反应监测 MRM 模式,扫描范围:20～122 amu。离子选择参数如表 2-2-19 所示。典型样品及标样色谱图如图 2-2-29 至图 2-2-31 所示。

表 2-2-19　苯乙醇及萘的定性离子对、定量离子对和碰撞能量

序号	物质名称	定量离子对	碰撞能/V	定性离子对	碰撞能/V
1	苯乙醇	122/92	8	122/90.9	25
2	IS(萘)	128/101.9	22		

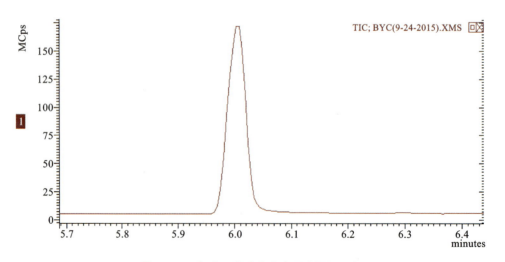

图 2-2-29　标准工作溶液总离子流图(TIC)

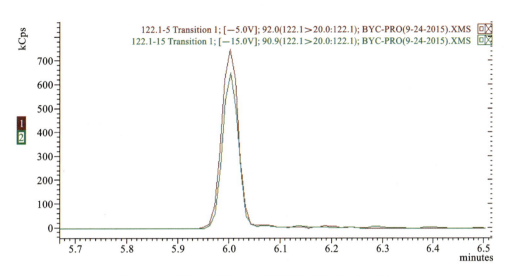

图 2-2-30　标准工作溶液中苯乙醇的定性定量离子图

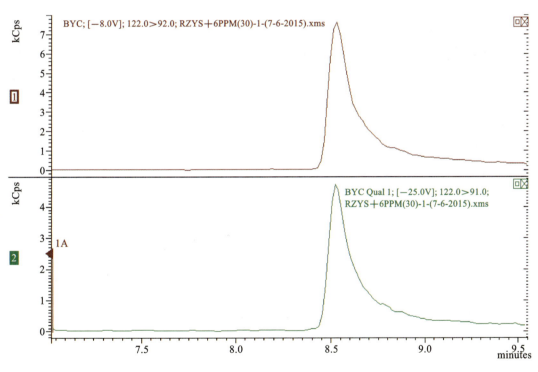

图 2-2-31　典型样品中苯乙醇的定性定量离子图

5.6　测定

5.6.1　定性分析

对照标样的保留时间、定性离子对和定量离子对,确定试样中的目标化合物。当试样和标样在相同保留时间处(±0.2 min)出现,且各定性离子的相对丰度与浓度相当的标准溶液的离子相对丰度一致,其误差符合表 2-2-20 规定的范围,则可判断样品中存在对应的被测物。

表 2-2-20 定性确证时相对离子丰度的最大允许误差

相对离子丰度/(%)	允许的相对误差/(%)
>50	±20
20~50	±25
10~20	±30
≤10	±50

5.6.2 定量分析

在 20 mL 顶空瓶中分别准确移取各级标准工作溶液 30 μL,用三重四极杆气相色谱质谱联用仪测定标准工作溶液,得到苯乙醇和内标的积分峰面积。用苯乙醇峰面积和内标峰面积的比值作为纵坐标、苯乙醇浓度和内标浓度比值作为横坐标,建立苯乙醇的校正曲线。对校正数据进行线性回归,R^2 应不小于 0.99。测定时,根据样品色谱图中苯乙醇峰面积以及内标峰面积分别计算得到每个卷烟样品中苯乙醇的浓度(μg/mL)。标准曲线参见图2-2-32。

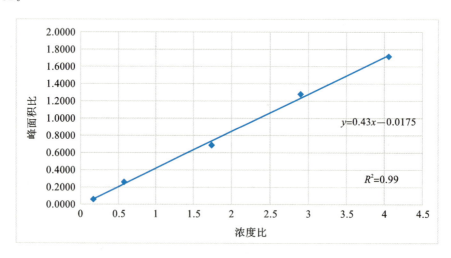

图 2-2-32 苯乙醇标准工作曲线

6. 结果计算和表述

试样中苯乙醇的含量按式(2.2.6)进行计算:

$$C_s = \frac{\left(\frac{A_s}{A_i} + a\right) \times C_i \times V}{k \times m} \tag{2.2.6}$$

式中:C_s——试样中苯乙醇的含量,单位为 mg/kg;

A_s——试样中苯乙醇的峰面积,单位为 U(积分单位);

A_i——内标物质的峰面积,单位为 U(积分单位);

C_i——加入内标物质的浓度,单位为 μg/mL;

m——称取烟丝质量,单位为 g;

k——苯乙醇的标准工作曲线斜率;

a——苯乙醇的标准工作曲线截距。

取两个平行样品的算术平均值作为测试结果,结果精确至 0.0001 mg/kg。

7. 方法检出限、定量限、回收率、精密度

7.1 测定检出限和定量限

试样质量按照方法以 0.6000 g 计算,对苯乙醇标准工作曲线中的最低浓度连续重复进样 10 次,将 10 次测定的峰面积代入标准曲线的回归方程求出试样中所含苯乙醇的浓度值,再计算 10 次测定浓度值的标准偏差(SD),分别以 3SD 和 10SD 为 C_i 值代入式(2.2.6)结果计算公式中得到的值就是所建立的分析方法的检出限和定量限,分别为 0.0036 mg/kg 和 0.0121 mg/kg。

7.2 回收率和精密度

烟丝中苯乙醇的添加浓度及其回收率实验数据:

在添加量为 28.60% 时,平均回收率为 90.74%,精密度为 5.42%。

在添加量为 66.73% 时,平均回收率为 102.2%,精密度为 7.51%。

在添加量为 95.31% 时,平均回收率为 99.47%,精密度为 5.90%。

参见表 2-2-21。

表 2-2-21 本方法苯乙醇回收率与精密度($n=5$)

添加水平	理论值/(μg/g)	实测值/(μg/g)	回收率/(%)	RSD/(%)
低	0.052	0.04	76.55	0.53
中	0.121	0.097	80.5	0.2
高	0.173	0.161	92.85	0.55

8. 实际样品测定

采用该方法对市售的某一主流品牌卷烟 A 中所含的苯乙醇进行含量检测。根据生产

线规定的每支烟重量挑选烟支数支,于密封袋密封后在恒温恒湿箱中平衡 24 h。用分析天平准确称量品牌卷烟 A 整包烟的重量,求出每支烟的平均重量,在平均值附近挑选 3 支烟进行苯乙醇含量测定。检测结果表明:品牌卷烟 A 中检出致香成分苯乙醇,浓度为 3.769 μg/mL,代入式(2.2.6)中计算出品牌卷烟 A 中苯乙醇含量为 0.188 mg/kg,参见表2-2-22。

表 2-2-22　典型样品中苯乙醇含量测定结果

苯乙醇峰面积 A_s	萘峰面积 A_i	峰面积比 A_s/A_i	浓度比	苯乙醇浓度 /(μg/mL)	浓度平均值 /(μg/mL)
56688	252023	0.2249	0.564	3.383	
60858	231969	0.2624	0.651	3.905	3.769
59864	221251	0.2706	0.670	4.020	

9. 小结

该方法以苯乙醇为检测对象,开发了准确测定烟丝中挥发性、半挥发性成分(苯乙醇)的静态顶空-气相色谱-质谱/质谱(HS-GC-MS/MS)方法,该方法主要是为进一步发展 SPME-GC-MS/MS 和其他相关方法提供基础数据和前期方法考察结论。

方法 7　烟丝中挥发性、半挥发性成分测定 顶空-固相微萃取-气相色谱-质谱/质谱(HS-SPME-GC-MS/MS)法

本方法依据卷烟烟丝中重要致香成分清单,采用静态顶空(HS)和固相微萃取(SPME)进行烟丝中挥发性、半挥发性成分富集,结合气相色谱(GC)分离和串联质谱检测器(MS/MS)检测等技术,建立了一种准确测定烟丝中挥发性、半挥发性成分的靶向测定方法。

1. 范围

本方法规定了卷烟烟丝中 73 种挥发性及半挥发性有机化合物的测定方法——SPME-气相色谱-质谱/质谱联用法。

本方法适用于卷烟烟丝中 73 种挥发性及半挥发性致香成分的定性定量分析检测。

2. 原理

在密闭容器和一定萃取温度、萃取时间、解吸附时间条件下,卷烟烟丝中的挥发性及半挥发性有机化合物经固相微萃取头吸附达到平衡后,注入气相色谱-质谱/质谱联用仪进行测定,内标法定量。

3. 试剂和材料

除特殊要求外,应使用分析纯级或以上试剂。

3.1 挥发性有机化合物标样

挥发性有机化合物标样(纯度均大于95%)如表2-2-23所示。

表2-2-23 挥发性有机化合物标样

序号	挥发性有机化合物
1	苯乙醛
2	苯乙醇
3	萘
4	香茅醇
5	苯乙酸乙酯
6	香芹酮
7	香叶醇
8	乙酸苯乙酯
9	洋茉莉醛
10	丁香酚
11	山楂花酮
12	β-二氢大马酮
13	β-紫罗兰酮
14	5-甲基糠醛
15	肉桂酸乙酯

续表

序号	挥发性有机化合物
16	异戊酸异戊酯
17	δ-十一内酯
18	δ-己内酯
19	γ-庚内酯
20	反式-肉桂醛
21	2,3,5-三甲基吡嗪
22	γ-辛内酯
23	γ-十一内酯
24	2,6-二甲基吡啶
25	异丁酸乙酯
26	苯甲酸苯甲酯
27	4-甲基-2-苯基-1,3-二氧戊环
28	二氢香豆酯
29	对茴香醛
30	δ-壬内酯
31	δ-癸内酯
32	α-松油醇
33	4-羟基-2,5-二甲基-3(2H)-呋喃酮
34	芳樟醇
35	麦芽酚
36	3-乙氧基-4-羟基苯甲醛
37	2-甲基四氢呋喃-3-酮
38	糠醇
39	3,5,5-三甲基环己烷-1,2-二酮

续表

序号	挥发性有机化合物
40	2-乙酰基吡咯
41	乙基麦芽酚
42	乙酸异丁酯
43	苄醇
44	苯乙酮
45	异佛尔酮
46	肉桂酸肉桂酯
47	γ-戊基丁内酯
48	氧化异佛尔酮
49	香兰素
50	3-乙基吡啶
51	戊酸乙酯
52	金合欢基丙酮
53	乙酸芳樟酯
54	乳酸乙酯
55	β-环柠檬醛
56	L-薄荷醇
57	丁酸乙酯
58	甲基环戊烯醇酮
59	6-甲基-5-庚烯-2-酮
60	2-甲基吡嗪
61	苯甲醛二甲缩醛
62	茴香烯
63	γ-己内酯

续表

序号	挥发性有机化合物
64	δ-十二内酯
65	α-当归内酯
66	γ-十二内酯
67	γ-癸内酯
68	肉桂酸苄酯
69	R-(＋)-柠檬烯
70	D-薄荷醇
71	3-羟基-2-丁酮
72	覆盆子酮
73	β-石竹烯
74	4-乙烯基愈创木酚

3.2 溶剂

(1)无水乙醇丙二醇混合溶液:无水乙醇：丙二醇(体积比)＝9：1。
(2)丙酮,色谱纯。
(3)饱和氯化钠溶液。

3.3 内标溶液

3.3.1 内标储备液

准确称取 30 mg 萘至 50 mL 棕色容量瓶中,使用丙酮定容至刻度,内标储备液在 4 ℃冰箱中冷藏备用,有效期为 6 个月。

3.3.2 一级内标溶液

准确移取 1 mL 内标储备液至 100 mL 棕色容量瓶中,使用丙酮定容至刻度,一级内标溶液在 4 ℃冰箱中冷藏备用,有效期为 3 个月。

3.4 标准溶液

3.4.1 标准工作储备溶液

分别称取有机化合物标样 0.01 g 于不同 100 mL 棕色容量瓶中,用无水乙醇丙二醇混合溶液定容,配制成质量浓度为 100 μg/mL 的标准储备液,放入 4 ℃ 冰箱中冷藏备用,有效期为 1 个月。

3.4.2 标准工作溶液

分别移取不同体积标准工作储备溶液于同一 100 mL 棕色容量瓶中,加入 1 mL 的内标储备液,使用丙酮定容至刻度,制备系列标准工作溶液,该系列标准工作溶液至少配制 5 级,其浓度范围应覆盖样品中挥发性有机化合物的含量,具体标准工作溶液浓度范围见表 2-2-24。

表 2-2-24 标准工作溶液浓度范围

序号	物质名称	标准工作溶液浓度范围/(μg/mL)					
		6级	5级	4级	3级	2级	1级
1	3-羟基-2-丁酮	5.0000	4.0000	2.5000	2.0000	1.0000	0.1000
2	异丁酸乙酯	0.2700	0.2160	0.1350	0.1080	0.0540	0.0054
3	乙酸异丁酯	0.2500	0.2000	0.1250	0.1000	0.0500	0.0050
4	丁酸乙酯	0.1263	0.1010	0.0631	0.0505	0.0253	0.0025
5	2-甲基四氢呋喃-3-酮	0.5175	0.4140	0.2588	0.2070	0.1035	0.0104
6	乳酸乙酯	0.2525	0.2020	0.1263	0.1010	0.0505	0.0051
7	2-甲基吡嗪	0.6000	0.4800	0.3000	0.2400	0.1200	0.0120
8	糠醇	2.9500	2.3600	1.4750	1.1800	0.5900	0.0590
9	α-当归内酯	0.5600	0.4480	0.2800	0.2240	0.1120	0.0112
10	2,6-二甲基吡啶	0.5200	0.4160	0.2600	0.2080	0.1040	0.0104
11	戊酸乙酯	0.1213	0.0970	0.0606	0.0485	0.0243	0.0024
12	3-乙基吡啶	1.6875	1.3500	0.8438	0.6750	0.3375	0.0338
13	5-甲基糠醛	7.3000	5.8400	3.6500	2.9200	1.4600	0.1460
14	6-甲基-5-庚烯-2-酮	0.5000	0.4000	0.2500	0.2000	0.1000	0.0100
15	2,3,5-三甲基吡嗪	0.2375	0.1900	0.1188	0.0950	0.0475	0.0048
16	甲基环戊烯醇酮	1.3250	1.0600	0.6625	0.5300	0.2650	0.0265
17	R-(＋)-柠檬烯	0.5000	0.4000	0.2500	0.2000	0.1000	0.0100
18	苄醇	0.0052	0.0042	0.0026	0.0021	0.0010	0.0001

续表

序号	物质名称	标准工作溶液浓度范围/(μg/mL)					
		6级	5级	4级	3级	2级	1级
19	苯乙醛	0.4650	0.3720	0.2325	0.1860	0.0930	0.0093
20	γ-己内酯	0.5900	0.4720	0.2950	0.2360	0.1180	0.0118
21	4-羟基-2,5-二甲基-3(2H)-呋喃酮	0.2500	0.2000	0.1250	0.1000	0.0500	0.0050
22	苯乙酮	0.0052	0.0041	0.0026	0.0021	0.0010	0.0001
23	2-乙酰基吡咯	0.5000	0.4000	0.2500	0.2000	0.1000	0.0100
24	δ-己内酯	1.4625	1.1700	0.7313	0.5850	0.2925	0.0293
25	氧化异佛尔酮	0.5250	0.4200	0.2625	0.2100	0.1050	0.0105
26	芳樟醇	0.7000	0.5600	0.3500	0.2800	0.1400	0.0140
27	异戊酸异戊酯	0.4700	0.3760	0.2350	0.1880	0.0940	0.0094
28	苯甲醛二甲缩醛	0.0054	0.0043	0.0027	0.0022	0.0011	0.0001
29	苯乙醇	1.2375	0.9900	0.6188	0.4950	0.2475	0.0248
30	麦芽酚	48.0000	38.4000	24.0000	19.2000	9.6000	0.9600
31	异佛尔酮	0.1300	0.1040	0.0650	0.0520	0.0260	0.0026
32	3,5,5-三甲基环己烷-1,2-二酮	5.0500	4.0400	2.5250	2.0200	1.0100	0.1010
33	γ-庚内酯	1.2500	1.0000	0.6250	0.5000	0.2500	0.0250
34	L-薄荷醇	0.2375	0.1900	0.1188	0.0950	0.0475	0.0048
35	D-薄荷醇	0.4750	0.3800	0.2375	0.1900	0.0950	0.0095
36	α-松油醇	0.5750	0.4600	0.2875	0.2300	0.1150	0.0115
37	乙基麦芽酚	7.3000	5.8400	3.6500	2.9200	1.4600	0.1460
38	β-环柠檬醛	0.6000	0.4800	0.3000	0.2400	0.1200	0.0120
39	香茅醇	0.4850	0.3880	0.2425	0.1940	0.0970	0.0097
40	香芹酮	0.5550	0.4440	0.2775	0.2220	0.1110	0.0111
41	苯乙酸乙酯	0.5300	0.4240	0.2650	0.2120	0.1060	0.0106
42	香叶醇	0.5100	0.4080	0.2550	0.2040	0.1020	0.0102

续表

序号	物质名称	标准工作溶液浓度范围/(μg/mL)					
		6级	5级	4级	3级	2级	1级
43	对茴香醛	0.3100	0.2480	0.1550	0.1240	0.0620	0.0062
44	乙酸芳樟酯	1.3313	1.0650	0.6656	0.5325	0.2663	0.0266
45	乙酸苯乙酯	0.2425	0.1940	0.1213	0.0970	0.0485	0.0049
46	γ-辛内酯	0.0072	0.0058	0.0036	0.0029	0.0014	0.0001
47	4-甲基-2-苯基-1,3-二氧戊环	0.2825	0.2260	0.1413	0.1130	0.0565	0.0057
48	反式-肉桂醛	0.5900	0.4720	0.2950	0.2360	0.1180	0.0118
49	茴香烯	0.6300	0.5040	0.3150	0.2520	0.1260	0.0126
50	4-乙烯基愈创木酚	1.2500	1.0000	0.6250	0.5000	0.2500	0.0250
51	洋茉莉醛	0.4950	0.3960	0.2475	0.1980	0.0990	0.0099
52	山楂花酮	0.1263	0.1010	0.0631	0.0505	0.0253	0.0025
53	丁香酚	0.5050	0.4040	0.2525	0.2020	0.1010	0.0101
54	γ-戊基丁内酯	0.0062	0.0050	0.0031	0.0025	0.0012	0.0001
55	二氢香豆酯	0.3475	0.2780	0.1738	0.1390	0.0695	0.0070
56	δ-壬内酯	0.5750	0.4600	0.2875	0.2300	0.1150	0.0115
57	香兰素	2.9750	2.3800	1.4875	1.1900	0.5950	0.0595
58	β-二氢大马酮	0.2525	0.2020	0.1263	0.1010	0.0505	0.0051
59	β-石竹烯	3.4250	2.7400	1.7125	1.3700	0.6850	0.0685
60	3-乙氧基-4-羟基苯甲醛	2.3500	1.8800	1.1750	0.9400	0.4700	0.0470
61	肉桂酸乙酯	1.3000	1.0400	0.6500	0.5200	0.2600	0.0260
62	γ-癸内酯	0.4900	0.3920	0.2450	0.1960	0.0980	0.0098
63	β-紫罗兰酮	0.1375	0.1100	0.0688	0.0550	0.0275	0.0028
64	δ-癸内酯	0.1713	0.1370	0.0856	0.0685	0.0343	0.0034
65	覆盆子酮	0.1263	0.1010	0.0631	0.0505	0.0253	0.0025
66	γ-十一内酯	0.4700	0.3760	0.2350	0.1880	0.0940	0.0094

续表

序号	物质名称	标准工作溶液浓度范围/(μg/mL)					
		6级	5级	4级	3级	2级	1级
67	δ-十一内酯	2.6750	2.1400	1.3375	1.0700	0.5350	0.0535
68	γ-十二内酯	0.5350	0.4280	0.2675	0.2140	0.1070	0.0107
69	δ-十二内酯	0.6500	0.5200	0.3250	0.2600	0.1300	0.0130
70	苯甲酸苯甲酯	0.2800	0.2240	0.1400	0.1120	0.0560	0.0056
71	金合欢基丙酮	4.9000	3.9200	2.4500	1.9600	0.9800	0.0980
72	肉桂酸苄酯	1.2625	1.0100	0.6313	0.5050	0.2525	0.0253
73	肉桂酸肉桂酯	1.2375	0.9900	0.6188	0.4950	0.2475	0.0248
74	IS(萘)	6.0000	6.0000	6.0000	6.0000	6.0000	6.0000

4. 仪器设备

常用实验仪器及下述各项。

(1)分析天平,感量为 0.1 mg。

(2)移液枪,5000 μL。

(3)搅拌机。

(4)固相微萃取仪(SPME)。

(5)三重四极杆气相色谱质谱联用仪。

(6)色谱柱:DB-5MS 弹性石英毛细管色谱柱(30 m×0.25 mm×0.25 μm)。

5. 分析步骤

5.1 样品制备

取一包品牌卷烟样品,拆开包装后,取每支样品舍弃滤棒后沿纵向剪开,将烟丝置于 −80 ℃下冷冻 30 min,取出后立即用搅拌机粉碎成烟末,称取 0.5 g 烟末,精确至 0.001 g,放入 20 mL 螺口棕色顶空瓶中,加入 1 mL 饱和氯化钠溶液,再加入 30 μL 6 μg/mL 的内标萘,迅速盖上瓶盖,供 SPME-气相色谱-质谱/质谱仪测定。试样制备应快速准确,并确保样品不受污染。

5.2 测定次数

每个样品应平行测定两次。

5.3 SPME-色谱质谱分析

(1)SPME 条件:100 μm PDMS(聚二甲基硅氧烷)萃取头,萃取温度 80 ℃,萃取时间 20 min,解吸附时间 5 min。

(2)色谱质谱条件:按照制造商操作手册运行三重四极杆气相色谱质谱联用仪,以下分析条件可供参考,采用其他条件应验证其适用性。

——程序升温:初始温度 50 ℃,保持 2 min,以 5 ℃/min 的速率升温至 250 ℃,保持 20 min。

——进样口温度:250 ℃。

——载气:氦气(纯度 ≥ 99.99%),恒流模式,柱流量 1 mL/min。碰撞气:氩气(纯度 ≥ 99.99%)。

——分流比:10∶1。

——传输线温度:250 ℃。

——电子源轰击(EI),电离能 70 eV。

——离子源温度:170 ℃。

——扫描方式:多反应监测 MRM 模式,离子选择参数见表 2-2-25。

表 2-2-25　74 种化合物的定性离子对、定量离子对和碰撞能量

序号	物质名称	定量离子对	碰撞能/V	定性离子对	碰撞能/V
1	苯乙醛	120/90.9	12	120/92.1	5
2	苯乙醇	122/92	8	122/90.9	25
3	IS(萘)	128/101.9	22		
4	香茅醇	138.1/95	12	138.1/81	8
5	苯乙酸乙酯	91/65	20	164/91	18
6	香芹酮	108.1/92.9	12	108.1/76.9	25
7	香叶醇	93/77	15	123/81	12
8	乙酸苯乙酯	104/78	15	104/77	30
9	洋茉莉醛	150/65	30	150/120.9	25
10	丁香酚	164/148.9	15	164.1/104	18
11	山楂花酮	135/77	15	150/134.9	12
12	β-二氢大马酮	192.2/177	12	177/121	18

续表

序号	物质名称	定量离子对	碰撞能/V	定性离子对	碰撞能/V
13	β-紫罗兰酮	177.1/162	15	177/146.9	25
14	5-甲基糠醛	109/53	12	81/53	7
15	肉桂酸乙酯	131/103	13	103/77	15
16	异戊酸异戊酯	70.1/55	10	85.1/57	7
17	δ-十一内酯	99/71	7	71.1/43	9
18	δ-己内酯	70.1/42.1	5	70.1/55	7
19	γ-庚内酯	85/57	5	110.1/68.1	10
20	反式-肉桂醛	103.1/77	15	131/77	30
21	2,3,5-三甲基吡嗪	122.1/81	12	81.1/42	5
22	γ-辛内酯	85/57	7	100.1/72	5
23	γ-十一内酯	85/57	7	128.1/95	10
24	2,6-二甲基吡啶	107.1/92	20	92.1/65	10
25	异丁酸乙酯	71.1/43	5	88.1/73	10
26	苯甲酸苯甲酯	105/77	15	77.1/51	14
27	4-甲基-2-苯基-1,3-二氧戊环	105/77	15	163.1/105	17
28	二氢香豆酯	148/120	12	120/91	19
29	对茴香醛	135/107	10	135/77	20
30	δ-壬内酯	99/71	7	71.1/43	9
31	δ-癸内酯	99/71	7	71.1/43	10
32	α-松油醇	93.1/77	15	121.1/93	10
33	4-羟基-2,5-二甲基-3(2H)-呋喃酮	128/85	8	85/57	7
34	芳樟醇	93.1/77	15	71.1/43	8
35	麦芽酚	126/71	16	71/43	8
36	3-乙氧基-4-羟基苯甲醛	137/109	15	166.1/137	22

续表

序号	物质名称	定量离子对	碰撞能/V	定性离子对	碰撞能/V
37	2-甲基四氢呋喃-3-酮	72.1/43	5	100.1/72	5
38	糠醇	98.1/70	7	98.1/42	10
39	3,5,5-三甲基环己烷-1,2-二酮	70.1/55	5	98.1/70	7
40	2-乙酰基吡咯	109.1/94	12	94.1/66	10
41	乙基麦芽酚	140.1/71	16	140.1/69	14
42	乙酸异丁酯	74.1/28	5	74.1/56	3
43	苄醇	73/43	5	71.1/43	7
44	苯乙酮	107.1/79	10	77.1/51	15
45	异佛尔酮	105.1/77	15	120.1/105	8
46	肉桂酸肉桂酯	82.1/54	8	138.1/82	10
47	γ-戊基丁内酯	131.1/103	16	103.1/77	16
48	氧化异佛尔酮	85.1/57	8	100.1/54	8
49	香兰素	83.1/55	10	69.1/41	10
50	3-乙基吡啶	151.1/123	12	152.1/123	24
51	戊酸乙酯	92.1/65	12	107.1/92	17
52	金合欢基丙酮	85.1/57	7	88.1/61	8
53	乙酸芳樟酯	69.2/41	9	107.2/91	16
54	乳酸乙酯	93.2/77	15	91.1/65	19
55	β-环柠檬醛	75.1/45	5	75.1/47	5
56	L-薄荷醇	109.2/67.1	10	152.2/136.9	12
57	丁酸乙酯	95.2/67.1	10	95.2/55	15
58	甲基环戊烯醇酮	71.2/43	5	88.1/61	7
59	6-甲基-5-庚烯-2-酮	112.1/84	10	69.2/41.2	7
60	2-甲基吡嗪	108.2/93	10	69.2/41	7

续表

序号	物质名称	定量离子对	碰撞能/V	定性离子对	碰撞能/V
61	苯甲醛二甲缩醛	94.1/67	12	67.1/40	5
62	茴香烯	121.1/77	15	121.1/91	15
63	γ-己内酯	148.2/133	20	147.2/91	15
64	δ-十二内酯	85.1/57	5	70.2/55	8
65	α-当归内酯	99.1/71	7	71.2/43	8
66	γ-十二内酯	98.1/55	11	98.1/70	9
67	γ-癸内酯	85.1/57	7	85.1/29	8
68	肉桂酸苄酯	85.1/57	7	85.1/29	8
69	R-(+)-柠檬烯	131.1/103	14	91.1/65	15
70	D-薄荷醇	93.2/76.9	15	68.2/53	10
71	3-羟基-2-丁酮	95.2/67	10	71.2/43	7
72	覆盆子酮	88.1/45	5	88.1/44	5
73	β-石竹烯	107.1/77	19	164.2/107	16
74	4-乙烯基愈创木酚	91.1/65	17	133.2/104.9	14

5.4 测定

5.4.1 定性分析

对照标样的保留时间、定性离子对和定量离子对,确定试样中的目标化合物。当试样和标样在相同保留时间处(±0.2 min)出现,且各定性离子的相对丰度与浓度相当的标准溶液的离子相对丰度一致,其误差符合表 2-2-26 规定的范围,则可判断样品中存在对应的被测物。

表 2-2-26 定性确证时相对离子丰度的最大允许误差

相对离子丰度/(%)	允许的相对误差/(%)
50	±20
20~50	±25
10~20	±30

续表

相对离子丰度/(%)	允许的相对误差/(%)
≤10	±50

部分标样和试样的气相色谱-质谱/质谱图参见图 2-2-33 至图 2-2-42。

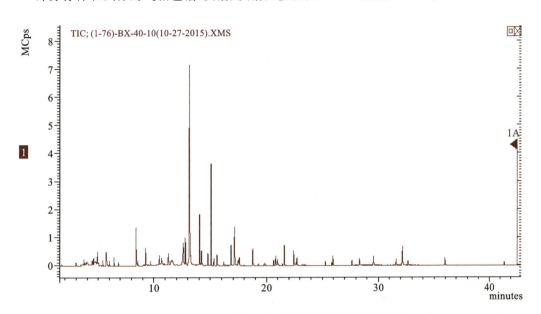

图 2-2-33　标准工作溶液气相色谱-质谱/质谱总离子流图(TIC)

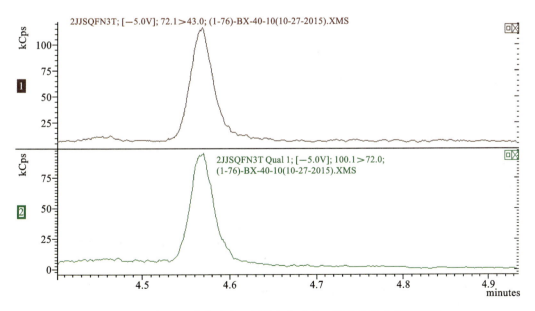

图 2-2-34　标准工作溶液中 2-甲基四氢呋喃-3-酮的定性定量离子图

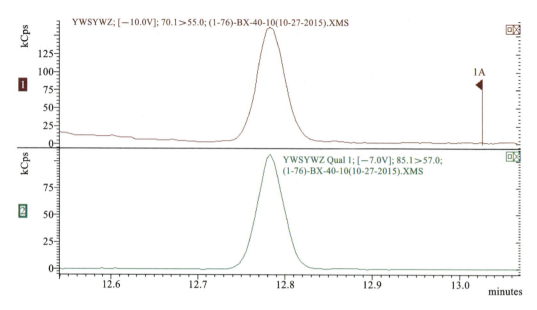

图 2-2-35　标准工作溶液中异戊酸异戊酯的定性定量离子图

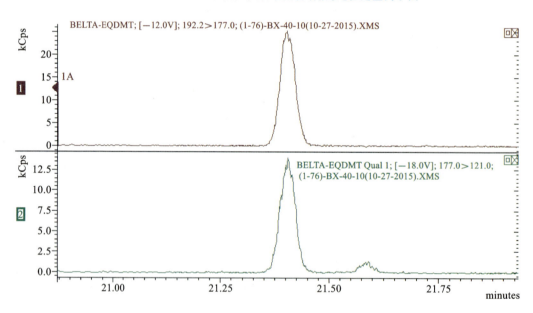

图 2-2-36　标准工作溶液中 β-二氢大马酮的定性定量离子图

5.4.2　定量分析

以对应类型卷烟烟末 0.5 g 为样品基质,分别准确加入 1 mL 饱和氯化钠溶液,再加入 30 μL 系列标准工作溶液,迅速盖上瓶盖,用三重四极杆气相色谱质谱联用仪测定,得到 73 种挥发性有机化合物和内标的积分峰面积。用各有机化合物峰面积和内标峰面积的比值作为纵坐标、有机化合物浓度和内标浓度比值作为横坐标,分别建立 73 种化合物的校正曲线。对校正数据进行线性回归,R^2 应不小于 0.99。测定时,根据样品色谱图中峰面积以及内标峰面积分别计算得到每个卷烟样品中各个挥发性有机化合物的浓度(μg/mL)。

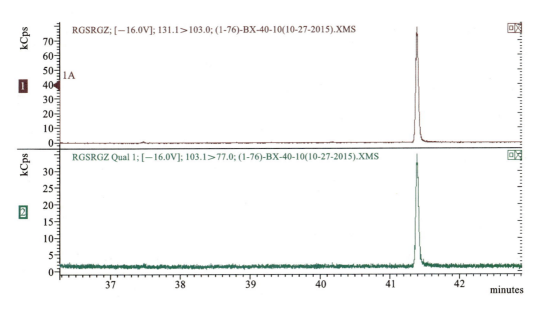

图 2-2-37　标准工作溶液中肉桂酸肉桂酯的定性定量离子图

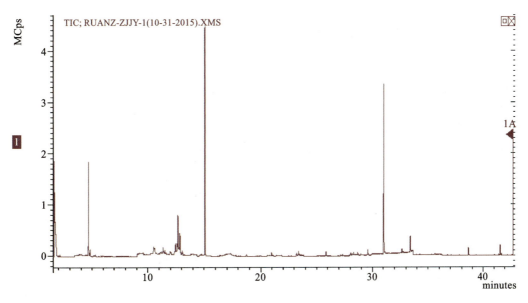

图 2-2-38　典型样品气相色谱-质谱/质谱总离子流图（TIC）

6. 结果计算与表述

试样中挥发性及半挥发性有机化合物的含量按式(2.2.7)进行计算：

$$C_s = \frac{\left(\dfrac{A_s}{A_i}+a\right) \times C_i \times V}{k \times m} \tag{2.2.7}$$

式中：C_s——试样中某一种特征物质的含量，单位为 mg/kg；

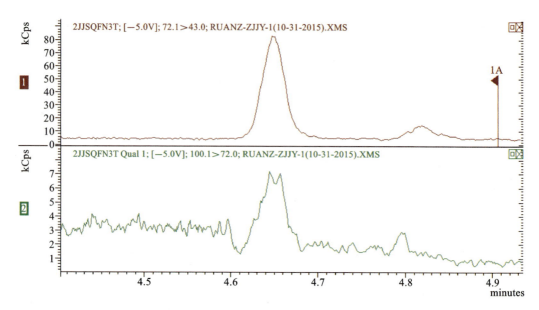

图 2-2-39 典型样品中 2-甲基四氢呋喃-3-酮的定性定量离子图

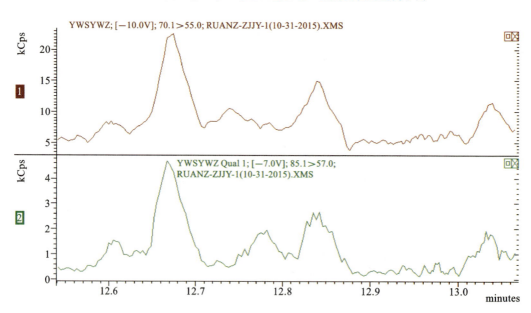

图 2-2-40 典型样品中异戊酸异戊酯的定性定量离子图

A_s——试样中挥发性或半挥发性有机化合物的峰面积,单位为 U(积分单位);
A_i——内标物质的峰面积,单位为 U(积分单位);
C_i——加入内标物质的浓度,单位为 μg/mL;
m——称取烟丝质量,单位为 g;
k——各挥发性或半挥发性有机化合物的标准工作曲线斜率;
a——各挥发性或半挥发性有机化合物的标准工作曲线截距;

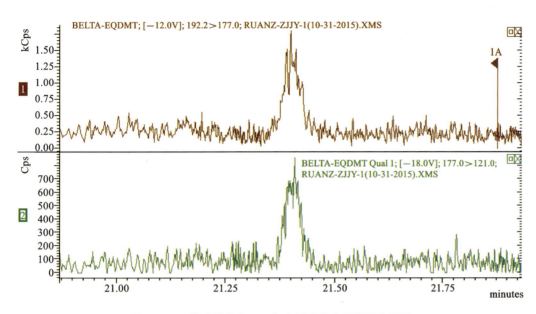

图 2-2-41　典型样品中 β-二氢大马酮的定性定量离子图

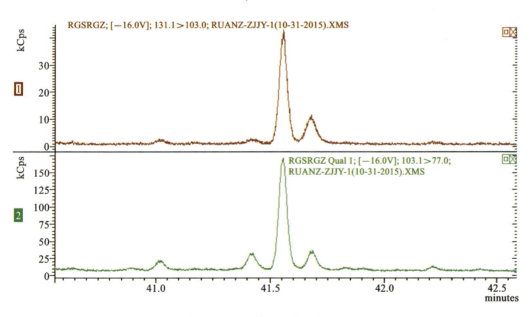

图 2-2-42　典型样品中肉桂酸肉桂酯的定性定量离子图

V——移取标液体积。

取两个平行样品的算术平均值作为测试结果,结果精确至 0.01 mg/kg。

7. 小结

本检测方法(烟丝中挥发性、半挥发性成分测定 顶空-固相微萃取-气相色谱-质谱/质谱——HS-SPME-GC-MS/MS)是烟丝中挥发性、半挥发性卷烟风格特征成分系列检测方法中的一种,目的是对"烟丝加热后挥发到空气中的卷烟风格特征成分"进行捕集和准确定量检测,从而达到较为客观地评价卷烟品牌风格特征的效果。

与方法 5(烟丝中挥发性、半挥发性成分测定 溶剂萃取直接进样-气相色谱-质谱/质谱——LSE-GC-MS/MS 法)相比较,本方法更能反映卷烟加热和燃烧后释放出的风格特征成分,但是由于检测风格特征物质时,目标物质转移过程复杂(从烟丝表面、内部挥发出来,进入空气,再吸附到固相微萃取纤维上后,加热进入气相色谱仪)、环境复杂(固体烟丝、顶空瓶上部空气、固体萃取纤维),并存在固、液、气三相平衡,因此该检测方法的准确性有待进一步验证。

第三章　快速检测方法开发

方法8　烟丝中烟碱快速测定 DART SVP-MS/MS 法

烟碱又名尼古丁,广泛存在于茄科植物中,是烟草中含氮生物碱的主要成分。尼古丁是一种吡啶型生物碱,无色至淡黄色透明油状液体,在烟叶中的含量为 1%～3%,易溶于水、乙醇、乙醚、氯仿和石油醚,具有成瘾性。烟碱主要作用于烟碱型乙酰胆碱接受体,对中枢神经系统、周边神经系统都有刺激作用。因此,对烟碱的检测十分重要。

目前,测定烟碱的方法主要是气相色谱(GC)、液相色谱(HPLC)、毛细管电泳(CE)、连续流动分析仪(CFA)等方法。这些方法均需要对样品进行复杂的前处理,耗时较长且对样品有一定程度的损耗。

实时直接分析(direct analysis in real time,DART)为新型原位电离技术,是继电喷雾离子化(ESI)及大气压化学电离(APCI)成功解决了生物和有机分子的分析之后,又一个具有革命性的当代质谱离子化技术。该技术由美国的 Robert Cody 博士和 Jim Laramee 博士于 2002 年发明,于 2005 年由 JEOL 和 IonSense 公司商品化并获得当年匹兹堡仪器博览会撰稿人金奖和美国 R&D 100 创新大奖。DART 是一种热解析和离子化技术,操作简便,最重要的是它可以在几秒钟的时间内分析存在于气体、液体、固体材料表面的化合物,从而能对样品进行无损耗的定性和定量分析。DART SVP-MS/MS 设备示意图如图 2-3-1 所示。

但该技术应用于烟草成分分析尚未见报道;烟碱是烟草及烟草制品中消费者主要关注的物质,也是烟草人研究的对象,对其含量进行快速测定是非常有意义的。

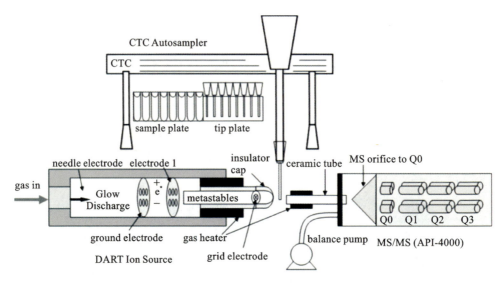

图 2-3-1　DART SVP-MS/MS 设备示意图

1. 仪器、试剂及仪器工件条件

1.1　仪器

DART SVP（美国 IonSense 公司）；高速旋风磨（美国 UDY 公司）；HY-8 型振荡仪（常州国华电器有限公司）；ME414S 电子天平（感量 0.0001 g，德国 Sartorius 公司）；烘箱（德国 BINDER 公司）；40 目筛网。

1.2　试剂

超纯水，应符合 GB/T 6682 中一级水的要求；烟碱标准品（纯度＞98.0%）。

1.3　分析条件

DART 电离为正离子模式，离子源温度为 350 ℃，采用液体进样模式，进样速率为 0.6 mm/s。定量离子对：163.1/129.8。定性离子对：163.1/84.1。载气：氦气（纯度≥99.999%）。

1.4　烟碱的标准系列溶液配置

称取 0.5 g 的烟碱溶于 100 mL 的棕色容量瓶中，以超纯水定容作为储备液，分别取 0.02 mL、0.1 mL、0.5 mL、1 mL、2.0 mL、4.0 mL 的储备液于 10 mL 棕色容量瓶中，加超纯水定容至刻度，制备 6 个系列标准溶液。

1.5 标准曲线的测定

对系列标准溶液进行 DART SVP-MS/MS 测定,计算每个标准溶液中烟碱的峰面积比,作出浓度比与峰面积比的标准曲线并求出回归方程,相关系数 R^2 不小于 0.99,如图 2-3-2 所示。

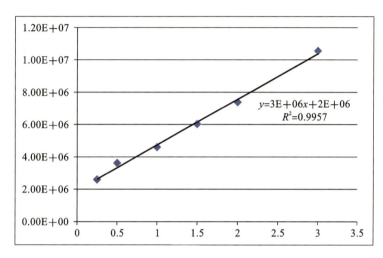

图 2-3-2　烟碱线性回归方程

样品色谱图如图 2-3-3 所示。

2. 样品的处理和检测

首先将烟叶(或烟丝)放入烘箱中,在温度不高于 100 ℃的烘箱中烘干,直至可用手捻碎,用高速旋风磨对烟草及烟草制品进行细胞壁破壁,然后过 40 目筛网,密封保存为备样。称取 0.5 g 备样置于 100 mL 的三角烧瓶中,加 50 mL 超纯水摇床萃取 30 min;静置 3 min 后取上层澄清液于样品瓶中,然后进行 DART SVP-MS/MS 分析,计算样品中烟碱含量。按 YC/T 31—1996 标准测试样品含水率。

烟草中烟碱的含量由如下公式计算得出:

$$X = \frac{(C_i - C_0) \times V}{m \times (1-\omega)}$$

式中:X——样品中烟碱的含量,单位为毫克每克(mg/g);

C_i——从标准工作曲线上得到的烟碱浓度,单位为毫克每毫升(mg/mL);

C_0——空白实验中烟碱浓度,单位为毫克每毫升(mg/mL);

V——萃取剂的体积,单位为毫升(mL);

m——称样量,单位为克(g);

ω——样品的含水率。

每个样品平行测定 2 次,以 2 次平行测定的平均值为测定结果。

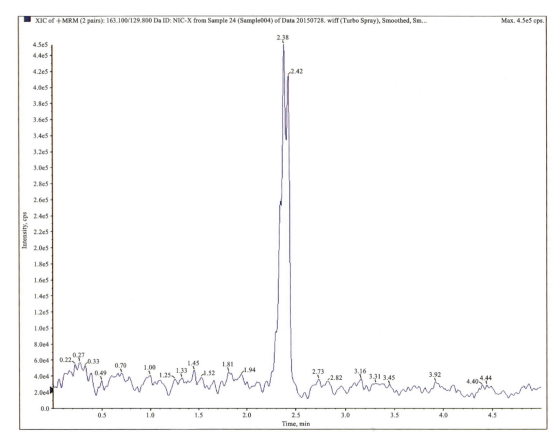

图 2-3-3　样品色谱图

根据上述 DART SVP-MS/MS 测定方法，选择五种成品卷烟，测得卷烟烟丝中烟碱的含量，见表 2-3-1。

表 2-3-1　DART SVP-MS/MS 检测结果

样品编号	1#	2#	3#	4#	5#
结果/(mg/g)	2.018	1.215	2.961	1.521	2.521

3. 比对实验（连续流动分析法）

3.1　仪器、试剂

3.1.1　仪器

连续流动分析仪（德国 SEAL 公司）；高速旋风磨（美国 UDY 公司）；HY-8 型振荡仪（常州国华电器有限公司）；ME414S 电子天平（感量 0.0001 g，德国 Sartorius 公司）；烘箱（德国 BINDER 公司）；40 目筛网。

3.1.2 试剂

(1)超纯水,应符合 GB/T 6682 中一级水的要求。

(2)磷酸氢二钠($Na_2HPO_4 \cdot 12H_2O$),纯度>99.0%。

(3)柠檬酸[$COH(COOH)(CH_2COOH)_2 \cdot H_2O$],纯度>99.0%。

(4)对氨基苯磺酸($NH_2C_6H_4SO_3H$),纯度>99.8%。

(5)硫氰酸钾(KSCN),纯度>98.5%。

(6)二氯异氰尿酸钠($C_3Cl_2N_3NaO_2$),纯度>95.0%。

(7)硫酸亚铁($FeSO_4 \cdot 7H_2O$),纯度>99.0%。

(8)碳酸钠(Na_2CO_3),纯度>99.8%。

(9)烟碱,纯度>98.0%。

(10)Brij35 溶液(聚乙氧基月桂醚),将 250 g Brij35 加入 1 L 水中,加热搅拌直至溶解。

(11)缓冲溶液 A。称取 65.5 g 磷酸氢二钠、10.4 g 柠檬酸至烧杯中,用水溶解,然后转入 1000 mL 容量瓶中,用水定容至刻度,加入 1 mL Brij35 溶液,混匀。使用前用定性滤纸过滤。

(12)缓冲溶液 B。称取 222 g 磷酸氢二钠、8.4 g 柠檬酸、7.0 g 对氨基苯磺酸至烧杯中,用水溶解,然后转入 1000 mL 容量瓶中,用水定容至刻度,加入 1 mL Brij35 溶液,混匀。使用前用定性滤纸过滤。

(13)硫氰酸钾溶液。称取 2.88 g 硫氰酸钾至烧杯中,用水溶解,然后转入 250 mL 容量瓶中,用水定容至刻度。

(14)二氯异氰尿酸钠溶液。称取 2.20 g 二氯异氰尿酸钠至烧杯中,用水溶解,然后转入 250 mL 容量瓶中,用水定容至刻度。该溶液应现配现用。

(15)解毒溶液 A。称取 1 g 柠檬酸、10 g 硫酸亚铁至烧杯中,用水溶解,然后转入 1000 mL 容量瓶中,用水定容至刻度。

(16)解毒溶液 B。称取 10 g 碳酸钠至烧杯中,用水溶解,然后转入 1000 mL 容量瓶中,用水定容至刻度。

3.2 烟碱的标准系列溶液配置

称取 0.5 g 的烟碱溶于 100 mL 的棕色容量瓶中,以超纯水定容作为储备液,分别取 0.02 mL、0.1 mL、0.5 mL、1.0 mL、2.0 mL、4.0 mL 的储备液于 10 mL 棕色容量瓶中,加超纯水定容至刻度,制备 6 个系列标准溶液。

3.3 样品的处理

首先将烟叶(或烟丝)放入烘箱中,在温度不高于 100 ℃ 的烘箱中烘干,直至可用手捻碎,用高速旋风磨对烟草及烟草制品进行细胞壁破壁,然后过 40 目筛网,密封保存为备样。称取 0.25 g 备样置于 50 mL 的三角烧瓶中,加 25 mL 超纯水摇床萃取 30 min;用快速定性纸过滤萃取液,弃去前 3 mL 滤液,收集后续滤液作分析之用。

计算样品中烟碱含量,并按 YC/T 31—1996 标准测试样品含水率。

3.4 上机测定

对系列标准溶液和滤液中烟碱与对氨基苯磺酸和氯化氰反应(氯化氰由硫氰酸钾和二氯异氰尿酸钠反应产生)。反应产物用比色计在 460 nm 测定。计算每个标准溶液中烟碱的峰高,作出浓度与峰高的标准曲线并求出回归方程,相关系数 R^2 不小于 0.99。

烟草中烟碱的含量由如下公式计算得出:

$$X=\frac{C_i \times V}{m \times (1-\omega)}$$

式中:X——样品中烟碱的含量,单位为毫克每克(mg/g);

C_i——从标准工作曲线上得到的烟碱浓度,单位为毫克每毫升(mg/mL);

V——萃取剂的体积,单位为毫升(mL);

m——称样量,单位为克(g);

ω——样品的含水率。

每个样品平行测定 2 次,以 2 次平行测定的平均值为测定结果。

根据上述连续流动分析法,选择同样五种成品卷烟,测得卷烟中烟碱的含量,见表2-3-2。

表 2-3-2　连续流动分析仪检测结果

样品编号	1#	2#	3#	4#	5#
结果/(mg/g)	2.025	1.210	2.951	1.581	2.551

4. 结果比较

按现行行业标准 YC/T 468—2021《烟草及烟草制品 总植物碱的测定 连续流动(硫氰酸钾)法》测定与采用 DART SVP-MS/MS 测定结果比较见表 2-3-3。结论:2 种检测方法结果相对偏差在 5% 以内,说明 2 种检测方法结果基本一致。DART SVP-MS/MS 测定烟草及烟草制品中烟碱的方法具有前处理简单、不需要净化富集、操作简单、不需要大量试剂、快速、无环境溶剂污染、高通量等优点。

表 2-3-3　DART SVP-MS/MS 与连续流动分析法测定结果比较

样品编号	DART SVP-MS/MS 法/(mg/g)	连续流动分析法/(mg/g)	相对偏差/(%)
1#	2.018	2.025	0.49
2#	1.215	1.210	0.35

续表

样品编号	DART SVP-MS/MS 法/(mg/g)	连续流动分析法/(mg/g)	相对偏差/(%)
3#	2.961	2.951	0.71
4#	1.521	1.581	4.24
5#	2.521	2.551	2.12

方法 9　包装材料色差快速测定近红外光谱法

卷烟包装材料的色差是指由于印刷材料差异和印刷工艺等原因,印刷品与原稿之间在色彩领域形成的色彩差异。卷烟包装材料色差的传统评价方法主要有主观目测法和色差仪分析法,但由于人群对色差的感受程度各不相同,而色差仪可调变区间较窄,因此这两种方法往往都难以准确地评价卷烟包装材料的色差。近红外光谱分析具有快速、准确、制样简单、可实现无损检测等优点,在国内应用该技术对卷烟包装材料的色差进行检测尚未有文献报道。在本方法中,通过创新地建立近红外光谱色差分析模型,快速准确地测定了各色彩的差异,为卷烟包装材料的色差快速检测,以及卷烟包装材料质量稳定控制提供了依据,具有较大的实际生产价值,为提升卷烟品牌竞争力提供支撑。

1. 范围

本方法属于卷烟包装材料外观质量控制领域,具体涉及运用近红外光谱分析技术,结合 Gram-Schmidt 正交化方法对卷烟外包装纸的色差程度进行评价分析。

2. Gram-Schmidt 正交化方法基本原理

Gram-Schmidt 正交化方法计算相似度采用残差谱法,该方法主要分为校正与预测两个步骤。在进行校正时,首先需要有一系列的标准光谱,这一系列的标准光谱构成矩阵 $X_{r \times p}$。

2.1 初始化矩阵

初始化一个 $r \times p$ 的矩阵 Z,使矩阵 Z 中所有元素均被初始化为 0。选取标准光谱矩阵 X 的第一行,用来确定 Gram-Schmidt 展开的第一项,将此向量命名为 u,u 为 $1 \times p$ 的向量。

详细校正步骤如下:

(1) 计算向量 u 的平方范数,$\|u\|^2=u \cdot u$;

(2) 将向量 u 进行单位化,$u=u/\|u\|$;

(3) 将向量 u 赋值给矩阵 Z 的第一行;

(4) 选择矩阵 X 的第二行作为向量 u,u 为 $1\times p$ 的向量;

(5) 令 $t=uZ^T$,t 为 $1\times r$ 的向量,计算 $u=u-tZ$;

(6) 如果平方范数 $\mu^2=0$,则将 u 设定为单位向量;

(7) 将向量 u 进行单位化,$u=u/\mu$;

(8) 将向量 u 赋值给矩阵 Z 的下一行,并返回步骤(5),重复操作,直到矩阵 X 中的所有行均按上述校正步骤取出。

在进行上述操作之后,矩阵 Z 代表矩阵 X 的 Gram-Schmidt 展开,矩阵 Z 将在预测步骤中用到。

2.2 相似度匹配

利用 Gram-Schmidt 正交化方法对未知样本进行相似度匹配的过程如下。

(1) 利用 $\|x\|^2=x\cdot x$ 计算未知向量 x 的平方范数,其中 x 是 $1\times p$ 的向量;

(2) 令 $t=xZ^T$,t 为 $1\times r$ 的向量,计算 $u=x-tZ$;

(3) 计算向量 u 的平方范数,$\|u\|^2=u\cdot u$;

(4) 计算相似度 S,$V=(\|x\|^2-\|u\|^2)/\|x\|^2$,$U=(V^2+V)/2$,$S=100\times U$。

3. 试剂和材料

实验样品制备:根据 GB/T 10335.4—2017 标准分别在统一质量的白卡纸上进行红、黄、蓝、绿四种基本颜色的油墨的涂布,每种颜色涂布的浓度梯度为 5%、10%、20%、40%、60%、100%,放置于阴凉避光处自然风干后密封保存于塑料封口袋中。样品颜色浓度梯度与对应编号如表 2-3-4 所示。

表 2-3-4　实验样品编号及对应颜色浓度梯度

样品编号	基本颜色	颜色浓度梯度
R1	红色	5%
R2	红色	10%
R3	红色	20%
R4	红色	40%
R5	红色	60%

续表

样品编号	基本颜色	颜色浓度梯度
R6	红色	100%
Y1	黄色	5%
Y2	黄色	10%
Y3	黄色	20%
Y4	黄色	40%
Y5	黄色	60%
Y6	黄色	100%
B1	蓝色	5%
B2	蓝色	10%
B3	蓝色	20%
B4	蓝色	40%
B5	蓝色	60%
B6	蓝色	100%
G1	绿色	5%
G2	绿色	10%
G3	绿色	20%
G4	绿色	40%
G5	绿色	60%
G6	绿色	100%

4. 仪器及条件

Nicolet Antaris Near-IR Analyzer 近红外光谱仪，配备积分球漫反射附录；Result Operation 近红外光谱仪操作软件；TQ Analyst 9.3 数据处理软件（仪器设备及软件均为美国 Thermo Nicolet 公司产品）。光谱扫描范围：4000~10000 cm^{-1}。分辨率：8.0 cm^{-1}。扫描次数：96 次。X-Rite Color i7 色差分析仪（美国 ABB 公司）。

5. 样品处理

5.1 光谱数据的采集

在室温下,开机预热光谱仪2 h。将表2-3-4中的系列样品裁剪为直径约15 cm的圆形样品,并将有颜色的一面朝下平铺于样品杯底部,将样品杯放置于光谱采集区,在软件界面操作设备进行样品的近红外光谱采集工作。在采集每个样品的近红外光谱之前,需要采集背景光谱,所采集的背景光谱及样品光谱均自动存入计算机硬盘。每个浓度梯度的样品平行测定三次,且所有样品光谱的采集均在同一个样品杯内完成。

5.2 色差仪测定样品色差

参照GB/T 12655—2017,将表2-3-4中的系列样品裁剪为长×宽=22.5 cm×15 cm的长方形。在每个样品上目测选择5~6个具有代表性且色彩较为均匀的色块(点)。操作X-Rite Color i7色差分析仪采集不同色块(点)的CIELAB数据,每次采集时要求样品对准光孔的中心部位。采集完毕后,通过仪器自带软件计算不同样品之间的ΔE_{ab}^*值,作为判定不同样品之间色差的依据。ΔE_{ab}^*值越大,表明样品间色差越显著;ΔE_{ab}^*值越小,表明样品间色差越小。

6. 结果计算

6.1 色差分析模型的建立与相似度计算

应用TQ Analyst 9.3数据处理软件对所采集的光谱进行二阶微分、Karl Norris导数平滑及多元散射校正(MSC)等数学预处理来消除噪声,校正基线,结合Gram-Schmidt正交化方法,任意选取每种基本颜色的其中两个涂布浓度作为参考建立模型,并分别计算这两种浓度与其余浓度的相似度,作为不同样品色差的判定依据。

6.2 同一卷烟牌号样品不同生产批次色差分析

在68个同一卷烟牌号包装材料的同一位置处采集近红外光谱,其中40个为合格样品,用于建立相似度鉴别模型;28个为不同生产批次样品,用于判别是否存在色差。此外,采用主成分分析(PCA)方法建模,并采用Hotelling T^2 统计量来评估被测样品光谱的离散程度,从而反映样品色差情况,进一步佐证Gram-Schmidt正交化方法的相似度判别结果的可靠性。

6.3 近红外光谱预处理

以蓝色和红色涂布样品为例,在本实验中,采用Karl Norris滤波器结合微分处理来消除噪声,校正基线。通过比较,采用二阶微分(SD)结合 Karl Norris 滤波器(段长 9,段间距为 5)处理后的光谱,光谱的特征明显,示意图见图 2-3-4,有利于建模。同时,从图 2-3-4 中可以看出,蓝色和红色涂布样品的近红外光谱经预处理后,在特征谱区出现了明显的差异性,表明近红外光谱具备对样品色差进行判别的可行性。

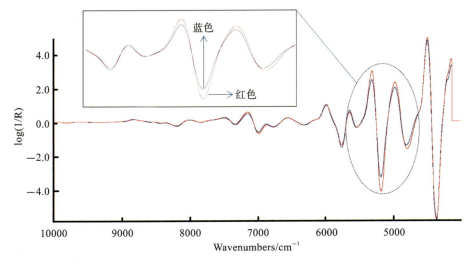

图 2-3-4　蓝色和红色涂布样品的方差光谱示意图

光谱波段的选择会对建模效果有很大的影响,如引入关联度弱的谱区,会造成模型相似度计算结果不准确。要获得正确的计算结果,应选择模型化能力强的相关谱区。通过多次对比,最后选定的谱区和适宜的光谱预处理方法如表 2-3-5 所示。在该条件下,可以得到理想的建模效果。

表 2-3-5　光谱预处理方法和谱区选择

编号	光谱预处理	谱区/cm^{-1}
1	原始光谱	10000～4000
2	SD+Norris(9,2)	9930～4119

7. 结果与讨论

7.1　相同颜色色差分析

为与生产实际相吻合,在建模时,应尽量覆盖所有浓度梯度的样品。在本实验中,选取每种基本颜色中的各个浓度梯度为建模样品,计算其余样品的相似度,同时,对比色差仪分析数据和视觉判断结果。以绿色样品为例,其比较结果如表 2-3-6 所示。

表 2-3-6 绿色样品近红外光谱相似度和色差仪分析及视觉判别结果对比

参考样品	对比样品	相似度	相似度判别结果	ΔE_{ab}^*	ΔE_{ab}^*判别结果	视觉判别结果
G1(5%)	G2(10%)	97.92	相似	8.079	相似	相似
G1(5%)	G3(20%)	89.56	明显差异	20.23	明显差异	明显差异
G1(5%)	G4(40%)	83.57	明显差异	25.437	明显差异	明显差异
G1(5%)	G5(60%)	80.91	明显差异	30.572	明显差异	明显差异
G1(5%)	G6(100%)	74.76	明显差异	31.716	明显差异	明显差异
G2(10%)	G1(5%)	98.41	相似	7.182	相似	相似
G2(10%)	G3(20%)	94.76	细微差异	7.973	相似	细微差异
G2(10%)	G4(40%)	87.82	明显差异	16.371	明显差异	明显差异
G2(10%)	G5(60%)	82.61	明显差异	20.325	明显差异	明显差异
G2(10%)	G6(100%)	77.69	明显差异	28.81	明显差异	明显差异
G3(20%)	G1(5%)	88.56	明显差异	8.216	相似	明显差异
G3(20%)	G2(10%)	93.33	细微差异	8.351	相似	细微差异
G3(20%)	G4(40%)	87.92	明显差异	15.674	明显差异	明显差异
G3(20%)	G5(60%)	79.32	明显差异	24.825	明显差异	明显差异
G3(20%)	G6(100%)	70.06	明显差异	29.636	明显差异	明显差异
G4(40%)	G1(5%)	81.56	明显差异	22.177	明显差异	明显差异
G4(40%)	G2(10%)	83.31	明显差异	18.362	明显差异	明显差异
G4(40%)	G3(20%)	88.47	明显差异	14.231	明显差异	明显差异
G4(40%)	G5(60%)	86.15	明显差异	7.74	相似	明显差异
G4(40%)	G6(100%)	78.96	明显差异	26.566	明显差异	明显差异
G5(60%)	G1(5%)	78.22	明显差异	25.913	明显差异	明显差异
G5(60%)	G2(10%)	81.61	明显差异	23.077	明显差异	明显差异
G5(60%)	G3(20%)	85.37	明显差异	19.12	明显差异	明显差异

续表

参考样品	对比样品	相似度	相似度判别结果	ΔE_{ab}^*	ΔE_{ab}^*判别结果	视觉判别结果
G5(60%)	G4(40%)	87.1	明显差异	14.614	明显差异	明显差异
G5(60%)	G6(100%)	82.11	明显差异	20.07	明显差异	明显差异
G6(100%)	G1(5%)	71.07	明显差异	30.822	明显差异	明显差异
G6(100%)	G2(10%)	75.6	明显差异	26.231	明显差异	明显差异
G6(100%)	G3(20%)	77.08	明显差异	21.18	明显差异	明显差异
G6(100%)	G4(40%)	81.98	明显差异	19.823	明显差异	明显差异

对4种基本颜色的卷烟包装材料进行综合分析,结果见表2-3-7,当样品颜色浓度差在5%以内时,近红外光谱相似度、色差仪分析以及视觉判断一致,认为样品颜色相似,即基本不存在色差。当样品颜色浓度差为10%时,相似度分析与视觉判断结果一致,认为存在细微差异,而色差仪分析结果表明不存在色差。当样品颜色浓度差为15%时,红色、蓝色样品三者判别结果一致,认为存在明显差异;黄色和绿色样品相似度、视觉判断一致,认为存在明显差异,而色差仪结果表明不存在色差。当样品颜色浓度差为20%时,黄色样品相似度分析与视觉判断结果一致,认为存在明显差异,而色差仪分析结果表明不存在色差;其余三种颜色样品三者判别结果一致,认为均存在明显差异。当样品颜色浓度差大于20%时,三者判别结果一致,均认为存在明显差异。通过对比分析得知,与色差仪相比,采用近红外光谱相似度法对样品色差进行分析,其结果更接近于视觉判定结果,尤其对于样品颜色浓度差大于5%而小于20%的情形,其判定结果更为准确。另外,近红外光谱相似度法对黄色和绿色等颜色的分辨能力较其他颜色更强。

表2-3-7 不同颜色样品近红外光谱相似度和色差仪分析及视觉判别结果对比

样品颜色	样品颜色浓度差Δ	近红外判定结果	色差仪判定结果	视觉判定结果
红色	Δ=5%	相似	相似	相似
	Δ=10%	细微差异	相似	细微差异
	Δ=15%	明显差异	明显差异	明显差异
	Δ=20%	明显差异	明显差异	明显差异
	Δ>20%	明显差异	明显差异	明显差异

续表

样品颜色	样品颜色浓度差Δ	近红外判定结果	色差仪判定结果	视觉判定结果
黄色	Δ=5%	相似	相似	相似
	Δ=10%	细微差异	相似	细微差异
	Δ=15%	明显差异	相似	明显差异
	Δ=20%	明显差异	相似	明显差异
	Δ>20%	明显差异	明显差异	明显差异
蓝色	Δ=5%	相似	相似	相似
	Δ=10%	细微差异	相似	细微差异
	Δ=15%	明显差异	明显差异	明显差异
	Δ=20%	明显差异	明显差异	明显差异
	Δ>20%	明显差异	明显差异	明显差异
绿色	Δ=5%	相似	相似	相似
	Δ=10%	细微差异	相似	细微差异
	Δ=15%	明显差异	相似	明显差异
	Δ=20%	明显差异	明显差异	明显差异
	Δ>20%	明显差异	明显差异	明显差异

7.2 不同印刷批次色差分析

由于包装材料的色差容易受原料、工艺、设备等因素的影响,为验证不同生产批次产品在色差方面的一致性,我们选取同一卷烟牌号的 68 个包装材料样品采集近红外光谱。在采集光谱时,应在样品的同一位置处进行,以确保最终结果的准确可靠。68 个样品中,40 个合格样品作为建模样品,28 个不同生产批次样品作为验证样品,相似度计算结果如表 2-3-8 所示。

表 2-3-8 不同生产批次样品近红外光谱相似度和色差仪分析及视觉判别结果对比

样品编号	相似度	相似度判别结果	ΔE_{ab}^*	ΔE_{ab}^* 判别结果	视觉判别结果
1	99.11	相似	7.022	相似	相似

续表

样品编号	相似度	相似度判别结果	ΔE_{ab}^*	ΔE_{ab}^* 判别结果	视觉判别结果
2	97.36	相似	8.131	相似	相似
3	99.05	相似	7.96	相似	相似
4	96.47	相似	8.945	相似	相似
5	96.63	相似	8.585	相似	相似
6	97.57	相似	7.334	相似	相似
7	97.3	相似	7.928	相似	相似
8	88.14	明显差异	20.128	明显差异	明显差异
9	96.91	相似	8.325	相似	相似
10	98.24	相似	7.81	相似	相似
11	98.56	相似	8.216	相似	相似
12	98.33	相似	8.351	相似	相似
13	99.14	相似	7.674	相似	相似
14	79.5	明显差异	24.825	明显差异	明显差异
15	95.56	相似	9.241	相似	相似
16	95.12	相似	8.771	相似	相似
17	97.71	相似	7.574	相似	相似
18	96.55	相似	8.231	相似	相似
19	98.34	相似	7.642	相似	相似
20	99.27	相似	6.56	相似	相似
21	99.66	相似	6.913	相似	相似
22	97.71	相似	8.077	相似	相似

续表

样品编号	相似度	相似度判别结果	ΔE_{ab}^*	ΔE_{ab}^*判别结果	视觉判别结果
23	95.65	相似	9.12	相似	相似
24	98.39	相似	7.614	相似	相似
25	81.23	明显差异	20.221	明显差异	明显差异
26	97.77	相似	7.843	相似	相似
27	97.62	相似	8.39	相似	相似
28	99.59	相似	6.384	相似	相似

从表2-3-8可以看出,28个不同生产批次的样品中有3个批次的样品(8#、14#、25#)相似度低于90,表明在颜色上存在明显差异;其余样品相似度均大于95,表明不存在色差。将相似度分析结果与色差仪分析结果、视觉判别结果进行对比可知,三者分析结果具有较好的一致性。本实验采用主成分分析方法,并基于统计量 Hotelling T^2 来评估样品光谱的离散程度,进一步佐证28个不同生产批次包装材料的色差,见图2-3-5。

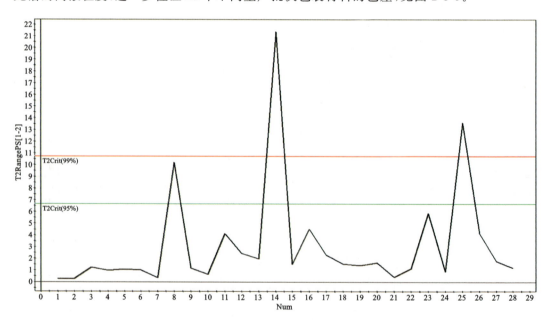

图2-3-5　28个样品 Hotelling T^2 统计量监测示意图

从图2-3-5中得知,28个批次的包装材料样品的近红外光谱有3个(8#、14#、25#)超出警戒值范围(95%)。从图2-3-6中得知,这3个样品(8#、14#、25#)落在建模样品与其余验证样品主成分分布之外。8#、14#、25#样品与其余生产批次样品存在明显色差,判断结果与相似度分析结果(表 2-3-8)一致,说明采用相似度方法对不同生产批次包装材料进行色差分析具有可行性。

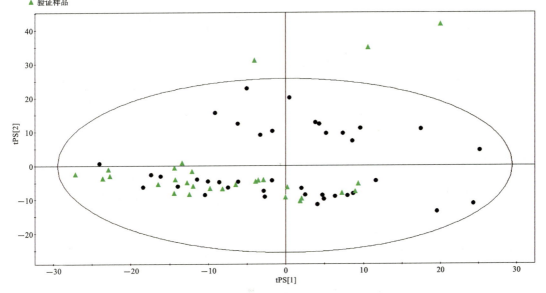

图 2-3-6　建模样品与验证样品光谱的 PCA t[1]/t[2]分布示意图

8. 结论

实验结果表明,通过采集卷烟产品包装材料的近红外光谱图,结合 Gram-Schmidt 正交化方法,建立色差分析模型,用于计算待测样品与参考样品的相似度,作为评估待测样品与参考样品是否存在色差的依据,与传统色差仪分析方法相比,该方法操作简单,且具有更高的准确性,尤其对于颜色浓度差异在 5%～20%范围内的样品,并且对于黄色和绿色等颜色的样品其分辨能力优于其他颜色样品。此外,通过 PCA 方法和 Hotelling T^2 佐证表明,采用相似度方法对不同生产批次产品的色差波动情况进行实时监测具有较高的准确性和可行性,在实际生产中,应用于包装材料外观质量检验及成品的工艺控制,具有较高的实用价值。

方法 10　卷烟烟丝中非挥发性特征组分 高效液相色谱-二极管检测器(HPLC-DAD)测定及趋势分析

为考察卷烟烟丝的质量变化趋势,采用高效液相色谱(HPLC)法分析同一品牌不同生产批次卷烟烟丝样品中非挥发性组分,结合主成分分析-马氏距离(principal component analysis-Mahalanobis distance,PCA-MD)进行质量趋势分析。结果表明:①PCA 分析结果显示,C 品牌四个月份批次卷烟烟丝样品分成四类,模式(分类)平面上的重心表明,2016 年 7、9、10 月份 10 种非挥发性特征组分含量基本保持一致,8 月份 10 种特征组分含量出现一定波动。连接四类在模式平面分布数据点的重心,可以得到含量的趋势性变化曲线,该趋势性曲线与烟丝配方调整的情况一致。②马氏距离表明,C 品牌卷烟 7—10 月份月度间马氏距离的波动上限范围为 88.8841～371.569。该方法可实现对不同批次卷烟质量趋势变化的定性表征。

1. 材料与方法

1.1 材料

采用随机抽样方法,从卷包线上抽取 C 品牌(60 个样品)的成品卷烟,抽样具体情况如表 2-3-9 所示。将收集到的成品卷烟的卷烟纸剥离后的烟丝放置于 -80 ℃ 超低温冰箱冷冻 30 min,采用旋风磨对烟丝进行破壁粉碎,粉末作为分析样品备用。

表 2-3-9 成品卷烟取样情况表

抽样品牌	抽样时间	抽样频率/次	抽样量/(g/次)	物理指标/mm		盒标烟气释放量/(mg/支)		
				烟支长度	滤嘴长度	焦油	烟碱	CO
C	上午	2	20	59	25	11.0	1.0	11.0
	下午	2	20	59	25	11.0	1.0	11.0

1.2 方法

1.2.1 试剂和仪器

除特别要求外,均使用分析纯级及以上试剂。水,应符合 GB/T 6682 中一级水的规定。乙腈、异丙醇、乙醚,分析纯(色谱纯,德国 Merck 公司);磷酸二氢钠、氢氧化钠,分析纯(广州西陇试剂厂);高效液相色谱仪,配 PDA(2998)检测器(Waters e2695,美国 Waters 公司);XBridge TMC18 3.5 μm(4.5 mm×250 mm)柱子(美国 Waters 公司);分析天平(感量为 0.1 mg,瑞士 MettlerToledo 公司);振荡摇床(德国 GFL 公司);氮吹-定量浓缩仪(Horizon DryVap,美国安捷伦公司);0.45 μm 有机相滤膜;5 mL 移液枪;实验室其他常用设备。

1.2.2 缓冲溶液配制

准确称取 49.9 g 磷酸二氢钠固体于 1000 mL 容量瓶中,用超纯水定容,摇晃加速溶解后过滤,倒入烧杯,使用 pH 计测量其 pH 值,并用 NaOH 调节 pH 值至 4.926 左右,通过 0.45 μm 滤膜过滤。

1.2.3 样品的制备

分别称取已编号的待测烟末约 1 g 于 100 mL 具塞三角瓶中,每瓶准确加入 10 mL 乙醚异丙醇(1∶1)溶剂,于振荡摇床上振摇 2 h(150 r/min),取出上层清液使用注射器通过过滤头过滤至棕色样品瓶中(约 3 mL),用移液枪量取 3 mL 液体于氮吹瓶中,在氮吹-定量浓缩仪上浓缩至约 0.5 mL,取下用乙腈定容至 1 mL,移出再次过滤至棕色进样瓶中,每瓶中均加入 10 μL 亮蓝(1 ppm)作为内标,摇匀,进行 HPLC 分析。

1.2.4 仪器条件

流动相 B:磷酸二氢钠(pH=4.926)。流动相 C:乙腈。流动相 D:超纯水。进样体积 10 μL,流动相梯度洗脱程序见表 2-3-10,检测器条件见表 2-3-11。

表 2-3-10 梯度洗脱程序

时间/min	流量/(mL/min)	A/(%)	B/(%)	C/(%)	D/(%)	曲线
0	0.80	0.0	1.0	3.0	96.0	—
10.00	0.80	0.0	1.0	3.0	96.0	6
50.00	0.80	0.0	1.0	90.0	9.0	6
60.00	0.80	0.0	1.0	95.0	4.0	6
70.00	0.80	0.0	1.0	95.0	4.0	6
70.01	0.80	0.0	1.0	3.0	96.0	6
85.00	0.80	0.0	1.0	3.0	96.0	6

表 2-3-11 检测器条件

通道	数据模式	波长(λ)/nm	纳米分离度
通道 1	吸光度	208	1.2
通道 2	吸光度	246	1.2
通道 3	吸光度	291	1.2
通道 4	吸光度	342	1.2
通道 5	吸光度	462	1.2
通道 6	吸光度	630	1.2

1.2.5 样品的测定

按照仪器测试条件测定样品,由保留时间定性,内标法定量。每个样品平行测定两次,中间设置空白组。

1.2.6 定量分析

$$X_n = \frac{M_i \times A_n}{M \times A_i}$$

式中:X_n——第 n 种非挥发性组分的含量,μg/g;

M_i——加入的内标的质量,μg;

A_n——第 n 种非挥发性组分的色谱峰面积;

A_i——内标的色谱峰面积;

M——实验称取的烟丝或烟末的质量,g。

1.2.7 典型样品的色谱图

图 2-3-7 至图 2-3-12 分别展示了 PDA 检测器在 208 nm、246 nm、291 nm、342 nm、462 nm 和 630 nm 波长下检测所得到的典型样品的液相色谱图。

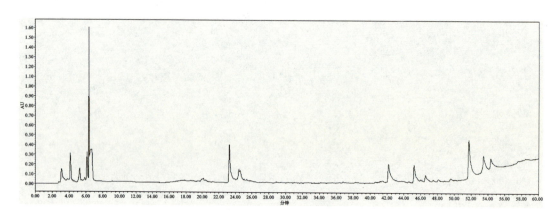

图 2-3-7　208 nm 色谱图

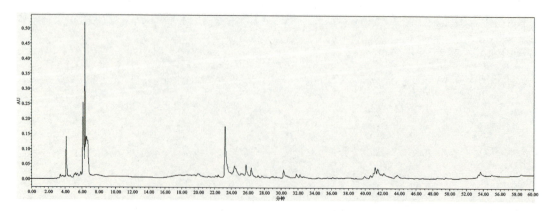

图 2-3-8　246 nm 色谱图

1.2.8 统计方法

采用 Chempattern™ 旗舰版软件（科迈恩科技有限公司，中国北京）的通用化学计量学解决模块对不同成品烟丝样品进行相关分析。分别采用主成分分析-马氏距离（PCA-MD）来研究样品的质量趋势变化以及分析不同样品间的相似度。

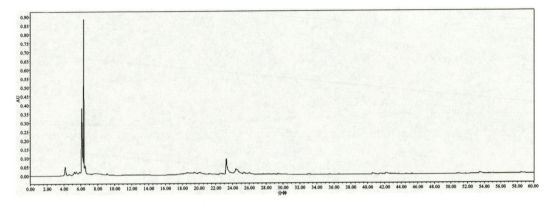

图 2-3-9　291 nm 色谱图

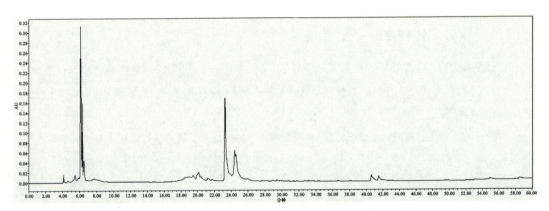

图 2-3-10　342 nm 色谱图

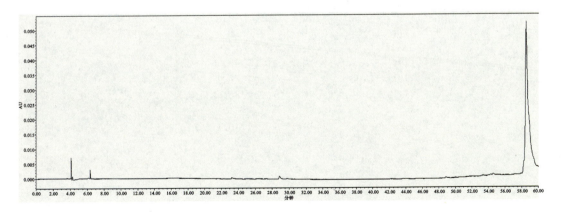

图 2-3-11　462 nm 色谱图

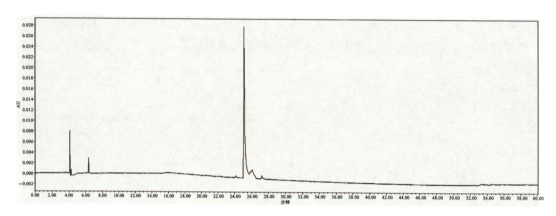

图 2-3-12　630 nm 色谱图

2. 结果与讨论

2.1　非挥发性特征组分定量结果

分别采集了 C 品牌 2016 年 7 月（20 个样品）、2016 年 8 月（20 个样品）、2016 年 9 月（10 个样品）、2016 年 10 月（10 个样品）10 种非特征性特征组分的定量数据。具体检测数据如表 2-3-12 所示。

表 2-3-12　C 品牌不同批次烟丝样品 10 种非挥发性特征组分含量的高效液相色谱检测结果

样品名称	批次/月份	1号组分相对含量	2号组分相对含量	3号组分相对含量	4号组分相对含量	5号组分相对含量	6号组分相对含量	7号组分相对含量	8号组分相对含量	9号组分相对含量	10号组分相对含量
7-YXU01S	2016 年 7 月份	1.03	0.24	0.11	0.16	0.33	7.37	5.50	1.10	0.75	0.84
7-YXU01X	2016 年 7 月份	1.12	0.30	0.21	0.25	0.66	9.34	7.51	1.42	0.91	1.32
7-YXU02S	2016 年 7 月份	1.10	0.27	0.20	0.27	0.53	10.37	7.37	1.42	0.95	1.29
7-YXU02X	2016 年 7 月份	0.89	0.23	0.18	0.19	0.67	8.35	6.31	1.19	0.86	0.83
7-YXU03S	2016 年 7 月份	0.89	0.24	0.19	0.19	0.62	7.50	5.49	1.05	0.76	0.98
7-YXU03X	2016 年 7 月份	0.89	0.29	0.22	0.18	0.58	8.69	5.92	0.98	0.82	0.78
7-YXU04S	2016 年 7 月份	0.41	0.13	0.08	0.10	0.35	4.18	3.22	0.55	0.43	0.46

续表

样品名称	批次/月份	1号组分相对含量	2号组分相对含量	3号组分相对含量	4号组分相对含量	5号组分相对含量	6号组分相对含量	7号组分相对含量	8号组分相对含量	9号组分相对含量	10号组分相对含量
7-YXU04X	2016年7月份	1.32	0.37	0.32	0.32	0.65	11.02	8.59	1.46	1.11	1.07
7-YXU05S	2016年7月份	1.19	0.35	0.25	0.25	0.56	10.25	7.94	1.31	1.01	1.08
7-YXU05X	2016年7月份	1.83	0.03	0.23	0.25	0.45	8.79	6.64	1.10	0.87	0.92
7-YXU6S	2016年7月份	1.92	0.04	0.19	0.24	0.45	9.00	6.66	1.15	0.97	0.98
7-YXU6X	2016年7月份	0.96	0.35	0.26	0.24	0.77	10.36	6.70	1.19	0.94	0.99
7-YXU7S	2016年7月份	1.93	0.33	0.23	0.25	0.39	8.11	6.93	1.26	1.01	0.85
7-YXU7X	2016年7月份	1.56	0.28	0.19	0.20	0.40	8.13	5.56	1.10	0.83	0.91
7-YXU8S	2016年7月份	1.10	0.37	0.21	0.23	0.64	10.42	7.04	1.14	0.90	0.95
7-YXU8X	2016年7月份	0.34	0.16	0.10	0.20	0.03	0.20	8.24	1.25	1.02	0.94
7-YXU9S	2016年7月份	1.21	0.17	0.21	0.44	1.15	4.61	7.32	1.19	0.88	0.90
7-YXU9X	2016年7月份	1.48	0.24	0.09	0.00	0.18	0.39	8.83	1.26	1.11	1.09
7-YXU10S	2016年7月份	1.22	0.22	0.18	0.30	0.10	7.31	6.00	0.87	0.74	0.63
7-YXU10X	2016年7月份	0.90	0.32	0.24	0.25	0.98	10.75	6.67	1.02	0.74	0.68
8-YXU02S	2016年8月份	1.37	0.00	0.00	0.08	3.31	2.21	5.68	0.88	0.68	0.71
8-YXU02X	2016年8月份	1.60	0.00	0.00	0.00	3.02	2.20	6.05	0.81	0.74	0.74
8-YXU03S	2016年8月份	1.67	0.00	0.00	0.00	2.04	2.04	5.43	0.66	0.58	0.63
8-YXU03X	2016年8月份	1.68	0.00	0.00	0.00	3.41	2.24	5.49	0.74	0.63	0.66
8-YXU04S	2016年8月份	1.68	0.00	0.00	0.00	2.20	2.04	5.25	0.98	0.69	0.63
8-YXU04X	2016年8月份	1.96	0.11	0.20	0.12	3.16	2.33	6.15	0.72	0.64	0.73
8-YXU05S	2016年8月份	1.85	0.12	0.26	0.21	3.28	2.27	6.58	1.03	0.79	0.77
8-YXU05X	2016年8月份	2.70	0.00	0.00	0.00	0.00	2.12	6.82	1.17	0.85	0.86

续表

样品名称	批次/月份	1号组分相对含量	2号组分相对含量	3号组分相对含量	4号组分相对含量	5号组分相对含量	6号组分相对含量	7号组分相对含量	8号组分相对含量	9号组分相对含量	10号组分相对含量
8-YXU8S	2016年8月份	2.38	0.00	0.00	0.00	2.86	2.66	7.59	1.22	0.88	0.86
8-YXU8X	2016年8月份	2.41	0.00	0.07	0.65	0.25	1.53	5.73	0.92	0.66	0.62
8-YXU9S	2016年8月份	2.14	0.00	0.00	0.00	2.95	2.71	7.86	1.36	0.91	0.91
8-YXU9X	2016年8月份	2.60	0.00	0.00	0.00	3.59	3.34	8.22	1.16	0.94	1.01
8-YXU10S	2016年8月份	2.04	0.00	0.00	0.00	1.06	2.27	6.72	1.17	0.71	0.84
8-YXU10X	2016年8月份	2.36	0.00	0.00	0.00	1.56	2.83	7.53	1.20	0.73	1.02
8-YXU11S	2016年8月份	2.14	0.00	0.00	0.00	2.56	2.67	6.92	0.62	0.79	0.76
8-YXU11X	2016年8月份	2.86	0.00	0.00	0.00	5.30	3.73	9.24	1.63	1.07	1.15
8-YXU12S	2016年8月份	1.78	0.00	0.00	0.64	0.27	2.00	5.60	0.90	0.67	0.67
8-YXU12X	2016年8月份	1.80	0.00	0.00	0.00	2.96	2.32	6.44	1.11	0.74	0.77
8-YXU15S	2016年8月份	2.02	0.00	0.00	0.00	2.29	2.74	7.31	1.29	0.90	0.92
8-YXU15X	2016年8月份	2.23	0.00	0.00	0.00	6.09	2.63	7.94	1.39	0.91	0.95
9-YXU5S	2016年9月份	0.62	0.00	0.00	0.00	0.00	17.15	5.07	0.80	0.65	0.87
9-YXU5X	2016年9月份	0.93	0.24	0.17	0.12	0.62	14.55	5.34	0.93	0.76	0.90
9-YXU6S	2016年9月份	0.82	0.00	0.00	0.00	0.00	17.95	5.81	0.93	0.66	0.72
9-YXU6X	2016年9月份	0.87	0.25	0.17	0.04	0.28	16.02	5.89	1.10	0.74	0.87
9-YXU7S	2016年9月份	0.72	0.00	0.00	0.00	0.00	14.44	4.60	0.91	0.50	0.80
9-YXU7X	2016年9月份	1.37	0.27	0.24	0.12	0.24	14.22	5.67	1.08	0.73	1.21
9-YXU8S	2016年9月份	1.09	0.24	0.17	0.21	0.42	12.45	5.10	0.78	0.62	0.66
9-YXU8X	2016年9月份	1.08	0.27	0.24	0.21	0.45	15.15	6.13	1.03	0.69	0.33
9-YXU9S	2016年9月份	1.15	0.00	0.00	0.00	0.00	13.36	5.24	1.02	0.68	0.71

续表

样品名称	批次/月份	1号组分相对含量	2号组分相对含量	3号组分相对含量	4号组分相对含量	5号组分相对含量	6号组分相对含量	7号组分相对含量	8号组分相对含量	9号组分相对含量	10号组分相对含量
9-YXU9X	2016年9月份	1.25	0.30	0.00	0.22	0.36	15.10	5.68	0.89	0.71	0.83
10-YXU12S	2016年10月份	1.24	0.18	0.11	0.17	0.12	10.21	4.38	0.83	0.61	0.78
10-YXU12X	2016年10月份	1.20	0.24	0.18	0.21	0.19	11.83	4.56	0.78	0.61	0.82
10-YXU13S	2016年10月份	1.26	0.24	0.19	0.22	0.59	12.31	4.99	0.98	0.67	0.87
10-YXU13X	2016年10月份	1.27	0.21	0.17	0.24	0.57	12.83	5.06	0.93	0.62	0.90
10-YXU14S	2016年10月份	1.34	0.31	0.24	0.23	0.32	13.74	5.57	0.91	0.76	0.92
10-YXU14X	2016年10月份	1.09	0.19	0.16	0.17	0.47	10.74	4.21	0.82	0.62	0.76
10-YXU17S	2016年10月份	1.34	0.22	0.20	0.21	0.51	14.24	5.82	0.95	0.76	0.92
10-YXU17X	2016年10月份	1.13	0.21	0.21	0.19	0.54	11.74	4.80	0.85	0.65	0.85
10-YXU18S	2016年10月份	1.14	0.21	0.15	0.19	0.52	11.35	4.38	0.75	0.61	0.81
10-YXU18X	2016年10月份	1.42	0.30	0.25	0.24	0.88	16.65	7.01	1.24	0.62	1.01

2.2 非挥发性特征组分含量的趋势性分析

对C品牌卷烟2016年7、8、9、10四个月样品中10种非挥发性特征组分的含量数据进行UV标度化法预处理,然后采用PCA进行降维处理,从相关阵出发,提取前两个主要成分PC1(方差解释率37.76%)和PC2(方差解释率32.39%),累计方差解释率为70.15%。以主成分PC1得分为横坐标、主成分PC2得分为纵坐标,将10种特征成分的含量数据投影到二维平面空间,如图2-3-13所示。

图2-3-13中,红色圆点为2016年7月C品牌卷烟样品的数据点;绿色方形点为2016年8月C品牌卷烟样品的数据点;紫色六边形点为2016年9月C品牌卷烟样品的数据点;蓝色五边形点为2016年10月C品牌卷烟样品的数据点。四种颜色的数据点可以聚成四类,其中2016年7月、9月和10月数据点的重心相距较近,其数据点重叠面积较大,说明这几个月烟丝中非挥发性特征组分的含量基本保持一致,而8月C品牌卷烟烟丝数据点相较于7月、9月和10月份的数据点有一定程度的偏移,说明非挥发性特征组分的含量出现了细微波动,该波动为月度间的波动。通过连接4类在模式空间分布数据点的重心,可以得

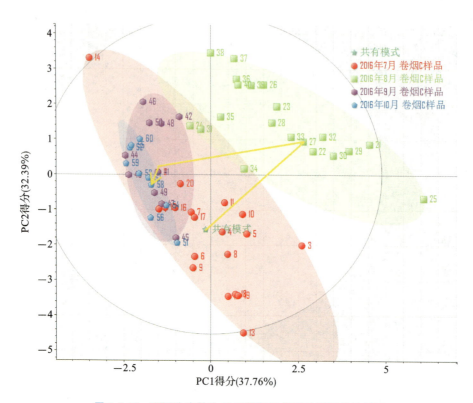

图 2-3-13　不同生产批次 C 品牌烟丝样品的质量趋势性图

到 C 品牌 10 种非挥发性特征组分的趋势性变化曲线，如图 2-3-13 中黄色带箭头的实线所示。通过与配方设计和维护人员的沟通，经叶组配方和香精香料配方维护人员确证，该趋势性曲线与烟丝配方调整的趋势性方向基本一致，所以，该种方法可以用来对卷烟烟丝的质量进行趋势性分析。

2.3　不同批次烟丝中 10 种非挥发性特征组分（散点）的马氏距离分析

为计算和研究同一品牌不同批次烟丝中 10 种非挥发性组分（散点）的马氏距离，选取 2016 年 7 月 C 品牌烟丝样品 10 种非挥发性组分（20 个数据点）作为参考样，先对原始数据进行自然对数变换预处理，以使数据在图表上的表现更为集中。计算 2016 年 8 月 C 品牌烟丝样品、2016 年 9 月 C 品牌烟丝样品和 2016 年 10 月 C 品牌烟丝样品与参考样品间的马氏距离，结果如图 2-3-14 和表 2-3-13 所示。可知 8、9 和 10 月样品相对于参考样品的马氏距离分布范围分别为：57.4385～371.569、10.4221～177.401 和 6.2888～88.8841。相对于欧氏距离来说，马氏距离充分考虑烟丝中非挥发性组分指标含量间的数量级及量纲的差异，同时，其对不同批次样本间的差异特征的灵敏度和辨识度更高。

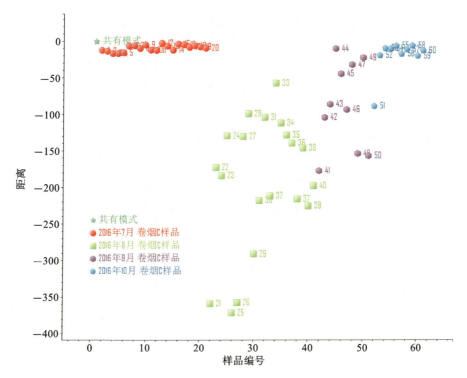

图 2-3-14　C 品牌不同批次烟丝中 10 种非挥发性组分（散点）的马氏距离

表 2-3-13　C 品牌不同批次烟丝中 10 种非挥发性组分（散点）的马氏距离

计算	样品编号	样品名称	分类名称	马氏距离
√	1	7-YXU10X	2016 年 7 月 C 品牌样品	－12.3298
√	2	7-YXU10S	2016 年 7 月 C 品牌样品	－13.566
√	3	7-YXU9X	2016 年 7 月 C 品牌样品	－16.67
√	4	7-YXU9S	2016 年 7 月 C 品牌样品	－16.7147
√	5	7-YXU8X	2016 年 7 月 C 品牌样品	－15.787
√	6	7-YXU8S	2016 年 7 月 C 品牌样品	－6.7959
√	7	7-YXU7X	2016 年 7 月 C 品牌样品	－6.176
√	8	7-YXU7S	2016 年 7 月 C 品牌样品	－9.768
√	9	7-YXU6X	2016 年 7 月 C 品牌样品	－5.1359

续表

计算	样品编号	样品名称	分类名称	马氏距离
√	10	7-YXU6S	2016年7月C品牌样品	−12.0728
√	11	7-YXU05X	2016年7月C品牌样品	−12.4674
√	12	7-YXU05S	2016年7月C品牌样品	−2.8593
√	13	7-YXU04X	2016年7月C品牌样品	−6.6719
√	14	7-YXU04S	2016年7月C品牌样品	−12.2533
√	15	7-YXU03X	2016年7月C品牌样品	−4.037
√	16	7-YXU03S	2016年7月C品牌样品	−4.8631
√	17	7-YXU02X	2016年7月C品牌样品	−8.4174
√	18	7-YXU02S	2016年7月C品牌样品	−6.1311
√	19	7-YXU01X	2016年7月C品牌样品	−7.7683
√	20	7-YXU01S	2016年7月C品牌样品	−9.515
√	21	8-YXU15X	2016年8月C品牌样品	−358.982
√	22	8-YXU15S	2016年8月C品牌样品	−172.826
√	23	8-YXU12X	2016年8月C品牌样品	−183.923
√	24	8-YXU12S	2016年8月C品牌样品	−129.335
√	25	8-YXU11X	2016年8月C品牌样品	−371.569
√	26	8-YXU11S	2016年8月C品牌样品	−357.55
√	27	8-YXU10X	2016年8月C品牌样品	−130.299
√	28	8-YXU10S	2016年8月C品牌样品	−99.2372
√	29	8-YXU9X	2016年8月C品牌样品	−290.954
√	30	8-YXU9S	2016年8月C品牌样品	−217.825
√	31	8-YXU8X	2016年8月C品牌样品	−104.167
√	32	8-YXU8S	2016年8月C品牌样品	−211.682
√	33	8-YXU05X	2016年8月C品牌样品	−57.4385

续表

计算	样品编号	样品名称	分类名称	马氏距离
√	34	8-YXU05S	2016年8月C品牌样品	−112.1
√	35	8-YXU04X	2016年8月C品牌样品	−128.541
√	36	8-YXU04S	2016年8月C品牌样品	−139.631
√	37	8-YXU03X	2016年8月C品牌样品	−215.89
√	38	8-YXU03S	2016年8月C品牌样品	−146.101
√	39	8-YXU02X	2016年8月C品牌样品	−225.296
√	40	8-YXU02S	2016年8月C品牌样品	−197.773
√	41	9-YXU9X	2016年9月C品牌样品	−177.401
√	42	9-YXU9S	2016年9月C品牌样品	−104.479
√	43	9-YXU8X	2016年9月C品牌样品	−86.4771
√	44	9-YXU8S	2016年9月C品牌样品	−10.4221
√	45	9-YXU7X	2016年9月C品牌样品	−44.7312
√	46	9-YXU7S	2016年9月C品牌样品	−93.7089
√	47	9-YXU6X	2016年9月C品牌样品	−32.2686
√	48	9-YXU6S	2016年9月C品牌样品	−153.66
√	49	9-YXU5X	2016年9月C品牌样品	−22.7924
√	50	9-YXU5S	2016年9月C品牌样品	−156.74
√	51	10-YXU18X	2016年10月C品牌样品	−88.8841
√	52	10-YXU18S	2016年10月C品牌样品	−19.5051
√	53	10-YXU17X	2016年10月C品牌样品	−9.8443
√	54	10-YXU17S	2016年10月C品牌样品	−10.3391
√	55	10-YXU14X	2016年10月C品牌样品	−6.4415
√	56	10-YXU14S	2016年10月C品牌样品	−17.5373
√	57	10-YXU13X	2016年10月C品牌样品	−11.5777

续表

计算	样品编号	样品名称	分类名称	马氏距离
√	58	10-YXU13S	2016年10月C品牌样品	−6.2888
√	59	10-YXU12X	2016年10月C品牌样品	−20.0749
√	60	10-YXU12S	2016年10月C品牌样品	−12.9625

3. 结论

采用HPLC分析同一品牌不同生产批次卷烟烟丝样品中非挥发性特征组分,结合PCA-MD进行质量趋势分析。结果表明,对不同批次(月度)样品数据重心进行连接,可以实现对不同批次卷烟质量趋势变化的定性表征,这与马氏距离分析结果一致。因此,根据该分析方法可以判断不同批次卷烟的质量出现的异常波动情况。

第四章 统计方法开发

方法11 烟丝中挥发性成分 固相萃取-热脱附-气相色谱-质谱（SBSE-TD-GC-MS）指纹图谱评价方法

卷烟烟丝的嗅香主要包括烟草的本香、外加香精香料赋予的香味以及加工过程中发生化学反应而产生的香味。烟丝中的嗅香成分不仅可以反映卷烟外加香精香料组成，而且与烟草的内在感官品质和风格紧密相关。分析卷烟烟丝中的嗅香成分对合理使用烟叶原料、香精香料，优化卷烟配方和工艺以及提高卷烟品质具有指导意义。

本研究基于顶空-固相萃取-热脱附-气相色谱-质谱（HS-SBSE-TD-GC-MS）与化学计量学算法，建立卷烟烟丝嗅香的指纹图谱评价方法，用于研究不同品牌烟丝中挥发性嗅香物质的含量、特征和差异、相似度等。

1. 范围

本方法属于指纹图谱方法构建范畴，具体涉及顶空-固相萃取-热脱附-气相色谱-质谱（HS-SBSE-TD-GC-MS）指纹图谱评价方法。

2. 指纹图谱预处理

2.1 数据剔除

数据剔除是指删除异常数据，本系统采用逐点剔除法进行数据剔除，该方法在提高批量异常数据识别效果的同时，还能大幅度降低它的计算量。

在处理实验数据的时候，我们常常会遇到个别数据偏离预期或大量统计数据结果的情况，如果我们把这些数据和正常数据放在一起进行统计，可能会影响实验结果的正确性，如果把这些数据简单地剔除，又可能忽略了重要的实验信息。这里重要的问题是如何判断异常数据,然后将其剔除。

目前人们对异常数据的判别与剔除主要采用物理判别法和统计判别法两种方法。所谓物理判别法就是根据人们对客观事物已有的认识,判别由外界干扰、人为误差等造成的实测数据偏离正常结果,在实验过程中随时判断,随时剔除。统计判别法是给定一个置信概率,并确定一个置信限,凡超过此限的误差,就认为它不属于随机误差范围,将其视为异常数据剔除。

2.2 数据剪切

数据剪切是对指纹图谱中的一些对指纹图谱没有贡献的图谱片段进行删除,如图谱的过长基线,或者对图谱贡献较小的图谱片段。

2.3 指纹图谱等长处理

在打开多个指纹图谱之后,我们常常会发现多条指纹图谱数据点数互相之间不一致,这将导致我们无法对它们进行比较和运算,数据等长处理就是为了解决这个问题。

这里我们采用了线性插值的方法对色谱指纹图谱向量数据插值,使其成为相同长度的向量数据,但不会破坏原始色谱曲线的形状。

线性插值原理如下:假设已知坐标(x_0, y_0)与(x_1, y_1),要得到(x_0, x_1)区间内某一位置x在直线上的值。根据图2-4-1所示,我们得到:

$$\frac{y-y_0}{y_1-y_0} = \frac{x-x_0}{x_1-x_0} \tag{2.4.1}$$

根据预插入点的x值,运用公式(2.4.1)就可以计算出相应的y值。

指纹图谱等长处理如图2-4-2所示。

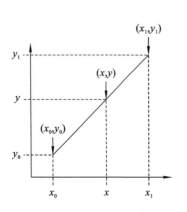

图 2-4-1　线性插值示意图

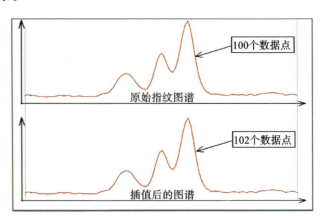

图 2-4-2　指纹图谱等长处理示意图

3. 背景扣除

色谱的背景漂移是一个很常见的现象,重复多次实验发现,每次色谱背景都有差异,这就为以后指纹图谱相似度计算和模式识别带来了很大的干扰,因此我们非常有必要对色谱背景进行扣除。

色谱在各个保留时间段内的背景漂移大都不相同,而且变化趋势也不一样,但是我们发现在较短的保留时间范围内背景漂移又可以认为是呈线性变化的,因此我们这里采用了分段线性扣除背景的方法。

首先我们来看每一小段保留时间范围内的背景扣除,如图 2-4-3 所示。在一个较短保留时间范围内的色谱峰族,我们可以认为那条红色的线就是这段时间内的色谱背景,具体色谱背景识别方法是在色谱峰的两边找到合理的一系列点代表这个色谱峰族两边的背景点,而中间的背景值采用线性插值估计(线性插值方法与指纹图谱等长处理所采用的线性插值方法一样)的办法来扣除。最后扣除背景的色谱曲线是原始的色谱曲线值减去估计的背景值后剩下的那部分。图 2-4-4 展示了整条色谱曲线的背景趋势,图 2-4-5 展示了背景扣除前后色谱指纹图谱的区别。

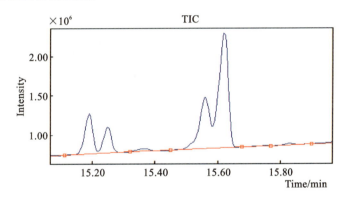

图 2-4-3　色谱指纹图谱背景估计示意图

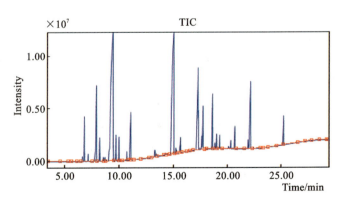

图 2-4-4　整条色谱指纹图谱背景趋势图

3.1　数据平滑

在痕量分析中,因被测定组分含量很低,所以希望分析方法的检测限越低越好。降低检测限就要提高信噪比,提高信号强度可以提高信噪比,降低噪声同样也能提高信噪比,平

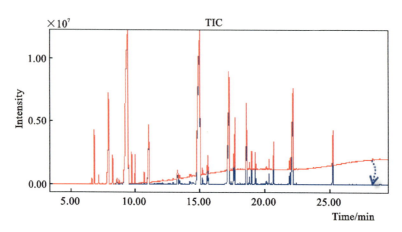

图 2-4-5　背景扣除示意图

滑就是一种常用的去噪以提高信噪比的方法。

分析信号因存在测量噪声常常呈现为凹凸不平的曲线,平滑就是要将凹凸不平的分析信号曲线变为平缓的光滑曲线。数据平滑的方法有窗口移动平均法、窗口移动多项式最小二乘拟合法、稳健中位数法、傅里叶变换、小波变换平滑法。这里提供了三种平滑方法:窗口移动多项式最小二乘拟合法、稳健中位数法和小波变换平滑法。

3.2　数据归一化

样品前处理时提取效率波动或进样误差导致色谱峰高和峰面积大小有所差异,这给以后的质量控制带来一定的不利因素,采用数据归一化的方法能在一定程度上消除这些误差。

数据归一化常采用总峰面积归一化和内标峰面积归一化两种方法。

总峰面积归一化:首先识别出每个色谱峰,计算出每个峰的面积,然后把所有的峰面积数值加和,最后用原始的色谱指纹图谱向量数据除以这个总面积得到新的色谱指纹图谱数据。这样就使得新的色谱指纹图谱的总的峰面积为1,因此叫总峰面积归一化。

内标峰面积归一化:和总峰面积归一化很相似,不同的是这里仅仅识别出内标峰,计算出内标峰的面积,最后用原始的色谱指纹图谱向量数据除以内标峰的面积得到新的色谱指纹图谱数据。这样就使得新的色谱指纹图谱的内标峰的面积为1,因此叫内标峰面积归一化。

3.3　色谱峰校正

实验仪器条件的微小变化,常常就会引起色谱峰的保留时间发生漂移。实践表明,色谱峰的保留时间漂移是影响指纹图谱质量判断的最大因素。为了正确进行指纹图谱建模和质量控制,就需要对色谱峰的漂移进行校正。

在以往软件系统中,色谱峰漂移校正仅仅用到色谱方向上的信息来人为确定色谱峰的对应关系,而忽略了更为重要的光谱或质谱方向信息。在本系统中,我们通过光谱或质谱来确定色谱峰的对应关系,这样准确性和可信度会高很多,而且可以运用计算机自动识别色谱峰的对应关系。

4. 指纹图谱相似度计算

本系统采用两个指纹图谱向量的相关系数和相合系数来表征两张指纹图谱相似程度。其计算公式如下。

4.1 相关系数

假设 X 和 Y 为两个指纹向量,即 $X=(x_1,x_2,x_3,\cdots,x_n)$,$Y=(y_1,y_2,\cdots,y_n)$,向量元素 $x_1,x_2,x_3,\cdots,x_n$ 和 $y_1,y_2,\cdots,y_n$ 分别是指纹 X 和 Y 的 n 个共有峰的响应值。其相关系数的计算公式如下:

$$r_1 = \frac{\sum(x_i-\bar{x})(y_i-\bar{y})}{[\sum(x_i-\bar{x})^2]^{\frac{1}{2}}[\sum(y_i-\bar{y})^2]^{\frac{1}{2}}} \quad (i=1,2,\cdots,n) \quad (2.4.2)$$

其中:$\bar{x}=\frac{\sum x_i}{n}$,$\bar{y}=\frac{\sum y_i}{n}$。

4.2 相合系数

假设 X 和 Y 为两个指纹向量,即 $X=(x_1,x_2,x_3,\cdots,x_n)$,向量元素 $x_1,x_2,x_3,\cdots,x_n$ 是该指纹 X 的 n 个共有峰的响应值。其相合系数的计算公式如下:

$$r_2 = \frac{\sum x_i y_i}{(\sum x_i^2)^{1/2}(\sum y_i^2)^{1/2}} \quad (i=1,2,\cdots,n) \quad (2.4.3)$$

4.3 指纹图谱统计模式识别

模式识别又常称作模式分类,随着计算机技术的迅猛发展,模式识别在 20 世纪 60 年代初迅速发展并成为一门新学科。模式识别分为有监督的分类(supervised classification)和无监督的分类(unsupervised classification)两种。模式识别是指对表征事物或现象的各种形式的(数值的、文字的和逻辑关系的)信息进行处理和分析,以对事物或现象进行描述、辨认、分类和解释的过程,是信息科学和人工智能的重要组成部分,它与统计学、计算机科学、人工智能、生物学、控制论等都有关系。

统计模式识别是对模式的统计分类方法,把类模式看成是用某个随机向量实现的集合,又称决策理论识别方法。属同一类别的各个模式之间的差异,部分是由环境噪声和传感器的性质所引起,部分是模式本身所具有的固有性质。统计模式识别方法是用给定的有限数量样本集,在已知研究对象统计模型或已知判别函数类条件下,根据一定的准则通过学习算法把多维特征空间划分为多个区域,每一个区域对应一类。模式识别系统在进行工作时只要判断被识别的对象落入哪一区域,就能确定它所属的类别。由噪声和传感器所引起的变异性,可通过预处理而部分消除;而模式本身固有的变异性则可通过特征抽取和特征选择得到控制,尽可能使模式在该特征空间中的分布满足上述理想条件。因此,一个统计模式识别系统应包含预处理、特征抽取、分类器等部分。

统计模式识别的主要方法有判别函数法、k 近邻分类法、非线性映射法、特征分析法、主因子分析法、支持向量机等。

本系统采用了主成分分析(PCA)和分层聚类分析(HCA)两种无监督模式分类算法,以及主成分分析-马氏距离(PCA-MD)、偏最小二乘法判别分析(PLS-DA)、软独立建模分类法(SIMCA)、支持向量机(SVM)四种有监督模式识别的方法。

下面就简单地介绍本系统所使用的主成分分析法。

对所采集的任意一个样本 X_i 均可用一组参量来表征,这些参量其实就是原始的光谱数据,可用矢量表示为:

$$X_i = (x_{i1}, x_{i2}, \cdots, x_{in})$$

那么,对 m 个样本构成的样本集,就可表达为 $m \times n$ 阶的光谱数据矩阵:

$$X_{m \times n} = \begin{bmatrix} x_{11} & x_{12} & \cdots & x_{1n} \\ x_{21} & x_{22} & \cdots & x_{2n} \\ \vdots & \vdots & & \vdots \\ x_{m1} & x_{m2} & \cdots & x_{mn} \end{bmatrix}$$

基于主成分分析的投影判别法 PCA 采用多元统计学中的主成分分析方法,先对样本量测矩阵 X 直接进行分解,只取其中的主成分来投影,然后进行判别分析,故有主成分分析的投影判别法之称。对样本矩阵进行直接分解在数学上有几种方法。在化学计量学中一般采用的方法是非线性迭代偏最小二乘算法。这种方法实际上是沿用冯·米塞斯的乘幂法。另一种方法是线性代数中常用的奇异值分解(SVD)法,本系统就采用了 SVD 方法。奇异值分解法可将任意阶实数矩阵分解成三个矩阵的积,即

$$X = USV^{\mathrm{T}} \tag{2.4.4}$$

其中 S 为对角矩阵,它收集了 X 矩阵的特征值;U 和 V^{T} 分别为标准列正交和标准行正交矩阵,收集了这些特征值所对应的列特征矢量和行特征矢量,在多元统计的主成分分析中,一般被称为得分矩阵和荷载矩阵。$T = US$(T 亦称非标准化的得分矩阵)的每一行元素实际是每一个样本向量 $X_i^{\mathrm{T}} (i=1,2,\cdots,n)$ 在特征空间 V 上的投影,它反映了样本与样本之间的相互关系。通过绘制主成分投影图,会发现样本集中点的分布规律是"物以类聚",即不同特征的样本点位于模式空间中不同的区域,具有相似性质或是相似特征的样本点在模式空间中处于相近的位置,聚集为一类,特征的集合就构成了模式。图 2-4-6 所示为主成分分析的数学与几何意义。图 2-4-7 所示为三维模式空间中样本点的分布。一般只需取前几个大特征值所对应的特征矢量作为主成分。

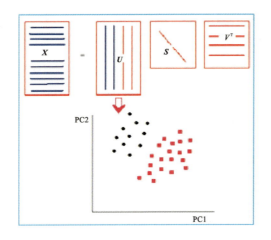

图 2-4-6　主成分分析的数学与几何意义

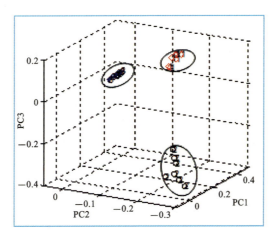

图 2-4-7　在三维模式空间中样本点的分布示意图

5. 软件、检测设备和前处理方法

5.1　指纹图谱运算软件

本研究中主要采用中南大学化学化工学院梁逸曾老师课程组开发的计算机辅助相似度评价系统(computer assisted similarity evaluation, CASE)。该软件具有对指纹图谱数据进行预处理(数据剔除、数据剪切、数据等长、数据平滑、背景扣除、数据标准化以及谱峰校准)、谱峰积分、探索性分析、指纹图谱相似度评价与模式识别等五个功能模板。软件界面如图 2-4-8 所示。

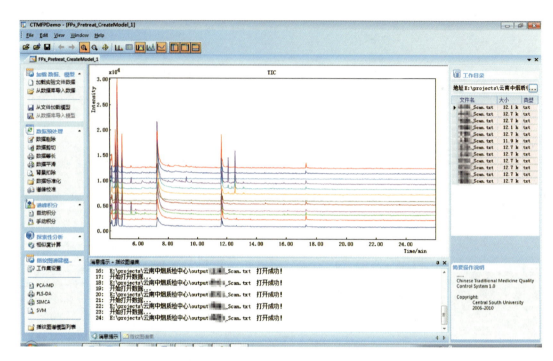

图 2-4-8　计算机辅助相似度评价系统

5.2　仪器

CLARUS 600-600T 型气相色谱-质谱联用仪(美国 PerkinElmer 公司),TurboMatrix 40 Trap 自动顶空仪(美国 PerkinElmer 公司),DB-5MS 弹性石英毛细管色谱柱(30 m× 0.25 mm×0.25 μm,美国 PerkinElmer 公司);MS204S 型电子天平(感量 0.0001 g, METTLER TOLEDO 公司);容量瓶(10 mL、50 mL、100 mL),活塞式移液枪(5 mL, Germany 公司);超声波发生器(型号 8510,BRANSON 公司),顶空瓶(20 mL,Agilent 公司),顶空瓶盖(Agilent 公司)。

6.　结果与讨论

双击桌面上 CASE 图标启动 CASE 软件,或者从 Windows 操作系统中的开始菜单中选择 CASE,然后单击打开。

6.1　色谱数据导入及计算

实验分别采集 YX-R、YY-R、HJY、SY-R、FRW-Y 和 ZH-R 等 6 个品牌成品烟丝的挥发性嗅香成分,在左侧任务栏中的加载数据中选择加载实验文件数据——六种烟丝样品,然后在右侧任务栏中设置实验数据所在的目录。相似度一般是根据向量夹角法,利用计算机自动计算两个分析指纹图谱间的相似度。将色谱指纹图谱看作多维空间内的向量,利用向量夹角余弦的基本公式计算两个指纹图谱间的相似度。在本软件中,可以利用相似度对烟丝质量进行分析和控制,分析方法如下。

采用全谱相似度作为相似度评价方法和中位数谱图作为共有模式进行相似度分析,得其相关系数如图2-4-9所示。

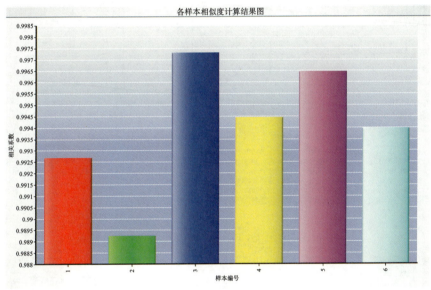

图 2-4-9　相关系数

1号、2号与所有样本中位数指纹图谱差别较大,主要在RT＝3 min及RT＝30 min左右的色谱峰造成,如图2-4-10所示。

获取2号样品RT＝3.1 min时的质谱,并进行质谱库检索,结果如图2-4-11和图2-4-12所示。

获取1号样品RT＝29.65 min时的质谱,并进行质谱库检索,结果如图2-4-13和图2-4-14所示。

相似度并不是很高,我们目前使用的是NIST 05,质谱库覆盖范围不够广。

6.2　相似度评价结论

观察结果可得出,1号样品YX-R和2号样品YY-R的相似度均较其他品牌低,说明YX-R和YY-R等云产卷烟烟丝的挥发性嗅香有机化合物相比其竞争性品牌卷烟烟丝包括HJY、SY-R、FRW-Y、ZH-R有较大的差异。其中2号样品YY-R与其他竞争性品牌样品的差异最大。这证明了我们能够用固相萃取-热脱附-气相色谱-质谱(SBSE-TD-GC-MS)指纹图谱评价方法来区分这些品牌成品烟丝的嗅香特征及差异。

147

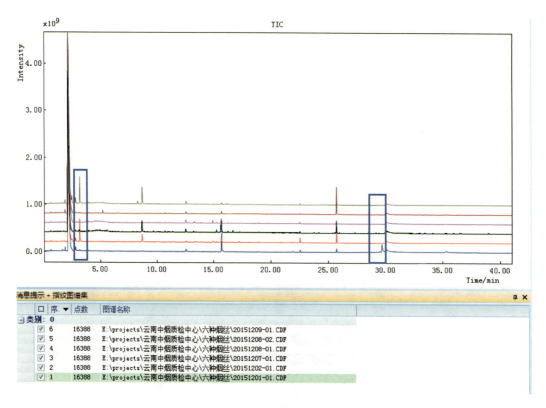

图 2-4-10　色谱峰对比

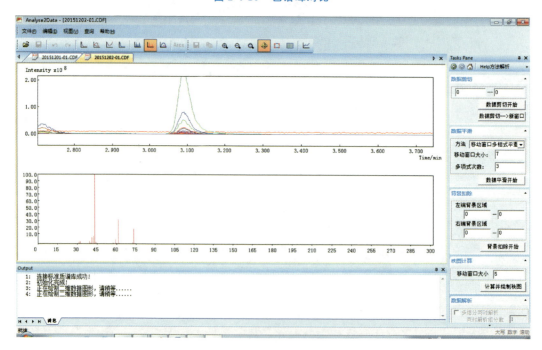

图 2-4-11　2 号样品质谱

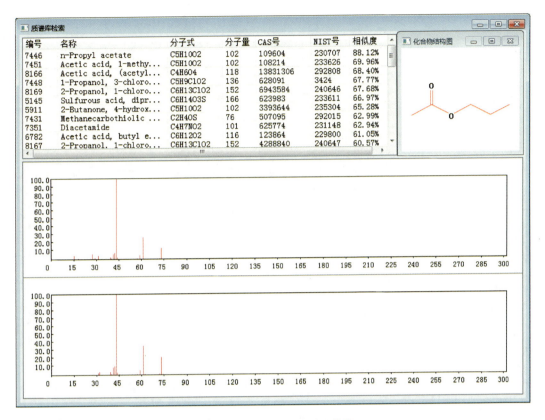

图 2-4-12　2 号样品质谱库检索

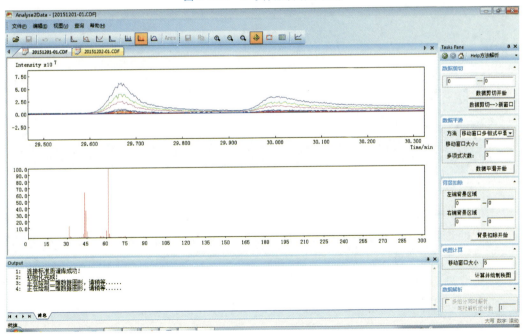

图 2-4-13　1 号样品质谱

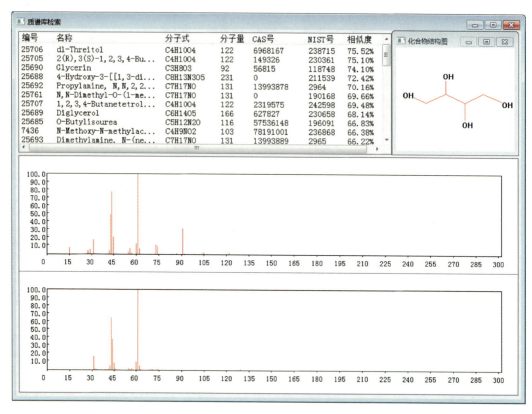

图 2-4-14　1 号样品质谱库检索

方法 12　烟丝中挥发性、半挥发性成分 顶空-气相色谱-质谱（HS-GC-MS）指纹图谱评价方法

卷烟烟丝挥发性、半挥发性成分与烟草的内在感官品质和风格紧密相关。分析卷烟烟丝中挥发性和半挥发性成分对合理使用烟叶原料、香精香料，优化卷烟配方和工艺以及提高卷烟品质具有指导意义。

本研究基于顶空-固相萃取-热脱附-气相色谱-质谱与化学计量学算法，建立卷烟烟丝挥发性和半挥发性的指纹图谱评价方法，用于研究不同品牌烟丝中挥发性、半挥发性物质的含量、特征和差异、相似度等。

1. 范围

本方法属于指纹图谱评价方法构建，具体涉及一种基于顶空-气相色谱-质谱（HS-GC-MS）的指纹图谱评价。

2. 理论部分

与方法 11 相同。

3. 软件、仪器和实验方法

3.1 指纹图谱运算软件

本研究主要采用中南大学化学化工学院梁逸曾老师课程组开发的计算机辅助相似度评价系统（computer assisted similarity evaluation，CASE）。该软件具有对指纹图谱数据进行预处理（数据剔除、数据剪切、数据等长、数据平滑、背景扣除、数据标准化以及谱峰校准）、谱峰积分、探索性分析、指纹图谱相似度评价与模式识别等五个功能模板。软件界面如图 2-4-15 所示。

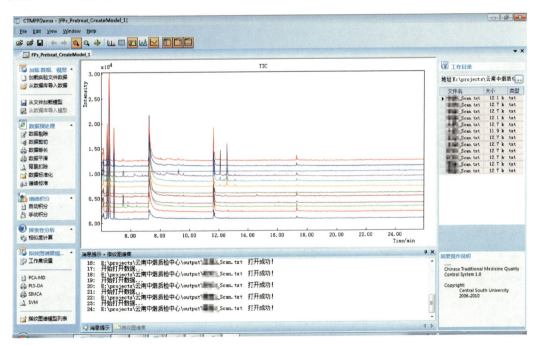

图 2-4-15　计算机辅助相似度评价系统

3.2 仪器

CLARUS 600-600T 型气相色谱-质谱联用仪(美国 PerkinElmer 公司),TurboMatrix 40 Trap 自动顶空仪(美国 PerkinElmer 公司),DB-5MS 弹性石英毛细管色谱柱(30 m× 0.25 mm×0.25 μm,美国 PerkinElmer 公司);MS204S 型电子天平(感量 0.0001 g, METTLER TOLEDO 公司);容量瓶(10 mL、50 mL、100 mL),活塞式移液枪(5 mL, Germany 公司);超声波发生器(型号 8510,BRANSON 公司),顶空瓶(20 mL,Agilent 公司),顶空瓶盖(Agilent 公司);微量取样针(50 μL,Agilent 公司)。

3.3 实验方法

3.3.1 样品前处理

品牌卷烟样品拆开包装后,取每支样品舍弃滤棒后沿纵向剪开,烟丝采用等量递增法充分混匀后平铺于干净白纸上,称重时从左往右依次顺序取等份烟丝,使用分析天平称取上述样品 0.6 g(精确至 0.1 mg),并加入 30 μL 浓度为 6 μg/mL 的内标液于 20 mL 顶空瓶中,迅速压紧瓶盖,适当振摇,使样品均匀而松散地平铺于瓶底,进行 GC-MS 分析。

3.3.2 分析条件

(1)静态顶空条件。

顶空瓶容量:20 mL。样品平衡温度:80 ℃。传输线温度:180 ℃。取样针温度:120 ℃。载气压力:30.0 PSI。样品平衡时间:45 min。加压平衡时间:0.2 min。进样时间:0.10 min。拔针时间:0.5 min。GC 分析循环时间:30 min。高压进样,进样压力:35.0 PSI。色谱柱压力:30.0 PSI。操作模式:恒定。进样模式:时间。

(2)色谱分析条件。

载气:高纯氦气,纯度≥99.999%。载气压力:74 kPa。色谱柱:DB-5MS 弹性石英毛细管色谱柱(30 m×0.25 mm×0.25 μm)。进样口温度:250 ℃。流速:1.0 mL/min(恒流模式)。分流比:10∶1。升温程序:初始温度 50 ℃,保持 1 min,以 10 mL/min 的速率升至 250 ℃,保持 5 min。传输线温度:260 ℃。

(3)质谱条件。

EI 电离模式,电离能 70 eV。灯丝电流:80 μA。离子源温度:180 ℃。容积延迟:4 min。

测定方式:采用比较保留时间,待测组分特征离子、各定性离子丰度比进行定性,SIM 模式下以内标法进行定量分析,质量范围:30～500(m/z)。

3.4 结果与讨论

双击桌面上 CASE 图标启动 CASE 软件,或者从 Windows 操作系统中的开始菜单中选择 CASE,然后单击打开。

3.4.1 色谱数据导入

在左侧任务栏中的加载数据中选择"加载实验文件数据",然后在右侧任务栏中设置实验数据所在的目录,由于 Scan 模式下得到的信息最丰富,因此我们后续分析中均采用 Scan 模式下获得的指纹图谱,如图 2-4-16 所示。

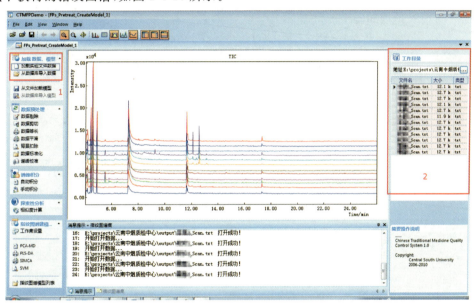

图 2-4-16　导入数据后的软件界面

YY-R 2 号样品由于实验原因,没有显著色谱峰,因此将其从指纹图谱集中剔除,如图 2-4-17 所示。

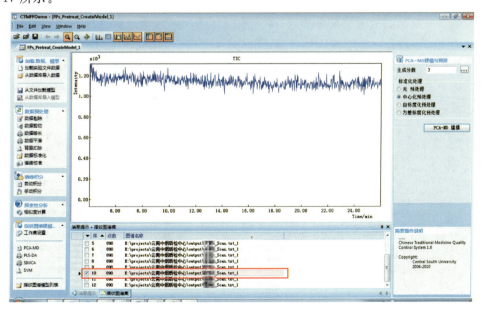

图 2-4-17　剔除样品中的奇异值

3.4.2 指纹图谱预处理

由于导入数据的点数不同,无法对数据进行分析,故一般需要利用线性插值对数据进行等长处理,在这里设置所有谱图的等长后点数为 890 点进行数据等长处理。由于存在着噪声和基线,因此还进行了平滑及基线扣除。色谱峰漂移不明显,因此不需要进行峰校准。预处理后的指纹图谱如图 2-4-18 所示。

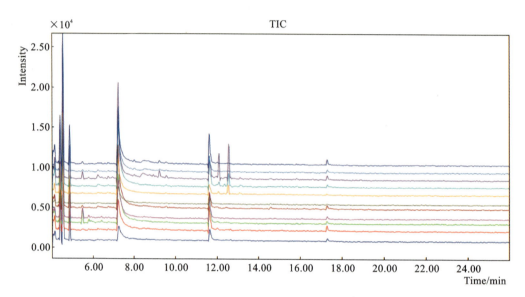

图 2-4-18 利用 CASE 软件对数据进行预处理之后的指纹图谱

3.4.3 指纹图谱相似度分析与模式识别

相似度一般是根据向量夹角法,利用计算机自动计算两个分析指纹图谱间的相似度。将色谱指纹图谱看作多维空间内的向量,利用向量夹角余弦的基本公式计算两个指纹图谱间的相似度。在本软件中,可以利用相似度对烟丝质量进行分析和控制,分析方法如下。

采用全谱相似度作为相似度评价方法和中位数谱图作为共有模式进行相似度分析,得其相关系数和相合系数如图 2-4-19 和图 2-4-20 所示。

编号	指纹图谱名称	相关系数	相合系数
1	E:\projects\云南中烟质检中心\output\▇▇_Scan.txt_1	0.941922	0.976964
2	E:\projects\云南中烟质检中心\output\▇▇_Scan.txt_1	0.988180	0.993887
3	E:\projects\云南中烟质检中心\output\▇▇_Scan.txt_1	0.977560	0.993499
4	E:\projects\云南中烟质检中心\output\▇▇_Scan.txt_1	0.989745	0.992659
5	E:\projects\云南中烟质检中心\output\▇▇_Scan.txt_1	0.995401	0.996288
6	E:\projects\云南中烟质检中心\output\▇▇_Scan.txt_1	0.965905	0.991217
7	E:\projects\云南中烟质检中心\output\▇▇_Scan.txt_1	0.991017	0.993769
8	E:\projects\云南中烟质检中心\output\▇▇_Scan.txt_1	0.995271	0.993289
9	E:\projects\云南中烟质检中心\output\▇▇_Scan.txt_1	0.924365	0.975258
10	E:\projects\云南中烟质检中心\output\▇▇_Scan.txt_1	0.997530	0.999069
11	E:\projects\云南中烟质检中心\output\▇▇_Scan.txt_1	0.989022	0.993721

图 2-4-19 以中位数谱图作为共有模式的相关系数和相合系数

利用主成分分析降维后对样本进行可视化分析,如图 2-4-21 所示。

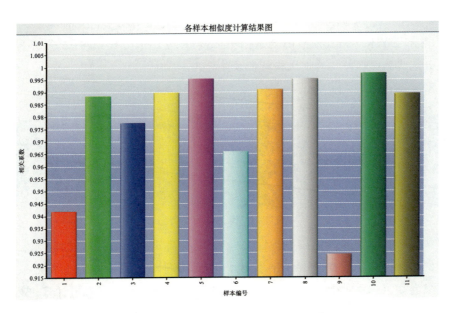

图 2-4-20　软件得到的样本相似度图表

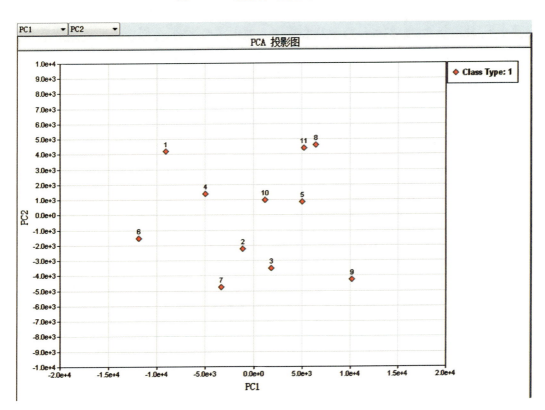

图 2-4-21　PCA 投影图

3.4.4　相似度评价结论

观察结果可得出，1,6 以及 9 号样品相似度均较低，而且在主成分分析中这三个样品也是在投影图中最外侧的样本,因此相似度结果可与主成分分析结果互相印证。说明 ZH-R-1、DZ-R-2 和 YY-R-1 与其他品牌烟丝的半挥发/挥发性成分相似度较低,差异明显,可以用来区分这些品牌烟丝的卷烟风格特征及差异。

方法 13 溶剂萃取直接进样-气相色谱-质谱/质谱（LSE-GC-MS/MS）法检测结果多元因子分析赋权优化风格特征成分管控清单

香气风格特征作为卷烟的核心特性之一,对消费者识别卷烟品牌,构建持久印象起着非常重要的作用。目前卷烟产品的香气风格特征的判断和评价方法主要是根据 YC/T 497—2014《卷烟 中式卷烟风格感官评价方法》中所划分的 15 个香韵指标来进行,包括清香、果香、辛香、木香、青滋香、花香、药草香、豆香、可可香、奶香、膏香、烘焙香、甜香、烤烟烟香和晾晒烟烟香。但是,上述评价方法都是从评委自身的主观感受出发,容易受到评委的专业水平、评吸技能、主观喜好、自身状态等多方面因素的影响,不同评委的评价结果有可能出现较大差异。对于 15 种香气风格特征的物质基础缺乏清晰的认识,无法建立有效的风格特征成分管控清单,更无法为清单赋权来优化清单,以至于无法对相应成分追根溯源,也无法研究不同指标对 15 种香气风格指标的协同和拮抗效应。

本研究从不同品牌卷烟烟丝中 73 种挥发性/半挥发性有机化合物的含量数据出发,采用多元因子分析（MFA）的方法提取一定数量的公共因子 F,来搭建挥发性/半挥发性有机化合物含量与感官风格特征指标间的桥梁。通过分析公共因子的旋转矩阵载荷,找寻各指标含量对不同因子的权重;进一步对公共因子与 15 种风格特征指标进行回归,可以清晰建立相应关联,为每一个指标含量赋予相应的权重。研究成果可以构建并优化出更加合理的物质管控清单。

1. 范围

本方法属于卷烟烟丝香气风格特征成分管控清单构建及优化领域,具体涉及溶剂萃取直接进样-气相色谱-质谱/质谱（LSE-GC-MS/MS）法检测结果多元因子分析赋权优化风格特征成分管控清单。

2. 原理

本研究由于涉及不同品牌烟丝中 73 种挥发性/半挥发性嗅香有机化合物含量的变化,变量较多,所以考虑采用 Richard 创立的多元因子分析（MFA）模型来对各指标进行降维处理。该模型是采用较少个数的具有一定相关性的公共因子的线性函数与特殊因子之和来

表达原变量 X 的每一个分量,以便达到解释原变量 X 的相关性并降低其维数的效果。设 MFA 的模型为:

$$\left.\begin{array}{l} X_1 = a_{11}F_1 + a_{12}F_2 + \cdots + a_{1m}F_m + \varepsilon_1 \\ X_2 = a_{21}F_1 + a_{22}F_2 + \cdots + a_{2m}F_m + \varepsilon_2 \\ \vdots \\ X_p = a_{p1}F_1 + a_{p2}F_2 + \cdots + a_{pm}F_m + \varepsilon_p \end{array}\right\} \quad (2.4.5)$$

公式可简写为:
$$\boldsymbol{X} = \boldsymbol{AF} + \boldsymbol{\varepsilon}$$

公式(2.4.5)中 $\boldsymbol{F} = (F_1, F_2, \cdots, F_m)(m \leqslant p)$ 为 $\boldsymbol{X}$ 各分量的公共因子,各 F_i 的均值为 0,方差为 1,相互独立;ε_i 为 X_i 的特殊因子,只对 X_i 起作用,各 ε_i 均值为 0,且相互独立,$\boldsymbol{F}$ 与 $\boldsymbol{\varepsilon}$ 独立,X_i 均值为 0,协方差矩阵 $\boldsymbol{\Sigma} = (\sigma_{ij})_{p \times p}$,矩阵 $\boldsymbol{A}$ 为因子载荷矩阵。为了使 F_j 和 X_i 间的关系更清晰和易于理解,通常采用因子旋转方式,使 F_j 中一些因子与 X_i 间的相关关系更强,而 F_j 中的其他因子与 X_i 间的相关关系则减弱。根据与某个因子相关性更强的几个原始变量(指标)给该因子赋予综合的实际意义,并计算各因子 F_j 的因子得分 Z_j,所得得分函数为 $(Z_1, Z_2, \cdots, Z_p)^T = \boldsymbol{B}(X_1, X_2, \cdots, X_p)^T$,其中 $\boldsymbol{B}$ 由回归估计方程 $\hat{\boldsymbol{B}} = \boldsymbol{A}^T \boldsymbol{R}^{-1}$ 得到。比较各烟叶样品的公因子得分,就能对原始指标及样品的特征做进一步的回归、评价、判别和分析。

3. 主要试剂、仪器与条件

3.1 试剂

除特殊要求外,均应使用分析纯级或以上试剂。

3.1.1 挥发性有机化合物标样

苯乙醛、苯乙醇、香茅醇、苯乙酸乙酯、香芹酮、香叶醇、乙酸苯乙酯、洋茉莉醛、丁香酚、山楂花酮、β-二氢大马酮、β-紫罗兰酮、5-甲基糠醛、肉桂酸乙酯、异戊酸异戊酯、δ-十一内酯、δ-己内酯、γ-庚内酯、反式-肉桂醛、2,3,5-三甲基吡嗪、γ-辛内酯、γ-十一内酯、2,6-二甲基吡啶、异丁酸乙酯、苯甲酸苯甲酯、4-甲基-2-苯基-1,3-二氧戊环、二氢香豆酯、对茴香醛、δ-壬内酯、δ-癸内酯、α-松油醇、4-羟基-2,5-二甲基-3(2H)-呋喃酮、芳樟醇、麦芽酚、3-乙氧基-4-羟基苯甲醛、2-甲基四氢呋喃-3-酮、糠醇、3,5,5-三甲基环己烷-1,2-二酮、2-乙酰基吡咯、乙基麦芽酚、乙酸异丁酯、苄醇、苯乙酮、异佛尔酮、肉桂酸肉桂酯、γ-戊基丁内酯、氧化异佛尔酮、香兰素、3-乙基吡啶、戊酸乙酯、金合欢基丙酮、乙酸芳樟酯、乳酸乙酯、β-环柠檬醛、L-薄荷醇、丁酸乙酯、甲基环戊烯醇酮、6-甲基-5-庚烯-2-酮、2-甲基吡嗪、苯甲醛二甲缩醛、茴香烯、γ-己内酯、δ-十二内酯、α-当归内酯、γ-十二内酯、γ-癸内酯、肉桂酸苄酯、R-(＋)-柠檬烯、D-薄荷醇、3-羟基-2-丁酮、覆盆子酮、β-石竹烯、4-乙烯基愈创木酚,共 73 种标准样品。内标选用萘。

3.1.2 溶剂

无水乙醇、丙二醇、乙醚。

3.2 仪器及条件

振荡摇床:振荡频率 150 r/min,振荡幅度 30 mm,振荡时间 2 h。气相色谱仪(GC)配 DB-5MS 弹性石英毛细管色谱柱(30 m×0.25 mm×0.25 μm,美国 Agilent 公司),进样口温度 250 ℃。恒流模式,柱流量 1 mL/min,进样量 1 μL,分流比 10∶1。升温程序:初始温度 50 ℃,保持 2 min,以 5 ℃/min 的速率升温至 250 ℃,保持 20 min。传输线温度:250 ℃。载气:He(纯度≥99.99%)。质谱仪(MS/MS)电离方式:电子源轰击(EI),电离能 70 eV,灯丝电流 80 μA,离子源温度 170 ℃,传输线温度 250 ℃。全扫描监测 Full scan 模式,扫描范围 10~500 amu,多反应监测 MRM 模式,离子选择参数见表 2-4-1。分析天平,感量为 0.0001 g。移液枪,5000 μL。

表 2-4-1　致香成分的定性离子对、定量离子对和碰撞能量

序号	物质名称	定量离子对	碰撞能/V	定性离子对	碰撞能/V
1	苯乙醛	120/90.9	12	120/92.1	5
2	苯乙醇	122/92	8	122/90.9	25
3	IS(萘)	128/101.9	22		
4	香茅醇	138.1/95	12	138.1/81	8
5	苯乙酸乙酯	91/65	20	164/91	18
6	香芹酮	108.1/92.9	12	108.1/76.9	25
7	香叶醇	93/77	15	123/81	12
8	乙酸苯乙酯	104/78	15	104/77	30
9	洋茉莉醛	150/65	30	150/120.9	25
10	丁香酚	164/148.9	15	164.1/104	18
11	山楂花酮	135/77	15	150/134.9	12
12	β-二氢大马酮	192.2/177	12	177/121	18
13	β-紫罗兰酮	177.1/162	15	177/146.9	25
14	5-甲基糠醛	109/53	12	81/53	7
15	肉桂酸乙酯	131/103	13	103/77	15

续表

序号	物质名称	定量离子对	碰撞能/V	定性离子对	碰撞能/V
16	异戊酸异戊酯	70.1/55	10	85.1/57	7
17	δ-十一内酯	99/71	7	71.1/43	9
18	δ-己内酯	70.1/42.1	5	70.1/55	7
19	γ-庚内酯	85/57	5	110.1/68.1	10
20	反式-肉桂醛	103.1/77	15	131/77	30
21	2,3,5-三甲基吡嗪	122.1/81	12	81.1/42	5
22	γ-辛内酯	85/57	7	100.1/72	5
23	γ-十一内酯	85/57	7	128.1/95	10
24	2,6-二甲基吡啶	107.1/92	20	92.1/65	10
25	异丁酸乙酯	71.1/43	5	88.1/73	10
26	苯甲酸苯甲酯	105/77	15	77.1/51	14
27	4-甲基-2-苯基-1,3-二氧戊环	105/77	15	163.1/105	17
28	二氢香豆酯	148/120	12	120/91	19
29	对茴香醛	135/107	10	135/77	20
30	δ-壬内酯	99/71	7	71.1/43	9
31	δ-癸内酯	99/71	7	71.1/43	10
32	α-松油醇	93.1/77	15	121.1/93	10
33	4-羟基-2,5-二甲基-3(2H)-呋喃酮	128/85	8	85/57	7
34	芳樟醇	93.1/77	15	71.1/43	8
35	麦芽酚	126/71	16	71/43	8
36	3-乙氧基-4-羟基苯甲醛	137/109	15	166.1/137	22

续表

序号	物质名称	定量离子对	碰撞能/V	定性离子对	碰撞能/V
37	2-甲基四氢呋喃-3-酮	72.1/43	5	100.1/72	5
38	糠醇	98.1/70	7	98.1/42	10
39	3,5,5-三甲基环己烷-1,2-二酮	70.1/55	5	98.1/70	7
40	2-乙酰基吡咯	109.1/94	12	94.1/66	10
41	乙基麦芽酚	140.1/71	16	140.1/69	14
42	乙酸异丁酯	74.1/28	5	74.1/56	3
43	苄醇	73/43	5	71.1/43	7
44	苯乙酮	107.1/79	10	77.1/51	15
45	异佛尔酮	105.1/77	15	120.1/105	8
46	肉桂酸肉桂酯	82.1/54	8	138.1/82	10
47	γ-戊基丁内酯	131.1/103	16	103.1/77	16
48	氧化异佛尔酮	85.1/57	8	100.1/54	8
49	香兰素	83.1/55	10	69.1/41	10
50	3-乙基吡啶	151.1/123	12	152.1/123	24
51	戊酸乙酯	92.1/65	12	107.1/92	17
52	金合欢基丙酮	85.1/57	7	88.1/61	8
53	乙酸芳樟酯	69.2/41	9	107.2/91	16
54	乳酸乙酯	93.2/77	15	91.1/65	19
55	β-环柠檬醛	75.1/45	5	75.1/47	5
56	L-薄荷醇	109.2/67.1	10	152.2/136.9	12
57	丁酸乙酯	95.2/67.1	10	95.2/55	15

续表

序号	物质名称	定量离子对	碰撞能/V	定性离子对	碰撞能/V
58	甲基环戊烯醇酮	71.2/43	5	88.1/61	7
59	6-甲基-5-庚烯-2-酮	112.1/84	10	69.2/41.2	7
60	2-甲基吡嗪	108.2/93	10	69.2/41	7
61	苯甲醛二甲缩醛	94.1/67	12	67.1/40	5
62	茴香烯	121.1/77	15	121.1/91	15
63	γ-己内酯	148.2/133	20	147.2/91	15
64	δ-十二内酯	85.1/57	5	70.2/55	8
65	α-当归内酯	99.1/71	7	71.2/43	8
66	γ-十二内酯	98.1/55	11	98.1/70	9
67	γ-癸内酯	85.1/57	7	85.1/29	8
68	肉桂酸苄酯	85.1/57	7	85.1/29	8
69	R-(+)-柠檬烯	131.1/103	14	91.1/65	15
70	D-薄荷醇	93.2/76.9	15	68.2/53	10
71	3-羟基-2-丁酮	95.2/67	10	71.2/43	7
72	覆盆子酮	88.1/45	5	88.1/44	5
73	β-石竹烯	107.1/77	19	164.2/107	16
74	4-乙烯基愈创木酚	91.1/65	17	133.2/104.9	14

4. 样品处理

取成品卷烟进行试样制备,试样制备应快速准确,并确保样品不受污染。每个实验样品制备三个平行试样。随机取新开包的同一品牌的烟支 3 支,剥去卷烟纸和滤嘴,取出烟丝,记录重量,再分别放入 3 个 100 mL 锥形瓶中,作为试样。在准备好的试样中分别加入 1 mL 60 μg/mL 的内标萘、9 mL 乙醚,迅速盖上盖摇匀,置于振荡摇床上振荡 2 h,用 10

mL 针筒取上层萃取液经 0.22 μm 微孔滤膜过滤，供气相色谱-质谱/质谱仪测定。

5. 分析步骤

5.1 定性分析

对照标样的保留时间、定性离子对和定量离子对，确定试样中的目标化合物。当试样和标样在相同保留时间处（±0.2 min）出现，且各定性离子的相对丰度与浓度相当的标准溶液的离子相对丰度一致，其误差符合表 2-4-2 规定的范围，则可判断样品中存在对应的被测物。

表 2-4-2　定性确证时相对离子丰度的最大允许误差

相对离子丰度/(%)	允许的相对误差/(%)
>50	±20
20~50	±25
10~20	±30
≤10	±50

5.2 定量分析

5.2.1 标准工作曲线绘制

根据致香成分标样的定量离子峰面积与内标峰面积的比值及标准工作溶液中目标物的浓度与内标物浓度的比值，建立标准工作曲线，工作曲线线性相关系数 $R^2 \geqslant 0.95$。

5.2.2 样品测定

每个样品平行测定 3 次。根据试样中目标化合物的定量离子峰面积计算样品中挥发性及半挥发性有机化合物的含量。

6. 结果计算与表述

试样中挥发性及半挥发性有机化合物的含量按式（2.4.6）进行计算：

$$C_s = \frac{\left(\dfrac{A_s}{A_i} + a\right) \times C_i \times V}{k \times m} \qquad (2.4.6)$$

式中：C_s——试样中某一种特征物质的含量，单位为 mg/kg；

A_s——试样中挥发性或半挥发性有机化合物的峰面积，单位为 U（积分单位）；

A_i——内标物质的峰面积，单位为 U（积分单位）；

C_i——加入内标物质的量，单位为 μg/mL；

m——称取烟丝质量,单位为 g;
k——各挥发性或半挥发性有机化合物的标准工作曲线斜率;
a——各挥发性或半挥发性有机化合物的标准工作曲线截距。

7. 结果与讨论

7.1　73种挥发性有机化合物的含量检测及多元因子分析

依据公式(2.4.6),通过溶剂萃取直接进样-气相色谱-质谱/质谱(LSE-GC-MS/MS)法检测 6 种品牌成品烟丝中挥发性有机化合物的含量,包括 YY-R、YX-R、ZH-R、FRW-Y、HJY 和 SY-R。采用 SPSS 22.0 统计分析软件(SPSS Inc.,美国)的数据处理模块对不同品牌烟丝中 73 种挥发性有机化合物含量与 15 种风格特征指标的关系进行分析。采用多元因子分析(MFA)和线性回归分析方法来探索烟丝中不同挥发性成分对卷烟风格特征的影响方向和权重。

7.2　73种挥发性有机化合物含量的多元因子分析

经过含量检测和公式(2.4.6)的计算,可以得到 6 种品牌烟丝中 73 种挥发性有机化合物含量数据,具体见表 2-4-3。剔除含量为 0 的指标和测定结果为负的不能准确定量的指标,包括序号为 3、7、13、26、33、36、40、42、44、47、48、56、61 的 13 种指标,剩余的 60 种指标作为多元因子分析挥发性有机化合物与 15 种风格特征指标的基础数据。

对 6 种不同烟丝样本进行 MFA 分析,由于各指标间数值差异较大,所以从相关阵出发。采用主成分提取方法,并进行最大方差法旋转,迭代 25 次收敛。60 个有机化合物指标可提取 8 个共同因子,其所能解释原指标的累计方差贡献率为 97.390%,如表 2-4-4 和图 2-4-22 所示。从表和碎石图上可知,在用所提取的 8 个公因子来表征原始的 60 个化合物指标特性的同时,可保留原指标的绝大部分信息。

采用因子旋转方差(最大方差法)来对 8 个公因子的实际意义进行解释,如表 2-4-5 所示。公因子对原始指标的解释能力各不相同,例如,对于因子 1,6-甲基-5-庚烯-2-酮、R-(+)-柠檬烯、苯乙醛、δ-己内酯、异戊酸异戊酯、γ-癸内酯的载荷绝对值均大于 0.838,说明因子 1 对于含有环酯、烯酮、烯醛结构的化合物的解释能力很强,可命名为"酮醛因子";对于因子 2,2,6-二甲基吡啶、麦芽酚、3,5,5-三甲基环己烷-1,2-二酮、香兰素和 δ-十二内酯的载荷绝对值均大于 0.841,说明因子 2 对于含有吡啶、吡喃类氮、氧杂环化合物的解释能力较强,可命名为"杂环因子";对于因子 3,苯甲醛二甲缩醛、戊酸乙酯和 3-乙基吡啶的载荷绝对值均大于 0.854,说明因子 3 对于含有羰基结构的化合物的解释能力较强,可命名为"羰基因子";对于因子 4,L-薄荷醇和 D-薄荷醇的载荷绝对值均大于 0.869,说明因子 4 对于含有薄荷醇类结构的化合物的解释能力较强,可命名为"薄荷醇因子"。以此类推,5~8 号公因子分别能对应解释长链醇、内酯、取代基内酯和锌类物质,可命名为各自相应的因子。

表 2-4-3　6个品牌 73 种挥发性/半挥发性物质含量测定结果表

类别	卷烟品牌	测定次数	1 3-羟基-2-丁酮/(mg/kg)	2 异丁酸乙酯/(mg/kg)	3 乙酸异丁酯/(mg/kg)	4 丁酸乙酯/(mg/kg)	5 2-甲基四氢呋喃-3-酮/(mg/kg)	6 乳酸乙酯/(mg/kg)	7 2-甲基吡嗪/(mg/kg)	8 糠醇/(mg/kg)	9 α-当归内酯/(mg/kg)	10 2,6-二甲基吡啶/(mg/kg)	11 戊酸乙酯/(mg/kg)	12 3-乙基吡啶/(mg/kg)	13 5-甲基糠醛/(mg/kg)
新开包样品测定	YY-R	1	4.161	0.143	−0.061	0.232	2.584	35.644	−0.206	0.792	0.591	0.175	0.000	0.000	0.000
		2	4.015	0.113	−0.049	0.222	2.466	36.222	0.000	0.820	0.611	0.167	0.000	0.000	0.000
	YX-R	1	0.000	0.143	0.029	0.258	2.586	38.700	−0.230	0.964	0.652	0.173	0.000	0.000	0.000
		2	0.000	0.131	−0.002	0.243	2.359	35.005	−0.227	0.980	0.563	0.167	0.000	0.000	0.000
	ZH-R	1	3.606	0.202	−0.008	0.273	2.508	38.026	−0.210	0.909	0.757	0.165	0.000	0.000	0.000
		2	3.758	0.230	−0.016	0.338	2.508	41.326	−0.221	0.930	0.742	0.169	0.000	0.000	0.000
	FRW-Y	1	3.931	0.220	0.080	0.300	2.969	42.332	−0.242	0.865	0.573	0.218	0.000	0.000	0.000
		2	3.496	0.171	0.104	0.320	2.563	38.143	−0.216	0.784	0.664	0.191	0.000	0.000	0.000
	HJY	1	4.174	0.191	0.070	0.347	2.668	39.927	−0.203	0.852	0.783	0.206	0.000	0.000	0.000
		2	3.901	0.159	0.081	0.300	2.558	36.233	−0.217	0.891	0.685	0.198	0.000	0.000	0.000
	SY-R	1	3.735	0.175	0.123	0.316	2.333	32.364	−0.199	0.849	0.544	0.177	0.044	0.637	0.000
		2	4.039	0.195	0.145	0.343	2.683	39.598	0.230	0.897	0.605	0.200	0.061	0.725	0.000

续表

类别	卷烟品牌	测定次数	14 6-甲基-5-庚烯-2-酮/(mg/kg)	15 2,3,5-三甲基吡嗪/(mg/kg)	16 甲基环戊烯醇酮/(mg/kg)	17 R-(+)-柠檬烯/(mg/kg)	18 苄醇/(mg/kg)	19 苯乙醛/(mg/kg)	20 γ-己内酯/(mg/kg)	21 4-羟基-2,5-二甲基-呋喃-3(2H)-酮/(mg/kg)	22 苯乙酮/(mg/kg)	23 2-乙酰基吡咯/(mg/kg)	24 δ-己内酯/(mg/kg)	25 氧化异佛尔酮/(mg/kg)	26 芳樟醇/(mg/kg)
新开包样品测定	YY-R	1	0.121	0.000	0.852	2.722	0.054	0.413	0.220	1.849	0.011	0.925	0.926	0.000	0.000
		2	0.110	0.000	0.887	2.847	0.055	0.412	0.245	1.907	0.014	1.027	0.963	0.000	0.000
	YX-R	1	0.118	0.060	0.975	3.720	0.081	0.441	0.287	1.881	0.018	1.434	0.000	0.000	0.000
		2	0.103	0.064	0.982	3.078	0.083	0.405	0.271	1.852	0.019	1.465	0.000	0.000	0.000
	ZH-R	1	0.179	0.060	0.955	5.431	0.075	0.602	0.342	1.815	0.028	0.944	1.369	0.155	0.000
		2	0.163	0.066	0.979	6.024	0.087	0.533	0.398	1.908	0.025	0.943	1.552	0.186	0.000
	FRW-Y	1	0.142	0.000	1.069	5.330	0.070	0.513	0.346	2.044	0.025	0.805	0.975	0.159	0.000
		2	0.145	0.000	1.084	5.331	0.061	0.472	0.514	1.983	0.026	0.758	1.139	0.210	0.000
	HJY	1	0.187	0.069	1.267	5.599	0.067	0.534	0.457	2.057	0.029	0.954	1.097	0.199	0.000
		2	0.183	0.064	1.170	5.285	0.067	0.499	0.390	2.006	0.026	0.962	0.926	0.183	0.000
	SY-R	1	0.125	0.060	1.064	3.314	0.040	0.390	0.400	1.938	0.021	0.798	0.874	0.187	0.000
		2	0.183	0.094	1.103	5.494	0.065	0.470	0.452	2.071	0.034	0.856	1.045	0.205	0.000

续表

类别	卷烟品牌	测定次数	27 异戊酸异戊酯/(mg/kg)	28 苯甲醛二甲缩醛/(mg/kg)	29 苯乙醇/(mg/kg)	30 麦芽酚/(mg/kg)	31 异佛尔酮(82.1/54)/(mg/kg)	32 3,5,5-三甲基环己烷-1,2-二酮/(mg/kg)	33 γ-庚内酯/(mg/kg)	34 L-薄荷醇/(mg/kg)	35 D-薄荷醇/(mg/kg)	36 α-松油醇/(mg/kg)	37 乙基麦芽酚/(mg/kg)	38 β-环柠檬醛/(mg/kg)
新开包样品测定	YY-R	1	0.2294	0.0000	0.6811	76.9809	0.0000	3.3030	0.0000	0.0000	0.0000	0.0000	23.2398	0.3602
		2	0.2324	0.0000	0.7394	78.0461	0.0000	3.3770	0.0000	0.0000	0.0000	0.0000	23.5618	0.3830
	YX-R	1	0.0000	0.0000	0.9343	75.4807	0.0526	3.1691	0.0000	0.2256	0.3195	0.0000	22.3288	0.3624
		2	0.0000	0.0000	0.8999	75.8230	0.0511	3.1227	0.0000	0.2180	0.3231	0.0000	22.4051	0.3741
	ZH-R	1	0.5315	0.0000	0.5029	71.6604	0.0000	3.1372	0.0000	0.0000	0.0000	0.0000	0.0000	0.3826
		2	0.5930	0.0000	0.5198	72.9977	0.0000	3.1003	0.0000	0.0000	0.0000	0.0000	0.0000	0.3812
	FRW-Y	1	0.2798	0.0000	0.4825	81.3739	0.0000	3.7295	0.0000	0.0000	0.0000	0.0000	24.3151	0.0000
		2	0.4354	0.0000	0.4071	74.0875	0.0824	3.5269	0.0000	0.0000	0.0000	0.0000	22.1299	0.0000
	HJY	1	0.3508	0.0000	0.5445	80.1622	0.0782	3.5460	0.0000	0.3518	0.5026	0.0000	23.9587	0.3818
		2	0.2456	0.0000	0.5020	79.5933	0.0519	3.5720	0.0000	0.3452	0.5155	0.0000	23.7947	0.3986
	SY-R	1	0.2913	0.0037	0.4035	76.2836	0.0900	3.2720	0.0000	0.0000	0.0000	0.0000	23.9206	0.3742
		2	0.3268	0.0213	0.4497	81.0034		3.4876	0.0000	0.0000	0.0000	0.0000	25.3832	0.4004

续表

类别	卷烟品牌	测定次数	39 香茅醇/(mg/kg)	40 香芹酮/(mg/kg)	41 苯乙酸乙酯/(mg/kg)	42 香叶醇/(mg/kg)	43 对茴香醛/(mg/kg)	44 乙酸芳樟酯/(mg/kg)	45 乙酸苯乙酯/(mg/kg)	46 γ-辛内酯/(mg/kg)	47 4-甲基-2-苯基-1,3-二氧戊环/(mg/kg)	48 反式-肉桂醛/(mg/kg)	49 茴香烯/(mg/kg)	50 4-乙烯基愈创木酚/(mg/kg)
新开包样品测定	YY-R	1	0.5654	0.0000	0.0000	0.0000	0.0000	0.0000	0.0000	0.0163	0.0000	0.0000	0.3645	1.4026
		2	0.5236	0.0000	0.0000	0.0000	0.0000	0.0000	0.0000	0.0211	0.0000	0.0000	0.3885	1.4438
	YX-R	1	0.5513	0.0000	0.0000	0.0000	0.0000	0.0000	0.6957	0.0182	0.0000	0.0000	0.3671	1.7537
		2	0.4427	0.0000	0.2604	0.0000	0.0000	0.0000	0.7004	0.0171	0.0000	0.0000	0.3582	1.8079
	ZH-R	1	0.4936	0.0000	0.0000	0.0000	0.3697	0.0000	0.6602	0.0203	0.0000	0.0000	0.3540	1.7781
		2	0.4154	0.0000	0.0000	0.0000	0.3847	0.0000	0.6885	0.0207	0.0000	0.0000	0.3688	1.8408
	FRW-Y	1	0.5988	0.0000	0.0000	0.0000	0.0000	0.0000	0.0000	0.0271	0.0000	0.0000	0.3876	1.4056
		2	0.5456	0.0000	0.0000	0.0000	0.0000	0.0000	0.7397	0.0305	0.0000	0.0000	0.3638	1.4249
	HJY	1	0.6096	0.0000	0.3012	0.0000	0.0000	0.0000	0.7285	0.0287	0.0000	0.0000	0.3654	1.3579
		2	0.6132	0.0000	0.2776	0.0000	0.0000	0.0000	0.7017	0.0241	0.0000	0.0000	0.3700	1.3251
	SY-R	1	0.4723	0.0000	0.2778	0.0000	0.0000	0.0000	0.7538	0.0276	0.0000	0.0000	0.3532	1.3338
		2	0.5757	0.0000	0.4057	0.0000	0.0000	0.0000	0.7538	0.0336	0.0000	0.0000	0.3799	1.5203

续表

类别	卷烟品牌	测定次数	51 洋茉莉醛(150/120.9)/(mg/kg)	52 山楂花酮/(mg/kg)	53 丁香酚/(mg/kg)	54 γ-戊基丁内酯/(mg/kg)	55 二氢香豆酯/(mg/kg)	56 δ-壬内酯/(mg/kg)	57 香兰素/(mg/kg)	58 β-二氢大马酮/(mg/kg)	59 β-石竹烯/(mg/kg)	60 3-乙氧基-4-羟基苯甲醛/(mg/kg)	61 肉桂酸乙酯/(mg/kg)	62 γ-癸内酯/(mg/kg)
新开包样品测定	YY-R	1	0.4064	0.7076	0.7574	0.1301	0.2038	0.0000	7.0691	0.3710	2.1285	0.0000	0.0000	0.45858
		2	0.4103	0.7156	0.8127	0.1060	0.2004	0.0000	7.1858	0.3701	2.1794	0.0000	0.0000	0.45858
	YX-R	1	0.4171	0.7059	0.5849	0.1121	0.1839	0.0000	7.1522	0.2996	2.3899	3.2867	0.0000	0.43222
		2	0.4123	0.7102	0.5581	0.0886	0.1690	0.0000	7.1337	0.2802	2.4585	3.2937	0.0000	0.44080
	ZH-R	1	0.3973	0.6536	1.1295	0.1115	0.2458	0.0000	6.7211	0.2678	2.4512	3.3207	0.0000	0.00000
		2	0.4356	0.6353	1.1397	0.0939	0.2580	0.0000	6.8275	0.2841	2.3652	3.3785	0.0000	0.00000
	FRW-Y	1	0.4468	0.7259	0.7349	0.0967	0.1955	0.0000	7.5822	0.2725	3.0036	3.5762	0.0000	0.00000
		2	0.4125	0.6602	0.6946	0.0908	0.1865	0.0000	6.9383	0.2483	3.5491	3.2716	0.0000	0.00000
	HJY	1	0.4318	0.7163	0.7876	0.1116	0.1948	0.0000	7.5520	0.3103	3.5870	0.0000	0.0000	0.00000
		2	0.4204	0.7093	0.7532	0.0702	0.1907	0.0000	7.5325	0.2963	3.4250	0.0000	0.0000	0.00000
	SY-R	1	0.4889	0.6759	1.0953	0.0760	0.1495	0.0000	7.0202	0.3159	3.7150	0.0000	0.0000	0.00000
		2	0.4633	0.7169	0.9072	0.0932	0.1621	0.0000	7.4830	0.3756	4.0213	0.0000	0.0000	0.00000

续表

类别	卷烟品牌	测定次数	63 β-紫罗兰酮 /(mg/kg)	64 δ-癸内酯 /(mg/kg)	65 覆盆子酮 /(mg/kg)	66 γ-十一内酯 /(mg/kg)	67 δ-十一内酯 /(mg/kg)	68 γ-十二内酯 /(mg/kg)	69 δ-十二内酯 /(mg/kg)	70 苯甲酸苯甲酯 /(mg/kg)	71 金合欢基丙酮 /(mg/kg)	72 肉桂酸苄酯 /(mg/kg)	73 肉桂酸肉桂酯 /(mg/kg)
新开包样品测定	YY-R	1	0.2743	0.1876	0.3218	0.7588	0.5581	1.4687	0.8152	1.1290	79.3049	2.1652	6.5474
		2	0.2924	0.1931	0.3224	1.7872	0.5553	1.4004	0.8285	1.1803	45.9789	2.2031	5.7598
	YX-R	1	0.3297	0.1713	0.3700	0.6969	0.5535	1.2926	0.7805	0.5504	67.9019	2.0549	6.5731
		2	0.2940	0.1767	0.3794	0.6627	0.5750	1.1959	0.7686	0.5019	58.4694	2.0308	6.1141
	ZH-R	1	0.2926	0.0000	0.4183	0.7169	0.5272	1.3531	0.7489	0.2470	46.5494	1.8492	6.3935
		2	0.3114	0.0000	0.4547	0.6662	0.5272	1.4349	0.7489	0.2451	44.8471	1.9174	8.5732
	FRW-Y	1	0.2474	0.1784	0.3698	0.0000	0.6151	1.9352	0.8229	0.4448	34.0666	2.2680	6.6916
		2	0.2670	0.1784	0.3435	0.0000	0.5554	1.6975	0.7546	0.4339	41.2091	2.1444	6.0473
	HJY	1	0.2824	0.1909	0.4147	0.7219	0.6072	1.8237	0.8129	1.9971	52.3757	2.4854	7.1709
		2	0.2882	0.1909	0.4083	0.7135	0.6092	1.4825	0.8112	2.1946	58.2337	2.3424	5.7417
	SY-R	1	0.2265	0.0000	0.3656	0.6773	0.5921	1.4944	0.7745	0.4404	27.3089	1.9206	9.6247
		2	0.2816	0.0000	0.4319	0.7342	0.6290	1.8116	0.8115	0.5270	32.3363	2.0306	8.5647

表 2-4-4　不同烟丝样本 60 个挥发性化合物指标的公共因子的方差解释率

成分	合计	方差解释率/(%)	累计/(%)
1	18.019	30.031	30.031
2	13.855	23.091	53.122
3	8.318	13.864	66.986
4	7.918	13.197	80.183
5	4.412	7.353	87.536
6	3.509	5.848	93.384
7	1.270	2.117	95.501
8	1.134	1.889	97.390

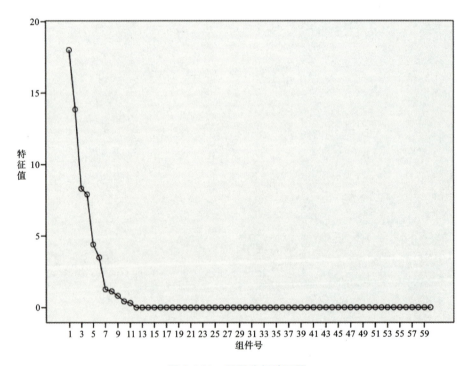

图 2-4-22　因子分析碎石图

表 2-4-5 旋转后的成分矩阵[a]

化合物名称	公因子编号							
	1	2	3	4	5	6	7	8
3-羟基-2-丁酮	0.621	0.247	0.074	−0.263	−0.613	0.285	0.016	−0.109
异丁酸乙酯	0.827	0.041	0.243	−0.147	0.158	−0.331	0.017	−0.310
丁酸乙酯	0.736	0.168	0.409	0.238	−0.049	−0.293	−0.166	0.051
2-甲基四氢呋喃-3-酮	0.333	0.771	−0.070	−0.302	0.157	−0.293	0.260	−0.090
乳酸乙酯	0.597	0.407	−0.131	−0.297	0.510	−0.194	0.178	0.012
糠醇	−0.088	−0.208	0.122	0.352	0.866	−0.022	−0.117	−0.180
α-当归内酯	0.744	−0.174	−0.409	0.315	0.155	0.115	0.213	0.141
2,6-二甲基吡啶	0.345	0.841	0.115	0.082	−0.146	−0.353	−0.068	0.002
戊酸乙酯	0.036	0.066	0.971	0.035	−0.139	0.099	−0.071	0.097
3-乙基吡啶	0.013	0.027	0.968	0.048	−0.188	0.079	−0.101	0.049
6-甲基-5-庚烯-2-酮	0.889	0.191	0.099	0.322	0.017	0.061	0.094	0.105
2,3,5-三甲基吡嗪	0.268	−0.168	0.507	0.659	0.431	0.141	−0.029	−0.019
甲基环戊烯醇酮	0.466	0.470	0.141	0.590	−0.113	−0.285	−0.252	0.117
R-(+)-柠檬烯	0.914	0.164	0.010	0.070	0.225	−0.236	−0.090	0.115
苄醇	0.191	−0.127	−0.296	0.112	0.894	−0.152	0.044	−0.001
苯乙醛	0.870	−0.010	−0.257	0.033	0.256	−0.094	0.128	−0.054
γ-己内酯	0.670	0.099	0.289	0.215	−0.185	−0.371	−0.258	0.370
4-羟基-2,5-二甲基-3(2H)-呋喃酮	0.393	0.774	0.292	0.127	−0.132	−0.147	−0.231	0.156
苯乙酮	0.766	0.197	0.354	0.199	0.200	−0.221	−0.152	0.234
2-乙酰基吡咯	−0.605	−0.169	−0.212	0.345	0.647	0.075	0.075	0.029

续表

化合物名称	公因子编号							
	1	2	3	4	5	6	7	8
δ-己内酯	0.848	−0.080	−0.006	−0.319	−0.349	0.192	−0.005	−0.059
氧化异佛尔酮	0.820	0.099	0.301	0.135	−0.229	−0.278	−0.271	0.062
异戊酸异戊酯	0.888	−0.279	0.018	−0.276	−0.215	0.034	−0.021	−0.007
苯甲醛二甲缩醛	0.139	0.246	0.854	−0.034	0.118	0.185	0.085	0.316
苯乙醇	−0.728	−0.075	−0.307	0.122	0.502	0.184	0.217	0.009
麦芽酚	−0.074	0.942	0.218	0.120	−0.105	0.134	−0.061	−0.088
异佛尔酮(82.1/54)	−0.029	0.347	0.446	0.797	0.115	0.091	−0.054	0.138
3,5,5-三甲基环己烷-1,2-二酮	0.233	0.853	−0.049	−0.068	−0.347	−0.189	−0.166	0.134
L-薄荷醇	−0.082	0.290	−0.333	0.869	0.189	0.000	−0.038	0.021
D-薄荷醇	−0.083	0.288	−0.335	0.870	0.186	0.004	−0.053	0.020
乙基麦芽酚	−0.567	0.674	0.177	0.177	−0.323	−0.093	−0.072	0.198
β-环柠檬醛	−0.081	−0.297	0.214	0.512	0.152	0.719	0.181	−0.154
香茅醇	0.103	0.819	−0.132	0.168	−0.250	−0.057	0.277	0.196
苯乙酸乙酯	0.028	0.274	0.583	0.663	−0.059	0.120	−0.206	0.070
对茴香醛	0.614	−0.626	−0.119	−0.186	0.321	0.130	0.066	−0.228
乙酸苯乙酯	0.224	−0.247	0.383	0.740	0.400	0.098	−0.069	−0.107
γ-辛内酯	0.468	0.438	0.500	0.011	−0.284	−0.232	−0.257	0.343
茴香烯	0.025	0.734	−0.048	−0.508	0.194	0.332	−0.158	0.068
4-乙烯基愈创木酚	−0.002	−0.576	−0.044	−0.076	0.800	−0.011	0.101	−0.005
洋茉莉醛(150/120.9)	0.109	0.202	0.799	0.050	−0.181	−0.130	−0.300	−0.314
山楂花酮	−0.478	0.819	0.035	0.153	0.043	0.159	0.106	−0.025

续表

化合物名称	公因子编号							
	1	2	3	4	5	6	7	8
丁香酚	0.626	−0.468	0.358	−0.168	−0.180	0.278	−0.063	−0.320
γ-戊基丁内酯	−0.096	−0.010	−0.268	−0.271	0.047	0.148	0.859	−0.008
二氢香豆酯	0.574	−0.350	−0.517	−0.289	0.244	0.210	0.211	−0.210
香兰素	−0.025	0.948	0.091	0.279	0.030	0.044	−0.091	−0.051
β-二氢大马酮	−0.282	0.278	0.389	−0.091	−0.215	0.712	0.336	0.021
β-石竹烯	0.348	0.365	0.544	0.347	−0.327	−0.280	−0.266	0.268
3-乙氧基-4-羟基苯甲醛	0.071	−0.321	−0.285	−0.313	0.588	−0.596	−0.086	−0.005
γ-癸内酯	−0.838	−0.081	−0.262	−0.106	0.173	0.301	0.275	0.045
β-紫罗兰酮	−0.003	−0.195	−0.351	0.173	0.708	0.336	0.252	0.265
δ-癸内酯	−0.460	0.511	−0.673	0.109	−0.112	−0.100	0.037	0.160
覆盆子酮	0.711	−0.087	0.268	0.362	0.496	0.060	−0.073	−0.125
γ-十一内酯	−0.255	−0.107	−0.043	0.028	−0.011	0.929	−0.015	0.030
δ-十一内酯	−0.004	0.791	0.435	0.311	−0.133	−0.094	−0.180	−0.050
γ-十二内酯	0.482	0.705	0.239	−0.179	−0.260	−0.289	0.037	0.055
δ-十二内酯	−0.211	0.851	−0.008	−0.043	−0.210	0.396	0.115	−0.115
苯甲酸苯甲酯	0.046	0.498	−0.382	0.582	−0.334	0.382	0.025	0.014
金合欢基丙酮	−0.403	−0.065	−0.541	0.294	0.107	0.137	0.575	−0.015
肉桂酸苄酯	0.027	0.790	−0.433	0.285	−0.259	0.034	0.017	0.060
肉桂酸肉桂酯	0.259	−0.188	0.807	0.028	−0.085	−0.029	−0.031	−0.336

提取方法：主成分分析。旋转方法：Kaiser 标准化最大方差法。

a. 旋转在 15 次迭代后已收敛。

7.3 60种挥发性有机化合物指标含量对6种烟丝清香型风格特征影响的赋权

对6种品牌烟丝进行感官评吸,并对嗅香的15种风格特征指标进行打分,总共邀请8位评委进行评分,并统计其平均值,如表2-4-6至表2-4-11所示。通过因子得分系数矩阵可列出不同烟叶各原始指标通过线性组合而成的8个公共因子的表达式,根据公式计算各样本的因子得分,并保存为新变量$F_1 \sim F_8$,这些公因子通过进一步与15种风格特征指标数值进行回归,可以为风格特征影响进行指标赋权。

表2-4-6 ZH-R样品风格特征评吸结果(嗅香)

序号	香气风格	评吸者								平均
		秦××	张××	熊×	李××	赵××	杨×	周×	赵×	
1	烤烟烟香	2	2	2	2	2	2	2	2	2.00
2	晾晒烟烟香	0	0	0	0	0	0	0	0	0.00
3	清香	1	1	1	1	1	1	1	1	1.00
4	果香	3	2	2	2	2	2	2	2	2.13
5	辛香	2	2	2	2	2	2	2	2	2.00
6	木香	1	0	1	0	0	0	0	0	0.25
7	青滋香	0	0	0	0	0	0	0	0	0.00
8	花香	0	1	0	0	0	0	0	0	0.13
9	药草香	0	0	0	0	0	0	0	0	0.00
10	豆香	1	0	1	0	1	1	1	0	0.63
11	可可香	0	0	0	0	0	0	0	0	0.00
12	奶香	1	1	1	0	1	1	1	1	0.88
13	膏香	1	1	1	1	1	1	1	1	1.00
14	烘焙香	1	1	1	2	1	1	1	1	1.13
15	甜香	2	2	2	2	2	2	2	2	2.00

表 2-4-7 SY-R 样品风格特征评吸结果（嗅香）

序号	香气风格	评吸者								平均
		秦××	张××	熊×	李××	赵××	杨×	周×	赵×	
1	烤烟烟香	2	2	2	2	2	2	2	2	2.00
2	晾晒烟烟香	0	0	0	0	0	0	0	0	0.00
3	清香	1	1	1	1	1	2	2	1	1.25
4	果香	2	1	1	1	1	1	1	1	1.13
5	辛香	1	1	1	1	1	1	1	1	1.00
6	木香	1	1	0	0	0	1	0	1	0.50
7	青滋香	2	2	2	2	2	2	2	2	2.00
8	花香	0	0	0	0	0	0	0	0	0.00
9	药草香	1	0	0	1	0	0	0	0	0.25
10	豆香	0	0	0	0	1	0	0	0	0.13
11	可可香	0	0	0	0	0	0	0	0	0.00
12	奶香	0	0	0	0	0	0	1	0	0.13
13	膏香	2	1	1	1	1	1	1	1	1.13
14	烘焙香	1	2	2	1	2	2	1	1	1.50
15	甜香	2	2	2	2	2	2	2	2	2.00

表 2-4-8 YY-R 样品风格特征评吸结果（嗅香）

序号	香气风格	评吸者								平均
		秦××	张××	熊×	李××	赵××	杨×	周×	赵×	
1	烤烟烟香	2	3	2	2	3	2	3	3	2.50
2	晾晒烟烟香	0	0	0	0	0	0	0	0	0.00
3	清香	2	2	2	2	2	1	2	1	1.75
4	果香	1	1	1	1	1	1	1	2	1.00
5	辛香	1	1	1	1	1	1	1	1	1.00
6	木香	1	0	0	0	0	0	0	0	0.13
7	青滋香	1	0	0	0	1	1	1	1	0.63

续表

序号	香气风格	评吸者								平均
		秦××	张××	熊×	李××	赵××	杨×	周×	赵×	
8	花香	1	1	1	1	1	1	1	1	1.00
9	药草香	0	0	0	0	0	0	0	0	0.00
10	豆香	0	0	0	0	0	0	0	0	0.00
11	可可香	0	0	0	0	0	0	0	0	0.00
12	奶香	0	0	1	0	0	0	0	0	0.13
13	膏香	1	1	1	1	1	1	1	1	1.00
14	烘焙香	2	2	2	2	2	1	2	2	1.88
15	甜香	2	2	3	2	2	2	2	2	2.13

表 2-4-9　YX-R 样品风格特征评吸结果（嗅香）

序号	香气风格	评吸者								平均
		秦××	张××	熊×	李××	赵××	杨×	周×	赵×	
1	烤烟烟香	2	2	2	2	2	3	2	2	2.13
2	晾晒烟烟香	0	0	0	0	0	0	0	0	0.00
3	清香	2	2	2	2	2	2	2	2	2.00
4	果香	2	2	1	2	2	2	1	2	1.75
5	辛香	1	1	1	1	1	1	1	1	1.00
6	木香	1	1	0	0	0	0	0	0	0.25
7	青滋香	0	0	0	0	0	0	0	0	0.00
8	花香	0	0	0	0	0	0	0	0	0.00
9	药草香	0	0	0	0	0	0	0	0	0.00
10	豆香	0	0	0	0	0	0	0	0	0.00
11	可可香	1	1	0	1	0	1	1	0	0.63
12	奶香	0	0	0	0	0	0	0	0	0.00
13	膏香	1	1	1	1	1	1	1	1	1.00

续表

序号	香气风格	评吸者								平均
		秦××	张××	熊×	李××	赵××	杨×	周×	赵×	
14	烘焙香	2	1	1	1	1	2	1	1	1.25
15	甜香	2	2	2	2	2	2	2	2	2.00

表 2-4-10　HJY 样品风格特征评吸结果(嗅香)

序号	香气风格	评吸者								平均
		秦××	张××	熊×	李××	赵××	杨×	周×	赵×	
1	烤烟烟香	2	2	2	2	2	2	2	2	2.00
2	晾晒烟烟香	0	0	0	0	0	0	0	0	0.00
3	清香	1	0	2	1	1	1	1	1	1.00
4	果香	1	0	1	0	1	1	1	1	0.75
5	辛香	1	1	1	1	0	1	1	1	0.88
6	木香	1	1	1	0	0	0	0	0	0.38
7	青滋香	1	1	1	1	2	1	1	0	1.00
8	花香	0	0	0	0	0	0	0	1	0.13
9	药草香	0	0	0	0	0	0	0	0	0.00
10	豆香	1	0	1	1	1	1	1	0	0.75
11	可可香	0	0	0	0	0	0	0	1	0.13
12	奶香	0	0	1	0	0	0	0	1	0.25
13	膏香	1	1	2	1	1	1	1	1	1.13
14	烘焙香	2	1	2	2	2	2	2	0	1.63
15	甜香	1	2	1	1	2	1	1	2	1.38

表 2-4-11　FRW-Y 样品风格特征评吸结果(嗅香)

序号	香气风格	评吸者								平均
		秦××	张××	熊×	李××	赵××	杨×	周×	赵×	
1	烤烟烟香	2	2	2	3	3	2	3	2	2.38

续表

序号	香气风格	评吸者								平均
		秦××	张××	熊×	李××	赵××	杨×	周×	赵×	
2	晾晒烟烟香	0	0	0	0	0	0	0	0	0.00
3	清香	1	1	2	0	0	1	1	2	1.00
4	果香	1	1	1	0	2	1	1	1	1.00
5	辛香	0	1	1	0	0	1	1	0	0.50
6	木香	1	1	0	1	0	1	0	1	0.63
7	青滋香	0	0	1	0	0	0	0	0	0.13
8	花香	0	0	0	0	0	0	0	1	0.13
9	药草香	0	0	0	0	0	0	0	0	0.00
10	豆香	0	0	0	1	1	0	1	0	0.38
11	可可香	0	0	0	0	1	0	0	0	0.13
12	奶香	0	0	0	0	0	0	1	0	0.13
13	膏香	1	1	1	1	2	1	1	1	1.13
14	烘焙香	2	2	2	2	3	2	2	2	2.13
15	甜香	1	2	2	1	2	2	2	1	1.63

以清香型风格特征为例来说明具体分析和计算过程。取8位评委评吸的6种烟丝的60种挥发性嗅香成分指标均值,另取清香型风格特征评吸结果均值。以评吸结果数据为因变量,经MFA降维后60种成分指标含量的公共因子为自变量进行逐步线性回归。首先对自变量和因变量进行正态性检验,如图2-4-23所示,从图中可知,变量数据分布符合完整的正态性分布。回归方程的模型情况见表2-4-12,从中可以看出,回归方程的决定系数$R^2=0.869$,调整决定系数$R'^2=0.837$,说明回归方程的拟合性及预测性均较好。进一步分析回归方程的有效性,见表2-4-13,由于方程的Sig.$=0.007<0.05$,说明方程整体有效。经过逐步回归过程,线性回归方程最终筛选2号公因子进入方程,由表2-4-14的参数估计情况可知,2号公因子的Sig.$=0.007<0.05$,说明2号公因子的参数估计有效。可以写出清香分数与2号公因子的表达式方程:$Y_{清香}=-0.932X_{F_2}$。所以得到MFA降维后所提取的2号公因子F_2对烟丝清香风格特征分数的一级权重$V_1=-0.932$。由于60种挥发性嗅香有机化合物含量对2号公因子F_2有不同的载荷,所以可以计算出每种化合物对F_2的二级权重$V_i(i=1\sim60)$。我们找寻二级权重为负的化合物,这部分化合物通过F_2的一级权重的负号对清香分数产生正向的影响。这部分物质正是对烟丝风格特征有积极性影响,且

需要管控的特征物质。优化后的管控物质清单见表 2-4-15。

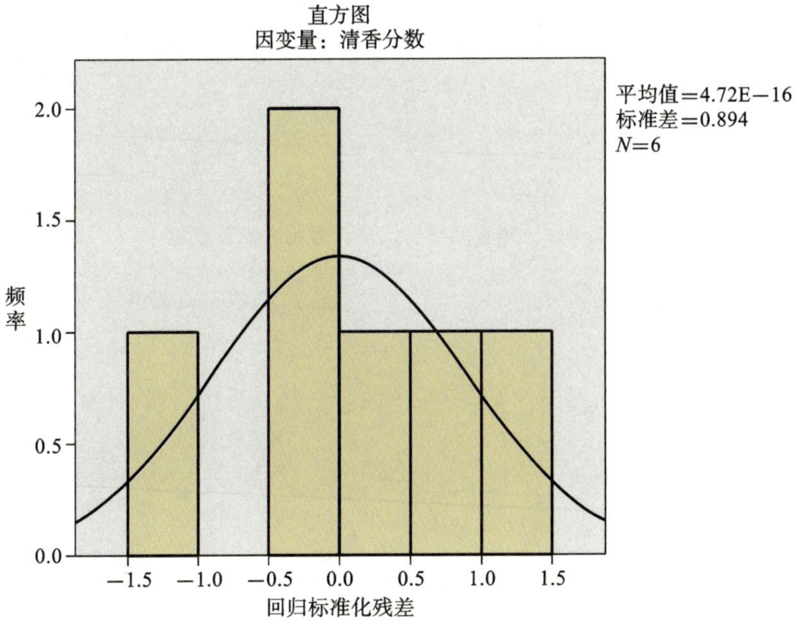

直方图
因变量：清香分数

平均值=4.72E−16
标准差=0.894
N=6

图 2-4-23　变量正态性检验的直方图

表 2-4-12　逐步回归模型摘要[b]

模型	R	R^2	R'^2	标准估算的错误	更改统计量				
					R^2 变化	F 更改	df1	df2	显著性 F 更改
1	0.932[a]	0.869	0.837	0.1769827	0.831	26.595	1	4	0.007

a. 预测变量:(常量),REGR factor score 2 for analysis 2。
b. 因变量:清香分数。

表 2-4-13　逐步回归模型摘要[b]

模型		平方和	自由度	均方	F	显著性
1	回归	0.833	1	0.833	26.595	0.007[b]
	残差	0.125	4	0.031		
	总计	0.958	5			

a. 因变量:清香分数。
b. 预测变量:(常量),REGR factor score 2 for analysis 2。

表 2-4-14　回归方程的参数估计[a]

模型		非标准化系数		标准系数	t	显著性
		B	标准错误	贝塔		
1	（常量）	1.333	0.072		18.454	0.000
	REGR factor score 2 for analysis 2	−0.408	0.079	−0.932	−5.157	0.007

a. 因变量：清香分数。

表 2-4-15　清香风格特征成分管控清单及权重

序号	化合物名称	一级权重 V_1	二级权重 V_i	总权重 $V_总$
1	糠醇	−0.932	−0.208	0.1939
2	α-当归内酯	−0.932	−0.174	0.1622
3	2,3,5-三甲基吡嗪	−0.932	−0.168	0.1566
4	苄醇	−0.932	−0.127	0.1184
5	苯乙醛	−0.932	−0.01	0.0093
6	2-乙酰基吡咯	−0.932	−0.169	0.1575
7	δ-己内酯	−0.932	−0.08	0.0746
8	异戊酸异戊酯	−0.932	−0.279	0.2600
9	苯乙醇	−0.932	−0.075	0.0699
10	β-环柠檬醛	−0.932	−0.297	0.2768
11	对茴香醛	−0.932	−0.626	0.5834
12	乙酸苯乙酯	−0.932	−0.247	0.2302
13	4-乙烯基愈创木酚	−0.932	−0.576	0.5368
14	丁香酚	−0.932	−0.468	0.4362
15	γ-戊基丁内酯	−0.932	−0.01	0.0093
16	二氢香豆酯	−0.932	−0.35	0.3262
17	3-乙氧基-4-羟基苯甲醛	−0.932	−0.321	0.2992
18	γ-癸内酯	−0.932	−0.081	0.0755
19	β-紫罗兰酮	−0.932	−0.195	0.1817

续表

序号	化合物名称	一级权重 V_1	二级权重 V_i	总权重 $V_总$
20	覆盆子酮	−0.932	−0.087	0.0811
21	γ-十一内酯	−0.932	−0.107	0.0997
22	金合欢基丙酮	−0.932	−0.065	0.0606
23	肉桂酸肉桂酯	−0.932	−0.188	0.1752

8. 总结

通过溶剂萃取直接进样-气相色谱-质谱/质谱（LSE-GC-MS/MS）法检测成品烟丝中 73 种挥发性有机嗅香化合物，并运用多元因子方法进行分析，可以建立风格特征指标分数与化合物含量间的关联。以清香风格特征为例，通过运算，可以以赋权的方式来优化 73 种管控物质清单。结果显示对茴香醛等 23 种挥发性有机化合物对烟丝的清香风格特征（嗅香）具有正向的影响，每种化合物的影响程度各不相同，其中对茴香醛的积极效应最强，其总权重 $V_总$ = 0.5834。其他 14 种感官风格特征的影响物质清单的赋权及优化流程类似。说明可以运用该方法来建立桥梁，进一步优化风格特征管控清单。

方法 14　溶剂萃取直接进样-气相色谱-质谱/质谱（LSE-GC-MS/MS）法检测结果多元因子分析统计方法

香气风格特征作为卷烟的核心特性之一，对消费者识别卷烟品牌，构建持久印象起着非常重要的作用。目前卷烟产品的香气风格特征的判断和评价方法主要是根据 YC/T 497—2014《卷烟 中式卷烟风格感官评价方法》中所划分的 15 个香韵指标来进行，包括清香、果香、辛香、木香、青滋香、花香、药草香、豆香、可可香、奶香、膏香、烘焙香、甜香、烤烟烟香和晾晒烟烟香。但是，上述评价方法都是从评委自身的主观感受出发，容易受到评委的专业水平、评吸技能、主观喜好等多方面因素的影响，不同评委的评价结果有可能出现较大差异。对于 15 种香气风格特征的物质基础缺乏清晰的认识，无法建立有效的风格特征成分管控清单，更无法为清单赋权来优化清单，以至于无法对相应成分追根溯源，也无法研究不同指标对 15 种香气风格指标的协同和拮抗效应。

本研究拟从不同品牌卷烟烟丝中 73 种挥发性/半挥发性有机化合物的含量数据出发，通过多元逐步回归的方式来探讨各指标含量对 15 种风格特征指标的影响，以此建立清晰的相应关联的数学表达式,为每一个指标含量赋予相应的权重。

1. 范围

本方法属于卷烟烟丝香气风格特征成分统计分析领域,具体涉及一种溶剂萃取直接进样-气相色谱-质谱/质谱(LSE-GC-MS/MS)法检测结果多元因子分析统计方法。

2. 原理

研究一个因变量与两个或两个以上自变量的回归,称为多元线性回归,是反映一种现象或事物的数量依多种现象或事物的数量的变动而相应地变动的规律,是建立多个变量之间线性或非线性数学模型数量关系式的统计方法。在处理实验数据时,经常要研究变量与变量之间的关系。变量之间的关系一般分为两种。一种是完全确定关系,即函数关系;一种是相关关系,即变量之间既存在着密切联系,但又不能由一个或多个变量的值求出另一个变量的值。对于彼此联系比较紧密的变量,人们总希望建立一定的公式,以便变量之间互相推测。回归分析的任务就是用数学表达式来描述相关变量之间的关系。

3. 主要试剂、仪器与条件

3.1 试剂

除特殊要求外,均应使用分析纯级或以上试剂。

3.1.1 挥发性有机化合物标样

苯乙醛、苯乙醇、香茅醇、苯乙酸乙酯、香芹酮、香叶醇、乙酸苯乙酯、洋茉莉醛、丁香酚、山楂花酮、β-二氢大马酮、β-紫罗兰酮、5-甲基糠醛、肉桂酸乙酯、异戊酸异戊酯、δ-十一内酯、δ-己内酯、γ-庚内酯、反式-肉桂醛、2,3,5-三甲基吡嗪、γ-辛内酯、γ-十一内酯、2,6-二甲基吡啶、异丁酸乙酯、苯甲酸苯甲酯、4-甲基-2-苯基-1,3-二氧戊环、二氢香豆酯、对茴香醛、δ-壬内酯、δ-癸内酯、α-松油醇、4-羟基-2,5-二甲基-3(2H)-呋喃酮、芳樟醇、麦芽酚、3-乙氧基-4-羟基苯甲醛、2-甲基四氢呋喃-3-酮、糠醇、3,5,5-三甲基环己烷-1,2-二酮、2-乙酰基吡咯、乙基麦芽酚、乙酸异丁酯、苄醇、苯乙酮、异佛尔酮、肉桂酸肉桂酯、γ-戊基丁内酯、氧化异佛尔酮、香兰素、3-乙基吡啶、戊酸乙酯、金合欢基丙酮、乙酸芳樟酯、乳酸乙酯、β-环柠檬醛、L-薄荷醇、丁酸乙酯、甲基环戊烯醇酮、6-甲基-5-庚烯-2-酮、2-甲基吡嗪、苯甲醛二甲缩醛、茴香烯、γ-己内酯、δ-十二内酯、α-当归内酯、γ-十二内酯、γ-癸内酯、肉桂酸苄酯、R-(+)-柠檬烯、D-薄荷醇、3-羟基-2-丁酮、覆盆子酮、β-石竹烯、4-乙烯基愈创木酚,共73种标准样品。内标选用萘。

3.1.2 溶剂

无水乙醇、丙二醇、乙醚。

3.2 仪器及条件

振荡摇床:振荡频率 150 r/min,振荡幅度 30 mm,振荡时间 2 h。气相色谱仪(GC)配 DB-5MS 弹性石英毛细管色谱柱(30 m×0.25 mm×0.25 μm,美国 Agilent 公司),进样口温度 250 ℃。恒流模式,柱流量 1 mL/min,进样量 1 μL,分流比 10∶1。升温程序:初始温度 50 ℃,保持 2 min,以 5 ℃/min 的速率升温至 250 ℃,保持 20 min。传输线温度:250 ℃。载气:He(纯度 ≥ 99.99%)。质谱仪(MS/MS)电离方式:电子源轰击(EI),电离能 70 eV,灯丝电流 80 μA,离子源温度 170 ℃,传输线温度 250 ℃。全扫描监测 Full scan 模式,扫描范围 10~500 amu,多反应监测 MRM 模式,离子选择参数见表 2-4-16。分析天平,感量为 0.0001 g。移液枪,5000 μL。

表 2-4-16 致香成分的定性离子对、定量离子对和碰撞能量

序号	物质名称	定量离子对	碰撞能/V	定性离子对	碰撞能/V
1	苯乙醛	120/90.9	12	120/92.1	5
2	苯乙醇	122/92	8	122/90.9	25
3	IS(萘)	128/101.9	22		
4	香茅醇	138.1/95	12	138.1/81	8
5	苯乙酸乙酯	91/65	20	164/91	18
6	香芹酮	108.1/92.9	12	108.1/76.9	25
7	香叶醇	93/77	15	123/81	12
8	乙酸苯乙酯	104/78	15	104/77	30
9	洋茉莉醛	150/65	30	150/120.9	25
10	丁香酚	164/148.9	15	164.1/104	18
11	山楂花酮	135/77	15	150/134.9	12
12	β-二氢大马酮	192.2/177	12	177/121	18
13	β-紫罗兰酮	177.1/162	15	177/146.9	25
14	5-甲基糠醛	109/53	12	81/53	7
15	肉桂酸乙酯	131/103	13	103/77	15

续表

序号	物质名称	定量离子对	碰撞能/V	定性离子对	碰撞能/V
16	异戊酸异戊酯	70.1/55	10	85.1/57	7
17	δ-十一内酯	99/71	7	71.1/43	9
18	δ-己内酯	70.1/42.1	5	70.1/55	7
19	γ-庚内酯	85/57	5	110.1/68.1	10
20	反式-肉桂醛	103.1/77	15	131/77	30
21	2,3,5-三甲基吡嗪	122.1/81	12	81.1/42	5
22	γ-辛内酯	85/57	7	100.1/72	5
23	γ-十一内酯	85/57	7	128.1/95	10
24	2,6-二甲基吡啶	107.1/92	20	92.1/65	10
25	异丁酸乙酯	71.1/43	5	88.1/73	10
26	苯甲酸苯甲酯	105/77	15	77.1/51	14
27	4-甲基-2-苯基-1,3-二氧戊环	105/77	15	163.1/105	17
28	二氢香豆酯	148/120	12	120/91	19
29	对茴香醛	135/107	10	135/77	20
30	δ-壬内酯	99/71	7	71.1/43	9
31	δ-癸内酯	99/71	7	71.1/43	10
32	α-松油醇	93.1/77	15	121.1/93	10
33	4-羟基-2,5-二甲基-3(2H)-呋喃酮	128/85	8	85/57	7
34	芳樟醇	93.1/77	15	71.1/43	8
35	麦芽酚	126/71	16	71/43	8
36	3-乙氧基-4-羟基苯甲醛	137/109	15	166.1/137	22

续表

序号	物质名称	定量离子对	碰撞能/V	定性离子对	碰撞能/V
37	2-甲基四氢呋喃-3-酮	72.1/43	5	100.1/72	5
38	糠醇	98.1/70	7	98.1/42	10
39	3,5,5-三甲基环己烷-1,2-二酮	70.1/55	5	98.1/70	7
40	2-乙酰基吡咯	109.1/94	12	94.1/66	10
41	乙基麦芽酚	140.1/71	16	140.1/69	14
42	乙酸异丁酯	74.1/28	5	74.1/56	3
43	苄醇	73/43	5	71.1/43	7
44	苯乙酮	107.1/79	10	77.1/51	15
45	异佛尔酮	105.1/77	15	120.1/105	8
46	肉桂酸肉桂酯	82.1/54	8	138.1/82	10
47	γ-戊基丁内酯	131.1/103	16	103.1/77	16
48	氧化异佛尔酮	85.1/57	8	100.1/54	8
49	香兰素	83.1/55	10	69.1/41	10
50	3-乙基吡啶	151.1/123	12	152.1/123	24
51	戊酸乙酯	92.1/65	12	107.1/92	17
52	金合欢基丙酮	85.1/57	7	88.1/61	8
53	乙酸芳樟酯	69.2/41	9	107.2/91	16
54	乳酸乙酯	93.2/77	15	91.1/65	19
55	β-环柠檬醛	75.1/45	5	75.1/47	7
56	L-薄荷醇	109.2/67.1	10	152.2/136.9	12
57	丁酸乙酯	95.2/67.1	10	95.2/55	15

续表

序号	物质名称	定量离子对	碰撞能/V	定性离子对	碰撞能/V
58	甲基环戊烯醇酮	71.2/43	5	88.1/61	7
59	6-甲基-5-庚烯-2-酮	112.1/84	10	69.2/41.2	7
60	2-甲基吡嗪	108.2/93	10	69.2/41	7
61	苯甲醛二甲缩醛	94.1/67	12	67.1/40	5
62	茴香烯	121.1/77	15	121.1/91	15
63	γ-己内酯	148.2/133	20	147.2/91	15
64	δ-十二内酯	85.1/57	5	70.2/55	8
65	α-当归内酯	99.1/71	7	71.2/43	8
66	γ-十二内酯	98.1/55	11	98.1/70	9
67	γ-癸内酯	85.1/57	7	85.1/29	8
68	肉桂酸苄酯	85.1/57	7	85.1/29	8
69	R-(＋)-柠檬烯	131.1/103	14	91.1/65	15
70	D-薄荷醇	93.2/76.9	15	68.2/53	10
71	3-羟基-2-丁酮	95.2/67	10	71.2/43	7
72	覆盆子酮	88.1/45	5	88.1/44	5
73	β-石竹烯	107.1/77	19	164.2/107	16
74	4-乙烯基愈创木酚	91.1/65	17	133.2/104.9	14

4. 样品处理

取成品卷烟进行试样制备，试样制备应快速准确，并确保样品不受污染。每个实验样品制备三个平行试样。随机取新开包的同一品牌的烟支 3 支，剥去卷烟纸和滤嘴，取出烟丝，记录重量，再分别放入 3 个 100 mL 锥形瓶中，作为试样。在准备好的试样中分别加入 1 mL 浓度为 60 μg/mL 的内标萘、9 mL 乙醚，迅速盖上盖摇匀，置于振荡摇床上振荡 2 h，用 10 mL 针筒取上层萃取液经 0.22 μm 微孔滤膜过滤,供气相色谱-质谱/质谱仪测定。

5. 分析步骤

5.1 定性分析

对照标样的保留时间、定性离子对和定量离子对,确定试样中的目标化合物。当试样和标样在相同保留时间处(±0.2 min)出现,且各定性离子的相对丰度与浓度相当的标准溶液的离子相对丰度一致,其误差符合表 2-4-17 规定的范围,则可判断样品中存在对应的被测物。

表 2-4-17 定性确证时相对离子丰度的最大允许误差

相对离子丰度/(%)	允许的相对误差/(%)
>50	±20
20~50	±25
10~20	±30
≤10	±50

5.2 定量分析

5.2.1 标准工作曲线绘制

根据致香成分标样的定量离子峰面积与内标峰面积的比值及标准工作溶液中目标物的浓度与内标物浓度的比值,建立标准工作曲线,工作曲线线性相关系数 $R^2 \geqslant 0.95$。

5.2.2 样品测定

每个样品平行测定 3 次。根据试样中目标化合物的定量离子峰面积计算样品中挥发性及半挥发性有机化合物的含量。

6. 结果计算与表述

试样中挥发性及半挥发性有机化合物含量的计算方法。试样中挥发性及半挥发性有机化合物的含量按式(2.4.7)进行计算:

$$C_s = \frac{\left(\dfrac{A_s}{A_i}+a\right) \times C_i \times V}{k \times m} \tag{2.4.7}$$

式中:C_s——试样中某一种特征物质的含量,单位为 mg/kg;

A_s——试样中挥发性或半挥发性有机化合物的峰面积,单位为 U(积分单位);

A_i——内标物质的峰面积,单位为 U(积分单位);

C_i——加入内标物质的量,单位为 μg/mL;

m——称取烟丝质量,单位为 g;

k——各挥发性或半挥发性有机化合物的标准工作曲线斜率;

a——各挥发性或半挥发性有机化合物的标准工作曲线截距。

7. 结果与讨论

7.1 73 种挥发性有机化合物的含量检测及多元线性回归

依据公式(2.4.7),通过溶剂萃取直接进样-气相色谱-质谱/质谱(LSE-GC-MS/MS)法检测 6 种品牌成品烟丝中挥发性有机化合物的含量,包括 YY-R、YX-R、ZH-R、FRW-Y、HJY 和 SY-R。采用 SPSS 22.0 统计分析软件(SPSS Inc.,美国)的数据处理模块对不同品牌烟丝中 73 种挥发性有机化合物含量与 15 种风格特征指标的关系进行分析。采用多元线性回归分析方法来探索烟丝中不同挥发性成分对卷烟风格特征的影响方向和权重。

7.2 73 种挥发性有机化合物含量的多元线性回归

经过含量检测和公式(2.4.7)的计算,可以得到 6 种品牌烟丝中 73 种挥发性有机化合物含量数据,具体见表 2-4-18。剔除含量为 0 的指标和测定结果为负的不能准确定量的指标,包括序号为 3、7、13、26、33、36、40、42、44、47、48、56、61 的 13 种指标,剩余的 60 种指标作为多元因子分析挥发性有机化合物与 15 种风格特征指标的基础数据。

以清香型风格特征为例来说明具体分析和计算过程。取 8 位评委评吸的 6 种烟丝的 60 种挥发性嗅香成分指标均值,另取清香型风格特征评吸结果均值(见表 2-4-19 至表 2-4-24)。以评吸结果数据为因变量、60 种挥发性有机化合物的含量为自变量进行逐步线性回归。首先对自变量和因变量进行正态性检验,如图 2-4-24 和图 2-4-25 所示,从图中可知,变量数据分布基本符合完整的正态性分布。多元回归运算采用软件进行,采用逐步回归的步进方式,分别进行非标准化和标准化的参数估计,并使用 F 值来作为进入/退出最终回归方程的依据($F>3.84$ 则进入,$F<2.87$ 则退出)来进行运算。最终 γ-癸内酯、γ-戊基丁内酯、γ-十一内酯、肉桂酸苄酯和常量进入方程。回归方程的回归效果情况见表 2-4-25,从中可以看出,回归方程的决定系数 $R^2=0.907$,调整决定系数 $R'^2=0.884$,说明回归方程的拟合性及预测性均较好。进一步分析回归方程的有效性,见表 2-4-26,由于方程的 Sig.$=0.000<0.05$,说明方程整体有效。由表 2-4-27 的参数估计情况可知,所有参数的 Sig.$=0.000<0.05$,说明所有指标含量的参数估计有效。可以写出清香分数与指标含量的表达式方程:$Y_{清香}=1.233X_1-0.413X_2-0.151X_3-0.036X_4$。所以,这部分物质正是对烟丝风格特征有影响,且需要管控的特征物质。

表 2-4-18 6 种品牌 73 种挥发性/半挥发性物质含量测定结果表

类别	卷烟品牌	测定次数	1 3-羟基-2-丁酮/(mg/kg)	2 异丁酸乙酯/(mg/kg)	3 乙酸异丁酯/(mg/kg)	4 丁酸乙酯/(mg/kg)	5 2-甲基四氢呋喃-3-酮/(mg/kg)	6 乳酸乙酯/(mg/kg)	7 2-甲基吡嗪/(mg/kg)	8 糠醇/(mg/kg)	9 α-当归内酯/(mg/kg)	10 2,6-二甲基吡啶/(mg/kg)	11 戊酸乙酯/(mg/kg)	12 3-乙基吡啶/(mg/kg)	13 5-甲基糠醛/(mg/kg)
新开包样品测定	YY-R	1	4.161	0.143	-0.061	0.232	2.584	35.644	-0.206	0.792	0.591	0.175	0.000	0.000	0.000
		2	4.015	0.113	-0.049	0.222	2.466	36.222	0.000	0.820	0.611	0.167	0.000	0.000	0.000
	YX-R	1	0.000	0.143	0.029	0.258	2.586	38.700	-0.230	0.964	0.652	0.173	0.000	0.000	0.000
		2	0.000	0.131	-0.002	0.243	2.359	35.005	-0.227	0.980	0.563	0.167	0.000	0.000	0.000
	ZH-R	1	3.606	0.202	-0.008	0.273	2.508	38.026	-0.210	0.909	0.757	0.165	0.000	0.000	0.000
		2	3.758	0.230	-0.016	0.338	2.508	41.326	-0.221	0.930	0.742	0.169	0.000	0.000	0.000
	FRW-Y	1	3.931	0.220	0.080	0.300	2.969	42.332	-0.242	0.865	0.573	0.218	0.000	0.000	0.000
		2	3.496	0.171	0.104	0.320	2.563	38.143	-0.216	0.784	0.664	0.191	0.000	0.000	0.000
	HJY	1	4.174	0.191	0.070	0.347	2.668	39.927	-0.203	0.852	0.783	0.206	0.000	0.000	0.000
		2	3.901	0.159	0.081	0.300	2.558	36.233	-0.217	0.891	0.685	0.198	0.000	0.000	0.000
	SY-R	1	3.735	0.175	0.123	0.316	2.333	32.364	-0.199	0.849	0.544	0.177	0.044	0.637	0.000
		2	4.039	0.195	0.145	0.343	2.683	39.598	0.230	0.897	0.605	0.200	0.061	0.725	0.000

续表

类别	卷烟品牌	测定次数	14 6-甲基-5-庚烯-2-酮/(mg/kg)	15 2,3,5-三甲基吡嗪/(mg/kg)	16 甲基环戊烯醇酮/(mg/kg)	17 R-(+)-柠檬烯/(mg/kg)	18 苄醇/(mg/kg)	19 苯乙醛/(mg/kg)	20 γ-己内酯/(mg/kg)	21 4-羟基-2,5-二甲基-3(2H)-呋喃酮/(mg/kg)	22 苯乙酮/(mg/kg)	23 2-乙酰基吡咯/(mg/kg)	24 δ-己内酯/(mg/kg)	25 氧化异佛尔酮/(mg/kg)	26 芳樟醇/(mg/kg)
新开包样品测定	YY-R	1	0.121	0.000	0.852	2.722	0.054	0.413	0.220	1.849	0.011	0.925	0.926	0.000	0.000
		2	0.110	0.000	0.887	2.847	0.055	0.412	0.245	1.907	0.014	1.027	0.963	0.000	0.000
	YX-R	1	0.118	0.060	0.975	3.720	0.081	0.441	0.287	1.881	0.018	1.434	0.000	0.000	0.000
		2	0.103	0.064	0.982	3.078	0.083	0.405	0.271	1.852	0.019	1.465	0.000	0.000	0.000
	ZH-R	1	0.179	0.060	0.955	5.431	0.075	0.602	0.342	1.815	0.028	0.944	1.369	0.155	0.000
		2	0.163	0.066	0.979	6.024	0.087	0.533	0.398	1.908	0.025	0.943	1.552	0.186	0.000
	FRW-Y	1	0.142	0.000	1.069	5.330	0.070	0.513	0.346	2.044	0.025	0.805	0.975	0.159	0.000
		2	0.145	0.000	1.084	5.331	0.061	0.472	0.514	1.983	0.026	0.758	1.139	0.210	0.000
	HJY	1	0.187	0.069	1.267	5.599	0.067	0.534	0.457	2.057	0.029	0.954	1.097	0.199	0.000
		2	0.183	0.064	1.170	5.285	0.067	0.499	0.390	2.006	0.026	0.962	0.926	0.183	0.000
	SY-R	1	0.125	0.060	1.064	3.314	0.040	0.390	0.400	1.938	0.021	0.798	0.874	0.187	0.000
		2	0.183	0.094	1.103	5.494	0.065	0.470	0.452	2.071	0.034	0.856	1.045	0.205	0.000

续表

类别	卷烟品牌	测定次数	物质含量											
			27	28	29	30	31	32	33	34	35	36	37	38
			异戊酸异戊酯 /(mg/kg)	苯甲醛二甲缩醛 /(mg/kg)	苯乙醇 /(mg/kg)	麦芽酚 /(mg/kg)	异佛尔酮(82.1/54) /(mg/kg)	3,5,5-三甲基环己烷-1,2-二酮 /(mg/kg)	γ-庚内酯 /(mg/kg)	L-薄荷醇 /(mg/kg)	D-薄荷醇 /(mg/kg)	α-松油醇 /(mg/kg)	乙基麦芽酚 /(mg/kg)	β-环柠檬醛 /(mg/kg)
新开包样品测定	YY-R	1	0.2294	0.0000	0.6811	76.9809	0.0000	3.3030	0.0000	0.0000	0.0000	0.0000	23.2398	0.3602
		2	0.2324	0.0000	0.7394	78.0461	0.0000	3.3770	0.0000	0.0000	0.0000	0.0000	23.5618	0.3830
	YX-R	1	0.0000	0.0000	0.9343	75.4807	0.0526	3.1691	0.0000	0.2256	0.3195	0.0000	22.3288	0.3624
		2	0.0000	0.0000	0.8999	75.8230	0.0511	3.1227	0.0000	0.2180	0.3231	0.0000	22.4051	0.3741
	ZH-R	1	0.5315	0.0000	0.5029	71.6604	0.0000	3.1372	0.0000	0.0000	0.0000	0.0000	0.0000	0.3826
		2	0.5930	0.0000	0.5198	72.9977	0.0000	3.1003	0.0000	0.0000	0.0000	0.0000	0.0000	0.3812
	FRW-Y	1	0.2798	0.0000	0.4825	81.3739	0.0824	3.7295	0.0000	0.3518	0.5026	0.0000	24.3151	0.3818
		2	0.4354	0.0000	0.4071	74.0875	0.0782	3.5269	0.0000	0.3452	0.5155	0.0000	22.1299	0.3986
	HJY	1	0.3508	0.0000	0.5445	80.1622	0.0519	3.5460	0.0000	0.0000	0.0000	0.0000	23.7947	0.3742
		2	0.2456	0.0000	0.5020	79.5933	0.0782	3.5720	0.0000	0.0000	0.0000	0.0000	23.9206	0.3742
	SY-R	1	0.2913	0.0037	0.4035	76.2836	0.0519	3.2720	0.0000	0.0000	0.0000	0.0000	23.9206	0.3742
		2	0.3268	0.0213	0.4497	81.0034	0.0900	3.4876	0.0000	0.0000	0.0000	0.0000	25.3832	0.4004

续表

物质含量

类别	卷烟品牌	测定次数	39 香茅醇/(mg/kg)	40 香芹酮/(mg/kg)	41 苯乙酸乙酯/(mg/kg)	42 香叶醇/(mg/kg)	43 对茴香醛/(mg/kg)	44 乙酸芳樟酯/(mg/kg)	45 乙酸苯乙酯/(mg/kg)	46 γ-辛内酯/(mg/kg)	47 4-甲基-2-苯基-1,3-二氧戊环/(mg/kg)	48 反式-肉桂醛/(mg/kg)	49 茴香烯/(mg/kg)	50 4-乙烯基愈创木酚/(mg/kg)
新开包样品测定	YY-R	1	0.5654	0.0000	0.0000	0.0000	0.0000	0.0000	0.0000	0.0163	0.0000	0.0000	0.3645	1.4026
		2	0.5236	0.0000	0.0000	0.0000	0.0000	0.0000	0.0000	0.0211	0.0000	0.0000	0.3885	1.4438
	YX-R	1	0.5513	0.0000	0.0000	0.0000	0.0000	0.0000	0.6957	0.0182	0.0000	0.0000	0.3671	1.7537
		2	0.4427	0.0000	0.2604	0.0000	0.0000	0.0000	0.7004	0.0171	0.0000	0.0000	0.3582	1.8079
	ZH-R	1	0.4936	0.0000	0.0000	0.0000	0.3697	0.0000	0.6602	0.0203	0.0000	0.0000	0.3540	1.7781
		2	0.4154	0.0000	0.0000	0.0000	0.3847	0.0000	0.6885	0.0207	0.0000	0.0000	0.3688	1.8408
	FRW-Y	1	0.5988	0.0000	0.0000	0.0000	0.0000	0.0000	0.0000	0.0271	0.0000	0.0000	0.3876	1.4056
		2	0.5456	0.0000	0.0000	0.0000	0.0000	0.0000	0.0000	0.0305	0.0000	0.0000	0.3638	1.4249
	HJY	1	0.6096	0.0000	0.3012	0.0000	0.0000	0.0000	0.7397	0.0287	0.0000	0.0000	0.3654	1.3579
		2	0.6132	0.0000	0.2776	0.0000	0.0000	0.0000	0.7285	0.0241	0.0000	0.0000	0.3700	1.3251
	SY-R	1	0.4723	0.0000	0.2778	0.0000	0.0000	0.0000	0.7017	0.0276	0.0000	0.0000	0.3532	1.3338
		2	0.5757	0.0000	0.4057	0.0000	0.0000	0.0000	0.7538	0.0336	0.0000	0.0000	0.3799	1.5203

续表

类别	卷烟品牌	测定次数	51 洋茉莉醛(150/120.9) /(mg/kg)	52 山楂花酮 /(mg/kg)	53 丁香酚 /(mg/kg)	54 γ-戊基丁内酯 /(mg/kg)	55 二氢香豆酯 /(mg/kg)	56 δ-壬内酯 /(mg/kg)	57 香兰素 /(mg/kg)	58 β-二氢大马酮 /(mg/kg)	59 β-石竹烯 /(mg/kg)	60 3-乙氧基-4-羟基苯甲醛 /(mg/kg)	61 肉桂酸乙酯 /(mg/kg)	62 γ-癸内酯 /(mg/kg)
新开包样品测定	YY-R	1	0.4064	0.7076	0.7574	0.1301	0.2038	0.0000	7.0691	0.3710	2.1285	0.0000	0.0000	0.45858
		2	0.4103	0.7156	0.8127	0.1060	0.2004	0.0000	7.1858	0.3701	2.1794	0.0000	0.0000	0.45858
	YX-R	1	0.4171	0.7059	0.5849	0.1121	0.1839	0.0000	7.1522	0.2996	2.3899	3.2867	0.0000	0.43222
		2	0.4123	0.7102	0.5581	0.0886	0.1690	0.0000	7.1337	0.2802	2.4585	3.2937	0.0000	0.44080
	ZH-R	1	0.3973	0.6536	1.1295	0.1115	0.2458	0.0000	6.7211	0.2678	2.4512	3.3207	0.0000	0.00000
		2	0.4356	0.6353	1.1397	0.0939	0.2580	0.0000	6.8275	0.2841	2.3652	3.3785	0.0000	0.00000
	FRW-Y	1	0.4468	0.7259	0.7349	0.0967	0.1955	0.0000	7.5822	0.2725	3.0036	3.5762	0.0000	0.00000
		2	0.4125	0.6602	0.6946	0.0908	0.1865	0.0000	6.9383	0.2483	3.5491	3.2716	0.0000	0.00000
	HJY	1	0.4318	0.7163	0.7876	0.1116	0.1948	0.0000	7.5520	0.3103	3.5870	0.0000	0.0000	0.00000
		2	0.4204	0.7093	0.7532	0.0702	0.1907	0.0000	7.5325	0.2963	3.4250	0.0000	0.0000	0.00000
	SY-R	1	0.4889	0.6759	1.0953	0.0760	0.1495	0.0000	7.0202	0.3159	3.7150	0.0000	0.0000	0.00000
		2	0.4633	0.7169	0.9072	0.0932	0.1621	0.0000	7.4830	0.3756	4.0213	0.0000	0.0000	0.00000

续表

类别	卷烟品牌	测定次数	物质含量									
			63	64	65	66	67	68	69	70	71	72	73
			β-紫罗兰酮/(mg/kg)	δ-癸内酯/(mg/kg)	覆盆子酮/(mg/kg)	γ-十一内酯/(mg/kg)	δ-十一内酯/(mg/kg)	γ-十二内酯/(mg/kg)	δ-十二内酯/(mg/kg)	苯甲酸苯甲酯/(mg/kg)	金合欢基丙酮/(mg/kg)	肉桂酸苄酯/(mg/kg)	肉桂酸肉桂酯/(mg/kg)
新开包样品测定	YY-R	1	0.2743	0.1876	0.3218	0.7588	0.5581	1.4687	0.8152	1.1290	79.3049	2.1652	6.5474
		2	0.2924	0.1931	0.3224	1.7872	0.5553	1.4004	0.8285	1.1803	45.9789	2.2031	5.7598
	YX-R	1	0.3297	0.1713	0.3700	0.6969	0.5535	1.2926	0.7805	0.5504	67.9019	2.0549	6.5731
		2	0.2940	0.1767	0.3794	0.6627	0.5750	1.1959	0.7686	0.5019	58.4694	2.0308	6.1141
	ZH-R	1	0.2926	0.0000	0.4183	0.7169	0.5272	1.3531	0.7489	0.2470	46.5494	1.8492	6.3935
		2	0.3114	0.0000	0.4547	0.6662	0.5272	1.4349	0.7489	0.2451	44.8471	1.9174	8.5732
	FRW-Y	1	0.2474	0.1784	0.3698	0.0000	0.6151	1.9352	0.8229	0.4448	34.0666	2.2680	6.6916
		2	0.2670	0.1784	0.3435	0.0000	0.5554	1.6975	0.7546	0.4339	41.2091	2.1444	6.0473
	HJY	1	0.2824	0.1909	0.4147	0.7219	0.6072	1.8237	0.8129	1.9971	52.3757	2.4854	7.1709
		2	0.2882	0.1909	0.4083	0.7135	0.6092	1.4825	0.8112	2.1946	58.2337	2.3424	5.7417
	SY-R	1	0.2265	0.0000	0.3656	0.6773	0.5921	1.4944	0.7745	0.4404	27.3089	1.9206	9.6247
		2	0.2816	0.0000	0.4319	0.7342	0.6290	1.8116	0.8115	0.5270	32.3363	2.0306	8.5647

表 2-4-19　ZH-R 样品风格特征评吸结果（嗅香）

序号	香气风格	评吸者								平均
		秦××	张××	熊×	李××	赵××	杨×	周×	赵×	
1	烤烟烟香	2	2	2	2	2	2	2	2	2.00
2	晾晒烟烟香	0	0	0	0	0	0	0	0	0.00
3	清香	1	1	1	1	1	1	1	1	1.00
4	果香	3	2	2	2	2	2	2	2	2.13
5	辛香	2	2	2	2	2	2	2	2	2.00
6	木香	1	0	1	0	0	0	0	0	0.25
7	青滋香	0	0	0	0	0	0	0	0	0.00
8	花香	0	1	0	0	0	0	0	0	0.13
9	药草香	0	0	0	0	0	0	0	0	0.00
10	豆香	1	0	1	0	1	1	1	0	0.63
11	可可香	0	0	0	0	0	0	0	0	0.00
12	奶香	1	1	1	0	1	1	1	1	0.88
13	膏香	1	1	1	1	1	1	1	1	1.00
14	烘焙香	1	1	1	2	1	1	1	1	1.13
15	甜香	2	2	2	2	2	2	2	2	2.00

表 2-4-20　SY-R 样品风格特征评吸结果（嗅香）

序号	香气风格	评吸者								平均
		秦××	张××	熊×	李××	赵××	杨×	周×	赵×	
1	烤烟烟香	2	2	2	2	2	2	2	2	2.00
2	晾晒烟烟香	0	0	0	0	0	0	0	0	0.00
3	清香	1	1	1	1	1	2	2	1	1.25
4	果香	2	1	1	1	1	1	1	1	1.13
5	辛香	1	1	1	1	1	1	1	1	1.00
6	木香	1	1	0	0	1	0	1	1	0.50
7	青滋香	2	2	2	2	2	2	2	2	2.00
8	花香	0	0	0	0	0	0	0	0	0.00

续表

序号	香气风格	评吸者								平均
		秦××	张××	熊×	李××	赵××	杨×	周×	赵×	
9	药草香	1	0	0	1	0	0	0	0	0.25
10	豆香	0	0	0	0	1	0	0	0	0.13
11	可可香	0	0	0	0	0	0	0	0	0.00
12	奶香	0	0	0	0	0	1	0	0	0.13
13	膏香	2	1	1	1	1	1	1	1	1.13
14	烘焙香	1	2	2	1	2	2	1	1	1.50
15	甜香	2	2	2	2	2	2	2	2	2.00

表 2-4-21　YY-R 样品风格特征评吸结果（嗅香）

序号	香气风格	评吸者								平均
		秦××	张××	熊×	李××	赵××	杨×	周×	赵×	
1	烤烟烟香	2	3	2	2	3	2	3	3	2.50
2	晾晒烟烟香	0	0	0	0	0	0	0	0	0.00
3	清香	2	2	2	2	2	1	2	1	1.75
4	果香	1	1	1	1	0	1	1	2	1.00
5	辛香	1	1	1	1	1	1	1	1	1.00
6	木香	1	0	0	0	0	0	0	0	0.13
7	青滋香	1	0	0	0	1	1	1	1	0.63
8	花香	1	1	1	1	1	1	1	1	1.00
9	药草香	0	0	0	0	0	0	0	0	0.00
10	豆香	0	0	0	0	0	0	0	0	0.00
11	可可香	0	0	0	0	0	0	0	0	0.00
12	奶香	0	0	1	0	0	0	0	0	0.13
13	膏香	1	1	1	1	1	1	1	1	1.00
14	烘焙香	2	2	2	2	2	1	2	2	1.88
15	甜香	2	2	3	2	2	2	2	2	2.13

表 2-4-22　YX-R 样品风格特征评吸结果（嗅香）

序号	香气风格	评吸者								平均
		秦××	张××	熊×	李××	赵××	杨×	周×	赵×	
1	烤烟烟香	2	2	2	2	2	3	2	2	2.13
2	晾晒烟烟香	0	0	0	0	0	0	0	0	0.00
3	清香	2	2	2	2	2	2	2	2	2.00
4	果香	2	2	1	2	2	2	1	2	1.75
5	辛香	1	1	1	1	1	1	1	1	1.00
6	木香	1	0	1	0	0	0	0	0	0.25
7	青滋香	0	0	0	0	0	0	0	0	0.00
8	花香	0	0	0	0	0	0	0	0	0.00
9	药草香	0	0	0	0	0	0	0	0	0.00
10	豆香	0	0	0	0	0	0	0	0	0.00
11	可可香	1	1	1	0	1	0	1	0	0.63
12	奶香	0	0	0	0	0	0	0	0	0.00
13	膏香	1	1	1	1	1	1	1	1	1.00
14	烘焙香	2	1	1	1	1	2	1	1	1.25
15	甜香	2	2	2	2	2	2	2	2	2.00

表 2-4-23　HJY 样品风格特征评吸结果（嗅香）

序号	香气风格	评吸者								平均
		秦××	张××	熊×	李××	赵××	杨×	周×	赵×	
1	烤烟烟香	2	2	2	2	2	2	2	2	2.00
2	晾晒烟烟香	0	0	0	0	0	0	0	0	0.00
3	清香	1	0	2	1	1	1	1	1	1.00
4	果香	1	0	1	0	1	1	1	1	0.75
5	辛香	1	1	1	1	0	1	1	1	0.88
6	木香	1	1	1	0	0	0	0	0	0.38
7	青滋香	1	1	1	1	2	1	1	0	1.00
8	花香	0	0	0	0	0	0	0	1	0.13

续表

序号	香气风格	评吸者								平均
		秦××	张××	熊×	李××	赵××	杨×	周×	赵×	
9	药草香	0	0	0	0	0	0	0	0	0.00
10	豆香	1	1	0	1	1	1	1	0	0.75
11	可可香	0	0	0	0	0	0	0	1	0.13
12	奶香	0	0	0	0	0	0	1	1	0.25
13	膏香	1	1	2	1	1	1	1	1	1.13
14	烘焙香	2	1	2	2	2	2	2	0	1.63
15	甜香	1	2	1	1	1	1	1	2	1.38

表 2-4-24 FRW-Y 样品风格特征评吸结果（嗅香）

序号	香气风格	评吸者								平均
		秦××	张××	熊×	李××	赵××	杨×	周×	赵×	
1	烤烟烟香	2	2	2	3	3	2	3	2	2.38
2	晾晒烟烟香	0	0	0	0	0	0	0	0	0.00
3	清香	1	1	2	0	0	1	1	2	1.00
4	果香	1	1	1	0	2	1	1	1	1.00
5	辛香	0	1	1	1	1	0	1	0	0.50
6	木香	1	1	0	1	0	1	1	0	0.63
7	青滋香	0	0	1	0	0	0	0	0	0.13
8	花香	0	0	0	0	0	0	0	1	0.13
9	药草香	0	0	0	0	0	0	0	0	0.00
10	豆香	0	0	0	1	1	0	1	0	0.38
11	可可香	0	0	0	0	1	0	0	0	0.13
12	奶香	0	0	0	0	0	0	1	0	0.13
13	膏香	1	1	1	1	2	1	1	1	1.13
14	烘焙香	2	2	2	2	3	2	2	2	2.13
15	甜香	1	2	2	2	2	2	2	1	1.63

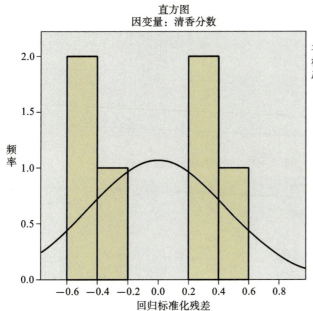

图 2-4-24　变量正态性检验的直方图

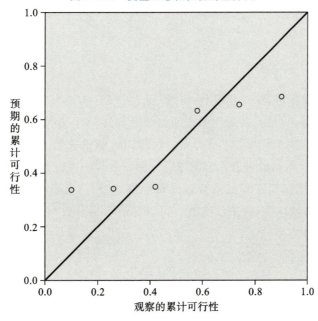

图 2-4-25　回归标准化残差的正态 P-P 图

表 2-4-25　逐步回归模型摘要

模型	R	R^2	R'^2	标准估算的错误	更改统计量				
					R^2 变化	F 更改	df1	df2	显著性 F 更改
1	0.952[a]	0.907	0.884	0.1769827	0.869	26.595	1	4	0.007

a. 因变量：清香分数。

表 2-4-26　逐步回归模型摘要[a]

模型		平方和	自由度	均方	F	显著性
1	回归	0.958333333	4	0.239583333	2585068900	0.000
	残差	9.27E−11	1	9.27E−11		
	总计	0.958333333	5			

a. 因变量：清香分数。

表 2-4-27　回归方程的参数估计[a]

模型	非标准化系数		标准系数	t	显著性	共线性统计	
	B	标准错误	贝塔			容许	VIF
（常量）	3.226	0.000		44493.633	0.000		
γ-癸内酯	2.335	0.000	1.233	82172.151	0.000	0.430	2.328
γ-戊基丁内酯	−15.531	0.001	−0.413	−27042.085	0.000	0.414	2.414
肉桂酸苄酯	−0.349	0.000	−0.151	−15367.253	0.000	0.996	1.004
γ-十一内酯	0.039	0.000	0.036	2800.012	0.000	0.590	1.696

a. 因变量：清香分数。

8. 总结

通过溶剂萃取直接进样-气相色谱-质谱/质谱（LSE-GC-MS/MS）法检测成品烟丝中 73 种挥发性有机嗅香化合物，并运用多元回归统计方法，可以建立风格特征指标分数与化合物含量间的关联。以清香风格特征为例，通过运算，结果显示 γ-癸内酯、γ-戊基丁内酯、γ-十一内酯、肉桂酸苄酯和常量进入回归方程。回归方程的决定系数 $R^2=0.907$，调整决定系数 $R'^2=0.884$，说明回归方程的拟合性及预测性均较好，且所有参数的 Sig.$=0.000<0.05$，说明所有指标含量的参数估计有效。可以写出清香分数与指标含量的表达式方程：$Y_{清香}=1.233X_1-0.413X_2-0.151X_3-0.036X_4$。所以，这部分物质正是对烟丝风格特征有影响，且需要管控的特征物质。

第五章　卷烟烟丝质量趋势光谱分析方法开发

方法 15　全谱段分子光谱的卷烟烟丝质量趋势分析方法

基于卷烟烟丝化学成分,取同一牌号的 20 支卷烟,剥取烟丝作为样品。采集样品近红外光谱数据、图像及光谱数据、紫外光谱数据、拉曼光谱数据,再应用 SIMCA-P 11.5+数据处理软件对所采集到的烟丝的全谱段光谱进行处理。该方法简便易行,分析过程快速,计算结果准确,可有效克服传统方法信息来源不够全面、信息采集方式不够便捷的缺陷,可以实现批量、在线操作,与工艺密切接轨。信息采集方法的重复性和稳定性均较好,有助于有效地服务卷烟企业的生产,为保障卷烟烟丝质量及工艺生产的稳定性提供有力的技术支撑。相关研究成果获发明专利授权 2 件,具体专利包括:①基于全谱段分子光谱的卷烟烟丝质量趋势分析方法(ZL201610079211.8);②基于全谱段分子光谱的卷烟烟气质量趋势分析方法(ZL201610079010.8)。

1. 方法前处理

采用经典取样方法取同一牌号的 20 支卷烟,除去滤嘴,剥离卷烟纸、接装纸和水松纸,仅留存烟丝作为样品。

2. 数据采集

2.1　烟丝样品近红外光谱的采集

配置 Nicolet ANTARIS Near-IR Analyzer 近红外光谱仪,带积分球漫反射附件,可旋转样品杯,Result Operation 近红外光谱仪操作软件。采集前,开机预热,取步骤样品 5 g 预平衡 24 h 后置于样品杯中,采集样品的近红外漫反射光谱数据,波长范围 780～2500

nm；每个样品进行5次重复数据采集，并将所采集的数据存入计算机。

2.2 烟丝样品工业机器视觉识别可见光谱的采集

配置带有CCD照相机的工业机器视觉应用系统，带光源、镜头、图像处理单元、图像处理软件、监视器和通信/输入输出单元。取5 g样品预平衡24 h后，置于应用系统中的CCD照相机下，采集图像及光谱数据，波长范围400～780 nm；每个样品进行5次重复数据采集，并将所采集的数据存入计算机。

2.3 烟丝样品紫外光谱的采集

配置岛津UV 2550紫外可见分光光度计。取烟丝样品加入萃取剂(异丙醇：无水乙醇＝1000 mL：20 mL)，在室温下超声萃取并静置，用水相滤膜过滤，取滤液装入色谱瓶，用移液枪加入分散剂，振匀后装入比色皿中，置于岛津UV 2550紫外可见分光光度计上进行测试，波长范围190～400 nm；每个样品进行5次重复数据采集，并将所采集的数据存入计算机。

2.4 烟丝样品拉曼光谱的采集

配置美国Thermo Scientific公司的DXR智能激光拉曼光谱仪。取样品加入萃取剂(异丙醇：无水乙醇＝1000 mL：20 mL)，在室温下超声萃取并静置，用水相滤膜过滤，取滤液装入色谱瓶，用移液枪加入分散剂(异丙醇：十七烷：无水乙醇＝80 mL：0.5 g：15 mL)，将色谱瓶平置于平板式通用样品架上，然后采集样品的拉曼光谱，波长范围2500～10000 nm；每个样品进行5次重复数据采集，并将所采集的数据存入计算机。

3. 数据处理

应用SIMCA-P 11.5＋数据处理软件对所采集到的烟丝全谱段光谱数据，即190～10000 nm的光谱数据进行处理。光谱数据经平滑处理后进行主成分分析，建立基于全谱段光谱的主成分类模型。提取所建立的主成分类模型中每个样品对应的Hotelling T^2 统计量，确定统计量分布的95％置信限和99％置信限，并将95％置信限作为质量监测控制图中的质量预警限，将99％置信限作为质量控制限，即当测试样品的Hotelling T^2 统计量数值低于95％置信限时，认为是正常的波动；当Hotelling T^2 统计量数值高于95％而低于99％置信限时，认为样品质量出现预警；当Hotelling T^2 统计量数值高于99％置信限时，认为样品质量异常。

4. 结果与讨论

4.1 YY-R卷烟烟丝全光谱分析

应用SIMCA-P 11.5＋数据处理软件对所采集到的YY-R烟丝的全谱段光谱数据进行

处理。数据经过平滑和最佳光谱选择预处理,对多条全谱段光谱进行主成分分析,并建立主成分类模型,确定主成分数为 2。如图 2-5-1 所示,从图中可以看出,对于 YY-R 的烟丝质量特征,类模型中样本分布较为均匀,所有样品均分布在第一主成分和第二主成分的椭圆中,证明产品质量均匀,趋势稳定,2 个主成分[t1]和[t2]能解释该品牌烟丝质量特征的绝大部分信息。

利用主成分分析法对卷烟样品的光谱数据进行特征抽提,提取上述建立的基于全谱段光谱的样品主成分类模型中每个样品对应的 Hotelling T^2 统计量,并根据统计量服从 F 分布的特点,确定统计量分布的 95% 和 99% 置信限,并将 95% 置信限作为质量监测控制图中的质量预警限,将 99% 置信限作为质量控制限。如图 2-5-2 所示,从图中可知,同一品牌不同样品在多次测定条件下,除一个样品以外,绝大部分样品信息在 95% 置信限以内。说明质量趋势稳定,且 Hotelling T^2 统计量能对卷烟烟丝质量趋势进行分析和管控。

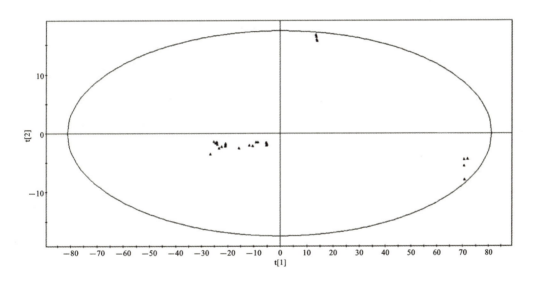

图 2-5-1　YY-R 卷烟烟丝全谱段光谱谱图主成分分析图

4.2　YY-Y 卷烟烟丝全光谱分析

应用 SIMCA-P 11.5+数据处理软件对所采集到的 YY-Y 烟丝的全谱段光谱数据进行处理。如图 2-5-3 所示,从图中可以看出,对于 YY-Y 的烟丝质量特征,类模型中样本分布较为均匀,除一个样品以外,其他所有样品均分布在第一主成分和第二主成分的椭圆中,证明产品质量均匀,趋势稳定,2 个主成分[t1]和[t2]能解释该品牌烟丝质量特征的绝大部分信息。

利用主成分分析法对卷烟样品的光谱数据进行特征抽提,提取上述建立的基于全谱段光谱的样品主成分类模型中每个样品对应的 Hotelling T^2 统计量,如图 2-5-4 所示。从图中可知,同一品牌不同样品在多次测定条件下,其全谱段光谱信息在 99% 置信限以内,绝

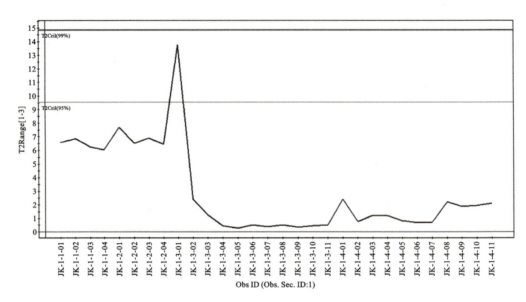

图 2-5-2　YY-R 卷烟烟丝全光谱谱图 Hotelling T^2 统计量监测示意图

大部分样品信息在95％置信限以内。说明质量趋势稳定,且 Hotelling T^2 统计量能对卷烟烟丝质量趋势进行分析和管控。

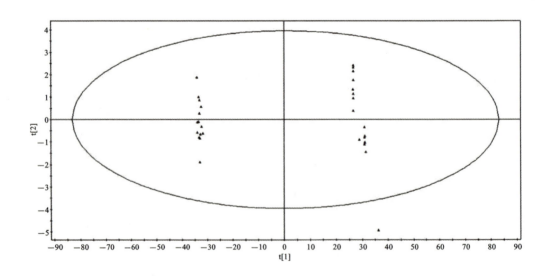

图 2-5-3　YY-Y 卷烟烟丝全谱段光谱谱图主成分分析图

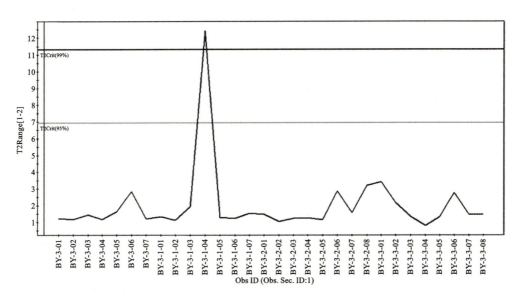

图 2-5-4　YY-Y 卷烟烟丝全光谱谱图 Hotelling T^2 统计量监测示意图

第六章 检测和统计方法比较及确定

1. 方法清单

方法1 烟丝中挥发性成分测定 搅拌棒吸附萃取-热脱附-气相色谱-质谱（SBSE-TD-GC-MS）法；

方法2 烟丝中挥发性成分测定 搅拌棒吸附萃取-顶空-气相色谱-质谱（SBSE-HS-GC-MS）法；

方法3 烟丝中挥发性、半挥发性成分（苯乙醛）测定 静态顶空-气相色谱-质谱（HS-GC-MS）法；

方法4 烟丝中挥发性、半挥发性成分（β-紫罗兰酮）测定 顶空-固相微萃取-气相色谱-质谱（HS-SPME-GC-MS）法；

方法5 烟丝中挥发性、半挥发性成分测定 溶剂萃取直接进样-气相色谱-质谱/质谱（LSE-GC-MS/MS）法；

方法6 烟丝中挥发性、半挥发性成分（苯乙醇）测定 静态顶空-气相色谱-质谱/质谱（HS-GC-MS/MS）法；

方法7 烟丝中挥发性、半挥发性成分测定 顶空-固相微萃取-气相色谱-质谱/质谱（HS-SPME-GC-MS/MS）法；

方法8 烟丝中烟碱快速测定 DART SVP-MS/MS法；

方法9 包装材料色差快速测定 近红外光谱法；

方法10 卷烟烟丝中非挥发性特征组分 高效液相色谱-二极管检测器（HPLC-DAD）测定及趋势分析；

方法11 烟丝中挥发性成分 固相萃取-热脱附-气相色谱-质谱（SBSE-TD-GC-MS）指纹图谱评价方法；

方法12 烟丝中挥发性、半挥发性成分 顶空-气相色谱-质谱（HS-GC-MS）指纹图谱评价方法；

方法13 溶剂萃取直接进样-气相色谱-质谱/质谱（LSE-GC-MS/MS）法检测结果多元因子分析赋权优化风格特征成分管控清单；

方法14 溶剂萃取直接进样-气相色谱-质谱/质谱（LSE-GC-MS/MS）法检测结果多元因子分析统计方法；

方法 15　全谱段分子光谱的卷烟烟丝质量趋势分析方法。

2. 方法优缺点分析

检测方法优缺点如表 2-6-1 所示。

表 2-6-1　检测方法优缺点一览表

方法编号	方法名称	方法用途	优缺点分析
方法 1	烟丝中挥发性成分测定 SBSE-TD-GC-MS 法	非靶向测定烟丝中挥发性成分	1. 能够对烟丝中易挥发性成分进行富集和测定; 2. 由于易挥发性成分不稳定,因此定性结果可以,但定量结果重复性不理想; 3. 不具备批处理能力
方法 2	烟丝中挥发性成分测定 SBSE-HS-GC-MS 法		
方法 3	烟丝中挥发性、半挥发性成分(苯乙醛)测定 HS-GC-MS 法	靶向(苯乙醛)测定烟丝中挥发性、半挥发性成分	1. 靶向方法标准曲线制作复杂,标准品采购成本较高; 2. GC-MS/MS 仪器操作复杂,特别是 GC-MS/MS 定量结果与 GC-MS 定量结果采用主成分统计分析发现,它们对卷烟产品差异性的区分能力相当,因此将 GC-MS 相关方法作为烟丝物质基础差异性分析的首选方法,而舍弃 GC-MS/MS 相关方法
方法 4	烟丝中挥发性、半挥发性成分(β-紫罗兰酮)测定 HS-SPME-GC-MS 法	靶向(β-紫罗兰酮)测定烟丝中挥发性、半挥发性成分	
方法 5	烟丝中挥发性、半挥发性成分测定 溶剂萃取直接进样-GC-MS/MS 法	靶向测定烟丝中挥发性、半挥发性成分	
方法 6	烟丝中挥发性、半挥发性成分(苯乙醇)测定 HS-GC-MS/MS 法	靶向(苯乙醇)测定烟丝中挥发性、半挥发性成分	
方法 7	烟丝中挥发性、半挥发性成分测定 HS-SPME-GC-MS/MS 法	靶向测定烟丝中挥发性、半挥发性成分	
方法 8	烟丝中烟碱快速测定 DART SVP-MS/MS 法	靶向测定烟丝中烟碱	快速特点突出,有一定应用价值
方法 9	包装材料色差快速测定 近红外光谱法	靶向测定包装材料色差	与色差仪相比,未表现出突出特点,因此不做进一步开发
方法 10	卷烟烟丝中非挥发性特征组分 HPLC-DAD 测定及趋势分析	非靶向测定烟丝中非挥发性成分	对卷烟产品有一定区分能力,保留该方法作为检测平台的核心方法

续表

方法编号	方法名称	方法用途	优缺点分析
方法11	烟丝中挥发性成分 固相萃取-热脱附-气相色谱-质谱（SBSE-TD-GC-MS）指纹图谱评价方法	指纹图谱（非靶向）评价烟丝中挥发性成分	该方法对卷烟烟丝挥发性物质基础的差异具有很好的辨识能力，因此作为卷烟产品嗅香差异性评价的首选方法
方法12	烟丝中挥发性、半挥发性成分顶空-气相色谱-质谱（HS-GC-MS)指纹图谱评价方法	指纹图谱（非靶向）评价烟丝中挥发性、半挥发性成分	该方法快速、高效，对卷烟产品物质基础差异性辨识能力与溶剂萃取直接进样-GC-MS/MS法效果相当，因此作为卷烟产品挥发性、半挥发性成分差异性评价的首选方法
方法13	溶剂萃取直接进样-气相色谱-质谱/质谱（LSE-GC-MS/MS）法检测结果多元因子分析赋权优化风格特征成分管控清单	统计分析获取卷烟产品风格特征成分管控清单	该方法是一种探索工作，评价效果有待进一步考证
方法14	溶剂萃取直接进样-气相色谱-质谱/质谱（LSE-GC-MS/MS）法检测结果多元因子分析统计方法	建立数学表达式，通过烟丝中物质含量计算烟丝风格特征指标数值	该方法是一种探索工作，评价效果有待进一步考证
方法15	全谱段分子光谱的卷烟烟丝质量趋势分析方法	高通量、快速检测烟丝质量	方法简便快捷，方法涉及的检测设备较多

3. 方法优化及结果

方法优化及结果如表 2-6-2 所示。

表 2-6-2 检测平台检测方法优化及结果一览表

方法编号	方法名称	优化目的	优化结果——平台核心检测方法
方法2	烟丝中挥发性成分测定 SBSE-HS-GC-MS 法	保留该方法作为检测平台烟丝嗅香非靶向差异性定性评价的方法	①烟丝中挥发性成分测定 SBSE-HS-GC-MS 法
方法3	烟丝中挥发性、半挥发性成分（苯乙醛）测定 HS-GC-MS 法	根据烟丝物质基础差异性评价需要，改造成非靶向半定量方法	②烟丝中挥发性、半挥发性成分测定 HS-GC-MS 内标半定量法

续表

方法编号	方法名称	优化目的	优化结果——平台核心检测方法
方法 4	烟丝中挥发性、半挥发性成分（β-紫罗兰酮）测定 HS-SPME-GC-MS 法	根据烟丝物质基础差异性评价需要，改造成非靶向半定量方法	③烟丝中挥发性、半挥发性成分测定 HS-SPME-GC-MS 内标半定量法
方法 10	卷烟烟丝中非挥发性特征组分 HPLC-DAD 测定及趋势分析	根据烟丝物质基础差异性评价需要，改造成非靶向半定量方法	④卷烟烟丝中非挥发性特征组分测定 HPLC-DAD 内标半定量法
方法 11	烟丝中挥发性成分固相萃取-热脱附-气相色谱-质谱（SBSE-TD-GC-MS）指纹图谱评价方法	实践证明，指纹图谱评价方法具有快速、批量判定的优势，保留指纹图谱作为检测结果配套处理的方法来使用	⑤色谱指纹图谱数据处理及评价方法
方法 12	烟丝中挥发性、半挥发性成分顶空-气相色谱-质谱（HS-GC-MS）指纹图谱评价方法		
方法 15	全谱段分子光谱的卷烟烟丝质量趋势分析方法	努力实现高通量、快速检测，服务卷烟产品在线工作	⑥全谱段分子光谱的卷烟烟丝质量趋势分析方法

第三部分 应用实例

第一章　卷烟烟丝特征化学成分多维分析关键技术专题应用研究 I
——野坝子蜂蜜真伪鉴别

基于"ZL201710136650.2 基于烟丝中挥发性特征组分的卷烟配方质量趋势分析方法"专利技术,开展了野坝子蜂蜜的真伪鉴别;收集了代表性产地大姚——滇中北部冷凉区、弥勒——滇中部半干旱区野坝子蜂蜜以及普通蜂蜜样品,采用 HS-SPME-GC/MS 分析,结合指纹图谱、主成分分析(PCA)、欧氏距离以及聚类分析等数据分析手段,均能实现对野坝子蜂蜜与普通蜂蜜的准确判别。同时,在指纹图谱所指认的 15 个共有峰基础上,筛选出反式氧化芳樟醇、顺式氧化芳樟醇、壬酸乙酯、脱氢芳樟醇和苯乙醇等 5 个峰峰面积构建了 3 个 Fisher 函数,能够快速有效地实现野坝子蜂蜜与普通蜂蜜的鉴别。此外,为了实现不同产地野坝子蜂蜜的识别及质量控制,对 2 个代表性野坝子蜂蜜产地的野坝子蜂蜜成分,采用 F 检验进行分析,表明由于产地特征差异,2 个代表性产地野坝子蜂蜜成分差异明显,其中丁香醇 C、间苯二甲醛、丁香醇 D、月桂酸乙酯、α-异佛尔酮、苯甲酸乙酯、乙酸苯乙酯、异丁醇、2-甲基丁醇等 9 个成分可作为 2 个产地野坝子蜂蜜之间的主要差异成分。本研究将为野坝子蜂蜜的真伪鉴别,以及不同产地野坝子蜂蜜的产地识别提供技术支持。

1. 前言

野坝子,又名扫把茶,广泛应用于白族药、彝族药等民族药,其味辛性凉,具有疏风解表、消食化积、清热利湿等功效[1-6],用于治疗风寒感冒、腹胀积食、消化不良、肠胃炎腹泻、溃烂止血等。同时野坝子也是我国西南山区秋冬期主要蜜源植物[7-10]。野坝子蜂蜜呈浅绿色,清香浓郁,极易结晶,结晶后为乳白色,质地坚硬,又称"云南硬蜜",为上等特色蜜,同时具有保健功能,受到市场的广泛青睐[7-9]。近年来,由于野坝子蜂蜜蜜源较少、蜜价飙升,市场出现了大量假冒伪劣产品[10]。目前,国内外蜂蜜鉴别技术主要分为:基础感官鉴别[11-14],如视觉感官、嗅觉感官、味觉感官;简单测试鉴别[15-16],根据反应原理加入试剂进行简单判别;仪器测定鉴别[17,18],如薄层色谱、高效液相色谱、生物显微镜检测,以及近红外光谱[19]等方法,但采用固相微萃取与气相色谱及质谱联用技术,并结合化学计量学方法对蜂蜜进行真假鉴别方面的研究未见报道。

固相微萃取(solid phase microextraction,SPME)技术是 20 世纪 90 年代发展起来的一种样品分析前处理技术,该技术集采样、萃取、浓缩和进样于一体,简便、快速、经济安全、无溶剂、选择性好且灵敏度高[20,21]。

本研究采用固相微萃取(SPME)分析技术,结合指纹图谱、主成分分析(PCA)、欧氏距离以及聚类分析等化学计量学方法,对野坝子蜂蜜与普通蜂蜜、不同产地的野坝子蜂蜜进行了系统研究。本研究采用该方法进行蜂蜜成分检测及鉴别,选择性高,方法简单,以化学计量学方法进行判定,结果准确,将为市场中野坝子蜂蜜的真伪鉴别以及产地来源的评价提供技术支持。

2. 材料与方法

2.1 材料与仪器

蜂蜜:云南白塔蜂业有限公司(大姚蜜蜂养殖场)提供的不同批次野坝子蜂蜜,经鉴定为楚雄大姚野坝子蜂蜜;弥勒蜜蜂养殖场提供的不同批次野坝子蜂蜜,经鉴定为红河弥勒野坝子蜂蜜;不同批次的其他普通蜂蜜Ⅰ和普通蜂蜜Ⅱ,由云南白塔蜂业有限公司和弥勒蜜蜂养殖场提供。正己烷:色谱纯,国药集团化学试剂有限公司。氘代甲苯:分析标准品,上海阿拉丁生化科技股份有限公司。癸醛:分析标准品,百灵威科技有限公司。

DHG-9140A 型电热恒温鼓风干燥箱,上海右一仪器公司;7890A-5975C 气相色谱质谱联用仪,美国 Agilent 公司;色谱柱,HP-INNOWax(50 m×0.32 mm×0.25 μm),美国 Agilent 公司;萃取头,50/30 DVB/CAR/PDMS,美国 Supelco 公司;CP2245 电子天平,德国 Sartorius 公司;Milli-Q Integral 15 超纯水仪,德国 Merck Millipore DE 公司;超声波清洗器,德国 Elma 公司;Chemmind ChemPattern 2017 Pro 专业版软件,北京科迈恩科技有限公司;TG16-WS 高速离心机,湖南湘立科学仪器有限公司;Phenom ProX 电镜,复纳科学仪器上海有限公司。

2.2 实验方法

2.2.1 蜂蜜花粉孢子学鉴定

取待分析的两种野坝子蜂蜜,各称取 10 g,加入 50 mL 超纯水充分溶解后,取出 10 mL 于 15 mL 离心管中,放入离心机,8000 r/min 离心 4 min。倒出上清液,沉淀即为花粉,待花粉自然干燥后,扫描电镜进行微观形貌观察,每个被测样品随机选择 10 个视野进行观察,统计花粉粒数量,确定其种类,以形状相同、数量最多的某种花粉粒定性。计算公式为:某种花粉粒比例(%)=10 个视野中某种花粉粒个数/10 个视野中花粉粒总数×100%。某种花粉粒数目大于 50% 可认定为该种蜂蜜。采用楚雄产成熟期野坝子花粉进行扫描电镜微观形貌观察确定野坝子花粉标准图谱。

2.2.2 样品处理

分析方法按照文献所述方法[22,23],共取 4 种蜂蜜,每种蜂蜜不同批次各取一个样,取 7 次,共 28 个样。每个蜂蜜样品准确称量 5 g 加入 2 mL(30 mL/100 mL)食盐水放置于 20 mL 棕色顶空瓶中,SPME-GC-MS 法测定时加入 1 μL 的氘代甲苯(正己烷)作为内标,随即旋紧瓶盖密封待测。

2.2.3 HS-SPME-GC/MS 分析

(1)仪器条件。

固相微萃取条件:

萃取温度:80 ℃。萃取时间:60 min。解吸附时间:30 min。取样针温度 140 ℃。加热炉温度 110 ℃。拔针时间 0.5 min。操作模式:恒定。

气相色谱条件[24]:

进样口温度:250 ℃。分流进样,载气:氦气(99.99%),恒流流速 1.0 mL/min,分流比 5∶1。升温程序:初始温度 50 ℃,保持 2 min,升温速率 5 ℃/min 升温至 220 ℃,升温速率 10 ℃/min 升温至 250 ℃,保持 1 min。

质谱条件:

电离方式:EI+。离子源温度:230 ℃。传输线温度:250 ℃。扫描模式:全扫模式。扫描范围:40~350 amu。溶剂延迟:3.5 min。

(2)定性定量分析。

采用质谱数据库(NIST 谱库)对挥发性及半挥发性成分进行定性分析,内标法(内标:氘代甲苯)进行半定量测定。根据蜂蜜中化合物的峰面积与内标物峰面积的比值,按式 $X = \dfrac{A_s}{A_i} \times \dfrac{m_i}{M}$ 计算出蜂蜜中的挥发性成分的含量。X 表示各化合物的含量;A_s 表示各化合物的峰面积;A_i 表示内标物质的峰面积;m_i 表示内标物质的质量;M 表示蜂蜜质量。

2.2.4 特征性化合物确认

根据数据分析结果,确定特征性化合物,取癸醛标品,配成浓度为 10 μg/mL 的标准溶液,采用上述分析方法,对标品进行分析,并与蜂蜜样品进行比对。

2.3 数据处理

采用 Chemmind ChemPattern 2017 Pro 软件进行主成分分析(PCA)、欧氏距离以及聚类分析。同时采用 SIMCA、SPSS 23.0 软件进行单因素方差分析、Fisher 判别,对差异成分进行解析。

3. 结果与分析

3.1 野坝子花粉孢子学鉴定

为提高分析结果的准确性,确认野坝子蜂蜜来源可靠性,采用电镜对野坝子花粉蜂蜜进行孢子学鉴定。野坝子花粉电镜扫描结果见图 3-1-1,该花粉形态赤道面观为长椭圆形,网脊细条纹状。野坝子蜂蜜鉴定结果见表 3-1-1,经鉴定,来源于弥勒及大姚的两种野坝子蜂蜜确为该种蜂蜜,其余两种普通蜂蜜中野坝子花粉粒含量分别为 5%±0.04%、10%±0.01%,鉴定非野坝子蜂蜜。

注：右上图为局部放大图。

图 3-1-1　野坝子花粉电镜扫描图

表 3-1-1　野坝子蜂蜜花粉特征

序号	蜂蜜种类	野坝子花粉占总花粉数/(%)
1	野坝子蜂蜜(弥勒)	62.00 ± 0.03
2	野坝子蜂蜜(大姚)	71.00 ± 0.01
3	普通蜂蜜Ⅰ	5.00 ± 0.04
4	普通蜂蜜Ⅱ	10.00 ± 0.01

3.2 野坝子蜜源产地特征

不同产地的野坝子药效成分和化学组成存在明显差异,从而会进一步对以其为蜜源的野坝子蜂蜜产生重要影响,因此,有必要对其产地进行梳理。表 3-1-2 为本研究所选的两个野坝子蜂蜜产地的经纬度,其中大姚土壤以红壤和黄壤为主,野坝子产地海拔多为 1480～2800 m,pH 在 5.0～7.9,呈中性偏微酸性,有机质为 2.0%～4.5%;气温低,降雨少,为滇中北部冷凉区[25,26]。弥勒主要为红壤,野坝子产地海拔多为 1300～2300 m,pH 在 5.5～7.5,为中性偏微酸性,有机物含量 1.2%～3.0%;肥力稍差,热量条件好,光照充足,为滇中部半干旱区[25,26]。因此,所选野坝子蜜源产地存在明显不同,为具有代表性的典型区域。

表 3-1-2 野坝子蜂蜜产地经纬度

产地	经度	纬度
大姚	东经 103°04′～103°49′	北纬 23°50′～24°39′
弥勒	东经 100°53′～101°42′	北纬 25°33′～26°24′

3.3 蜂蜜的 HS-SPME-GC/MS 分析

为了研究蜂蜜挥发性及半挥发性成分,采用 HS-SPME-GC/MS 对蜂蜜进行了分析,通过与标准谱库的比对检索,分别鉴定出 60 多种挥发性成分,通过数据分析处理,结果如表 3-1-3 所示。4 种蜂蜜共检出 64 种成分,其中醇类有 14 种,醛类有 11 种,酚类 1 种,烷烃类 5 种,酸类 8 种,酯类 16 种,醚类 1 种,酮类 5 种,其他类 3 种。4 种蜂蜜中均为醇类含量最多,醚类及酚类含量最少。弥勒产野坝子蜂蜜中 α-异佛尔酮、丁香醇 C、丁香醇 D、α-甲基苯甲醇为特有成分,大姚产野坝子蜂蜜中 γ-丁内酯、β-大马士酮、2-甲基萘、间苯二甲醛、月桂酸为特有成分,普通蜂蜜Ⅱ中对甲苯甲醚、茴香醛、对甲氧基苯乙酸乙酯、十八酸乙酯为特有成分,普通蜂蜜Ⅰ无特有成分。

表 3-1-3 不同蜂蜜 HS-SPME-GC/MS 数据

序号	化合物名称	保留时间/min	野坝子蜂蜜(弥勒)/(μg/kg)	野坝子蜂蜜(大姚)/(μg/kg)	普通蜂蜜Ⅰ/(μg/kg)	普通蜂蜜Ⅱ/(μg/kg)	野坝子蜂蜜 F 值	显著性 P
1	乙醇	5.198	45.78	17.18	392.9	207.94	15.77	0.002
2	异丁醇	7.703	0.5	—	6.68	4.75	207.969	<0.001
3	2-甲基丁醇	10.571	1.66	—	15.19	12.69	202.32	<0.001

续表

序号	化合物名称	保留时间/min	野坝子蜂蜜（弥勒）/(μg/kg)	野坝子蜂蜜（大姚）/(μg/kg)	普通蜂蜜Ⅰ/(μg/kg)	普通蜂蜜Ⅱ/(μg/kg)	野坝子蜂蜜F值	显著性P
4	7-乙烯基-二环[4.2.0]辛-1-烯	12.573	0.64	0.73	0.37	0.28	0.4	0.539
5	壬醛	16.409	1.38	2.54	1.91	1.32	45.599	<0.001
6	辛酸乙酯	17.606	1.34	0.82	0.93	0.54	0.422	0.528
7	反式氧化芳樟醇	17.85	13.72	28.2	7.72	14.57	47.648	<0.001
8	对甲苯甲醚	17.932	—	—	—	13.43	—	—
9	2,6-二甲基-1,3,5,7-辛四烯	18.087	0.79	1.17	0.34	2.74	14.599	0.002
10	庚醇	18.198	0.64	0.32	0.46	0.5	37.565	<0.001
11	乙酸	18.43	2.6	4.84	8.39	5.67	2.923	0.113
12	顺式氧化芳樟醇	18.759	6.76	12.83	3.97	4.21	36.501	<0.001
13	糠醛	18.9	0.34	6.54	0.26	0.15	5.354	0.039
14	十五烷	19.543	1.18	1.57	2.43	1.87	1.465	0.249
15	癸醛	19.702	0.68	0.87	—	—	2.929	0.113
16	壬酸乙酯	20.714	4.82	9.65	7.05	3.63	17.681	0.001
17	芳樟醇	21.106	0.45	1.18	0.46	1.2	45.346	<0.001
18	α-异佛尔酮	22.75	3.29	—	—	—	232.173	<0.001
19	脱氢芳樟醇	23.046	14.96	23.94	5.7	2.31	27.892	<0.001
20	α,4-二甲基-3-环己烯-1-乙醛	23.427	1.07	0.84	0.69	0.98	8.809	0.012
21	癸酸乙酯	23.84	1.51	—	2.62	1.08	14.201	0.003
22	藏红花醛	24.277	3.24	—	1.13	—	15.233	0.002
23	γ-丁内酯	24.301	—	0.36	—	—	99.301	<0.001

续表

序号	化合物名称	保留时间/min	野坝子蜂蜜（弥勒）/(μg/kg)	野坝子蜂蜜（大姚）/(μg/kg)	普通蜂蜜Ⅰ/(μg/kg)	普通蜂蜜Ⅱ/(μg/kg)	野坝子蜂蜜 F 值	显著性 P
24	苯乙醛	24.347	2.89	19.95	1.48	—	162.857	<0.001
25	1-壬醇	24.458	4.81	—	4.2	10.46	52.05	<0.001
26	苯乙酮	24.52	4.53	1.41	0.83	10.46	14.486	0.003
27	苯甲酸乙酯	25.108	2.96	—	1.54	0.52	227.569	<0.001
28	十七烷	25.533	1.04	0.77	1.48	0.9	2.997	0.109
29	3-乙基-苯甲醛	26.146	0.8	0.83	0.31	1.11	0.093	0.766
30	丁香醇 C	26.405	1.47	—	—	—	605.029	<0.001
31	丁香醇 D	26.989	0.97	—	—	—	406.971	<0.001
32	4-乙基-苯甲醛	27.081	0.79	—	1.52	1.66	164.082	<0.001
33	苯乙酸乙酯	28.345	6.69	1.8	1.56	1.12	106.794	<0.001
34	α-甲基苯甲醇	29.043	14.09	—	—	—	13.811	0.003
35	乙酸苯乙酯	29.121	19.38	—	379.87	104.47	211.426	<0.001
36	月桂酸乙酯	29.62	0.92	—	3.4	3.28	250.563	<0.001
37	β-大马士酮	29.649	—	1.55	—	—	60.144	<0.001
38	肉桂醛	29.679	0.36	0.52	3.15	2.09	9.45	0.01
39	己酸	29.819	0.54	0.92	0.55	0.89	36.186	<0.001
40	2-甲基萘	30.182	—	1.82	—	—	45.288	<0.001
41	2-甲基-丙酸-3-羟基-2,4,4-三甲基戊酯	30.381	—	2.53	—	2.67	27.27	<0.001
42	苯甲醇	30.791	1.49	1.2	3.59	3.58	3.138	0.102
43	十九烷	31.039	1.84	0.68	1.88	1	40.187	<0.001
44	苯乙醇	31.704	19.08	3.79	73.55	6.05	195.009	<0.001
45	茴香醛	34.812	—	—	—	1.57	—	—

续表

序号	化合物名称	保留时间/min	野坝子蜂蜜（弥勒）/(μg/kg)	野坝子蜂蜜（大姚）/(μg/kg)	普通蜂蜜Ⅰ/(μg/kg)	普通蜂蜜Ⅱ/(μg/kg)	野坝子蜂蜜 F 值	显著性 P
46	十四酸乙酯	34.912	—	—	7.92	8.7	—	—
47	辛酸	35.322	11.42	24.19	11.24	6.35	0.545	0.475
48	三乙酸甘油酯	35.821	4.67	4.37	9.95	5.43	0.017	0.898
49	二十一烷	36.068	1.17	2.73	4.48	4.26	56.647	<0.001
50	植酮	36.818	—	3.18	—	6.13	57.341	<0.001
51	间苯二甲醛	37.52	—	2.3	—	—	429.878	<0.001
52	壬酸	37.875	4.88	16.03	7.53	4.99	41.793	<0.001
53	对甲氧基苯乙酸乙酯	39.036	—	—	—	6.02	—	—
54	棕榈酸乙酯	39.775	3.26	4.03	45.47	86.69	0.765	0.399
55	2,4-二甲基苯乙酮	39.826	1.85	4.92	45.47	86.69	47.357	<0.001
56	癸酸	40.307	9.63	24.85	20.36	6.36	0.633	0.442
57	棕榈油酸乙酯	40.377	—	—	17.59	3.65	—	—
58	二十三烷	40.691	3.06	8.31	9.17	7.92	48.212	<0.001
59	2,4-二叔丁基苯酚	41.197	2.21	2.62	13.03	5.86	2.415	0.146
60	苯甲酸	44.094	13.39	15.24	12.5	8.97	1.887	0.195
61	十八酸乙酯	44.179	—	—	—	6.92	—	—
62	油酸乙酯	44.556	5.87	3.85	46.28	69.79	3.373	0.091
63	月桂酸	44.719	—	2.93	—	—	123.481	<0.001
64	苯乙酸	46.245	6.94	8.36	—	—	0.989	0.34

注："—"表示未检出。

3.4 不同蜂蜜指纹图谱分析及特征性化合物确认

在蜂蜜的 HS-SPME-GC/MS 数据中，以内标回收率最好的样品为基数，其他样品的内标峰面积与基数相比，得到的比值为加权系数。利用公式加权峰面积＝原始积分峰面积/

加权系数,对峰面积进行量化。将 HS-SPME-GC/MS 数据以 CDF 格式依次导入 Chemmind ChemPattern 2017 Pro 专业版软件,按照以上方法量化各样品的峰面积,确定得到 15 个共有峰,建立蜂蜜样品的共有模式,建立蜂蜜样品的化学指纹图谱叠加图,结果如图 3-1-2 所示。以四种蜂蜜所有色谱图建立共有模式,得到一个指纹图谱及 15 个共有峰,其共有峰对应的化学成分通过检索指认如图 3-1-3 所示。通过对蜂蜜化学指纹图谱[27,28]叠加图比对研究,结果表明在该分析方法下野坝子蜂蜜与普通蜂蜜的特征差异化学成分为癸醛和苯乙酸,可以作为野坝子蜂蜜区别于普通蜂蜜的特征化学成分。对特征性化合物进行确认,分析结果显示:癸醛标准品保留时间为 19.701 min,定性离子 112/57;苯乙酸标准品保留时间为 46.243 min,定性离子 136/91。野坝子蜂蜜(弥勒)中癸醛保留时间为 19.698 min、野坝子蜂蜜(大姚)中癸醛保留时间为 19.702 min 时对应出峰位置均出现定性离子 112/57,说明该化合物为癸醛;野坝子蜂蜜(弥勒)中苯乙酸保留时间为 46.240 min、野坝子蜂蜜(大姚)中苯乙酸保留时间为 46.245 min 时对应出峰位置均出现定性离子 136/91,说明该化合物为苯乙酸。

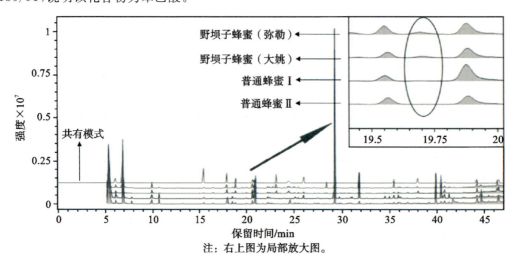

图 3-1-2　蜂蜜的 HS-SPME-GC/MS 叠加图

3.5　不同蜂蜜的主成分分析

为了直观地对不同蜂蜜进行区分,将 HS-SPME-GC/MS 数据导入软件 ChemPattern 2017 Pro,进行主成分分析。如图 3-1-4 所示为不同蜂蜜的主成分分析图。图中 X 轴为每个样品的第一主成分得分,Y 轴为每个样品的第二主成分得分。第一主成分贡献率为 82.15%,第二主成分贡献率为 7.24%,其总贡献率为 89.39%,表明 1 类主成分对所有指标的代表性较强。两个野坝子蜂蜜位置接近,同时与普通蜂蜜可以明显分开,具有较好的区分效果,表明 2 个产地的野坝子蜂蜜具有大量的共有挥发性成分,而与普通蜂蜜挥发性成分的组分和含量存在明显的差异性。因此,可以利用 SPME-GC/MS 结合 PCA 主成分分析对野坝子蜂蜜进行真伪鉴别。

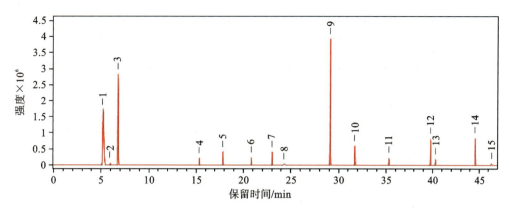

图 3-1-3　蜂蜜的指纹图谱及其共有峰

1—乙醇；2—反式氧化芳樟醇；3—顺式氧化芳樟醇；4—壬酸乙酯；5—脱氢芳樟醇；
6—苯乙醇；7—辛酸；8—三乙酸甘油酯；9—壬酸；10—棕榈酸乙酯；11—2,4-二甲基苯乙酮；
12—癸酸；13—二十三烷；14—苯甲酸；15—油酸乙酯

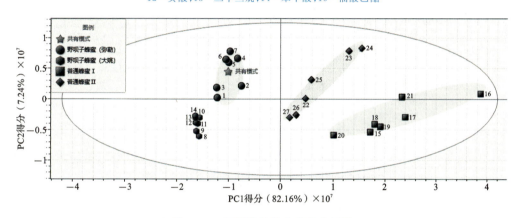

图 3-1-4　不同蜂蜜的主成分分析图

3.6　不同蜂蜜的欧氏距离及聚类分析

欧氏距离的大小与其相似程度相关，通常相似度越大的样本，其欧氏距离接近，且归为一类的可能性越大。表 3-1-4 为不同蜂蜜的欧氏距离数据，由表 3-1-4 可知，野坝子蜂蜜的欧氏距离为 0.42～0.49，与所选的普通蜂蜜的欧氏距离区别明显。

表 3-1-4　不同蜂蜜的欧氏距离

样品名称	相似度						
	1	2	3	4	5	6	7
野坝子蜂蜜（弥勒）	0.43	0.43	0.43	0.42	0.44	0.43	0.43
野坝子蜂蜜（大姚）	0.47	0.47	0.47	0.46	0.46	0.49	0.46
普通蜂蜜Ⅰ	0.08	0.17	0.03	0.05	0.05	0.06	—
普通蜂蜜Ⅱ	0.05	0.27	0.3	0.31	0.29	0.31	0.28

注：表格中"—"表示离群数据已排除。

聚类分析是一种根据样本的相似程度进行归类的方法,目前在中草药材质量评价、产地品种分类、真伪鉴别等方面应用广泛。它是根据观察值或变量之间的相似程度,将最为相似的样品结合在一起,以逐次聚合的方式将样品聚类,直到最后所有样品都聚成一类。一般临界值越小,表明样品越相似。将 HS-SPME-GC/MS 数据导入软件 ChemPattern 2017 Pro,对蜂蜜样品进行系统聚类分析,所得结果如图 3-1-5 所示。临界值处于 7.0～10.0 时,四类蜂蜜可以明显进行区分;临界值为 10.0～10.5 时,整组蜂蜜样品可以分为两类,即野坝子蜂蜜和普通蜂蜜。

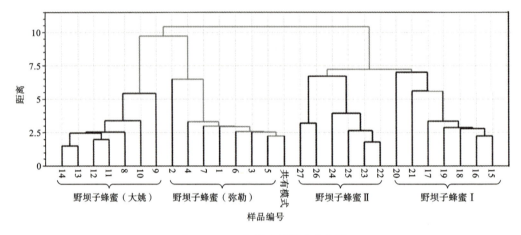

图 3-1-5 不同蜂蜜的聚类分析图

欧氏距离、聚类分析结果与主成分分析结果一致,表明野坝子蜂蜜与普通蜂蜜挥发性成分具有明显差异,其结果对野坝子蜂蜜的真伪鉴别具有一定的指导性作用。

3.7 野坝子蜂蜜的 Fisher 判别

上述研究表明野坝子蜂蜜与普通蜂蜜存在明显的区别,为了对野坝子蜂蜜与普通蜂蜜进行进一步区分,通过筛选特定化学成分作为指标,构建 Fisher 函数实现野坝子蜂蜜的类别判别。其基本思想是先根据类间距离最大、类内距离最小的原则确定线性判别函数,再用此函数进行待判样品的类别判定[29]。

选择 SPME-GC/MS 图谱中的 15 个共有峰的面积为变量,建立四种蜂蜜的 Fisher 判别函数。在 27 个蜂蜜样品中(7 个弥勒野坝子蜂蜜、7 个大姚野坝子蜂蜜、7 个普通蜂蜜Ⅰ、6 个普通蜂蜜Ⅱ),随机抽取 5 份样品(S3、S9、S12、S19 和 S25)为验证样本;其余 22 份蜂蜜样品为模型样品,进行 SPSS 判别分析。使用逐步判别筛选对判断分类有明显作用的变量,筛选出的变量为:X_2(反式氧化芳樟醇)、X_3(顺式氧化芳樟醇)、X_4(壬酸乙酯)、X_5(脱氢芳樟醇)、X_6(苯乙醇)。对应的 22 份蜂蜜已知样品的非标准化 Fisher 判别函数为:

$Z_1=3.943+0.746X_2-1.234X_3-0.796X_4+0.064X_5+0.038X_6$(方差解释率 61.0%)

$Z_2=-2.594+2.535X_2-5.009X_3-0.073X_4-0.032X_5+0.017X_6$(方差解释率 37.4%)

$Z_3=-5.254+1.438X_2-3.376X_3+0.349X_4+0.084X_5+0.009X_6$(方差解释率 1.6%)

将上述 5 份蜂蜜验证样本的 5 个共有成分代入 Fisher 判别函数计算,计算结果见表 3-1-5;组质心处的函数见表 3-1-6,反映各类别在空间坐标中的位置,并计算分别离各重心的距离,其距离计算值与某种蜂蜜重心距离最近者可判别为该种蜂蜜,以此为判别依据对 5 个验证样本进行分类,结果如表 3-1-7 所示。该判别结果与实际情况相符,符合率达 100%。

表 3-1-5　验证样本的判别函数值

样本编号	判别函数值		
	Z_1	Z_2	Z_3
S3	−3.94	−2.65	−1.72
S9	−5.93	2.57	−0.29
S12	−10.13	2.84	0.75
S19	4.99	−5.64	−0.43
S25	17.06	42.76	19.71

表 3-1-6　组质心处的函数

种类	函数		
	1	2	3
野坝子蜂蜜(弥勒)	−4.257	−3.281	−1.392
野坝子蜂蜜(大姚)	−8.537	3.396	1.119
普通蜂蜜Ⅰ	5.613	−5.455	0.876
普通蜂蜜Ⅱ	6.911	7.087	−0.500

表 3-1-7　验证样本与重心的距离计算值及判别结果

样本编号	距离计算值				判别结果
	野坝子蜂蜜(弥勒)	野坝子蜂蜜(大姚)	普通蜂蜜Ⅰ	普通蜂蜜Ⅱ	
S3	0.78	8.11	10.29	14.63	野坝子蜂蜜(弥勒)
S9	6.18	3.08	14.11	13.61	野坝子蜂蜜(大姚)
S12	8.75	1.73	17.8	17.61	野坝子蜂蜜(大姚)
S19	9.59	16.34	1.46	12.87	普通蜂蜜Ⅰ
S25	54.95	50.5	3.95	1.02	普通蜂蜜Ⅱ

3.8　不同产地野坝子蜂蜜的差异成分研究

上述 PCA、欧氏距离、聚类分析以及 Fisher 类别判定研究表明,野坝子蜂蜜与普通蜂蜜存在明显差异,同时两个代表性产地的野坝子蜂蜜也存在一定差异。为了实现不同产地野坝子蜂蜜的识别及质量控制,对云南省两个代表性野坝子蜂蜜产地的野坝子蜂蜜差异成分进行研究,采用显著性 P 值对其差异成分进行研究。将 HS-SPME-GC/MS 数据导入 SIMCA 软件,计算不同挥发性成分的 P 值。当 $P<0.05$ 时,认为其有显著性差异,通过对 P 值的分析,表明化学成分丁香醇 C、间苯二甲醛、丁香醇 D 等 42 个成分存在显著差异。说明两个代表性产地的野坝子蜂蜜成分差异明显,风格差别显著,这可能是由其产地特征差异所造成的。其中丁香醇 C、间苯二甲醛、丁香醇 D、月桂酸乙酯、α-异氟尔酮、苯甲酸乙酯、乙酸苯乙酯、异丁醇、2-甲基丁醇等 9 个成分的 F 值较大,可作为两个代表性产地野坝子蜂蜜样品间的主要差异成分。

4. 结论

野坝子蜂蜜作为具有保健功能的云南特色优质蜂蜜,市场上假冒伪劣产品较多。本研究首次采用 HS-SPME-GC/MS 检测,结合化学计量学数据分析手段,根据其共有指纹图谱筛选出癸醛和苯乙酸为野坝子蜂蜜的特征物质,同时对四种蜂蜜做 PCA 及聚类分析,并根据指纹图谱所确定的共有色谱峰构建 Fisher 函数作为判别依据,实现了野坝子蜂蜜的快速准确鉴别。一种检测手段结合多种数据分析方法同时鉴别,其结果可进行相互验证,对特征物质选择及野坝子蜂蜜真伪鉴别具有一定的指导性作用。同时,采用 F 检验进行分析,表明两个代表性产地野坝子蜂蜜成分差异明显,对差异性成分进行分析,这可能是由产地特征差异造成的。本研究不仅实现了野坝子蜂蜜的鉴别,而且提高了不同种蜂蜜或不同产地同种蜂蜜的鉴别准确性,为野坝子蜂蜜来源产地识别及质量控制提供技术支持。

参考文献

[1] 杨莎.野巴子的生药学研究[D].成都:成都中医药大学,2012.

[2] 文美琼,李璐,杨申明,等.彝药野坝子花总黄酮的提取及对活性氧自由基的清除作用[J].时珍国医国药,2010,21(6):1444-1445.

[3] 张丽梅,王怡林,董勤.彝药野坝子 FTIR 光谱法分析[J].楚雄师范学院学报,2005,20(6):27-30.

[4] Alippi A M. Data associated with the characterization and presumptive identification of Bacillus and related species isolated from honey samples by using HiCrome Bacillus agar[J]. Data in Brief,2019,25:104206.

[5] Nawrocka A,Kandemir İ,Fuchs S,et al. Computer software for identification of honey bee subspecies and evolutionary lineages[J]. Apidologie,2018,49(2):172-184.

[6] 杨永寿,肖培云,董光平.白族药野坝子的微量元素分析[J].微量元素与健康研究,2002(3):34-35.

[7] 刘方邻.花蜜中次生代谢物质及其对传粉的影响[D].北京:中国科学院研究生院,2004.

[8] 陈顺安,赵文正,和绍禹,等.东方蜜蜂采集的野坝子蜂蜜分析研究[J].云南农业大学学报,2012,27(6):914-917.

[9] 吴英娟,陈渊.稳产高产的野坝子蜜源[J].蜜蜂杂志,2007,27(8):34-35.

[10] 陈顺安,和绍禹.野坝子及其蜂蜜的研究进展[J].蜜蜂杂志,2010,30(7):7-9.

[11] 宋婧,王波.浅谈感官检测在鉴别蜂蜜掺假技术中的应用[J].化工管理,2017(23):35,38.

[12] 王丹丹,任虹,李婷,等.蜂蜜掺假鉴别检测技术研究进展[J].食品工业科技,2016,37(16):362-367.

[13] Burns D T, Dillon A, Warren J, et al. A critical review of the factors available for the identification and determination of manuka honey[J]. Food Analytical Methods, 2018, 11(6): 1561-1567.

[14] 农训学.四招鉴别真伪蜂蜜[J].养生月刊,2016(9):808-809.

[15] 韩德承.真假蜂蜜的识别[N].中国中医药报,2014-01-24(5).

[16] 李玮,杨红梅,王浩,等.基于^{1}H-NMR代谢组学初步比较真蜂蜜和掺假蜂蜜差异成分[J].食品工业科技,2019,40(7):218-223,227.

[17] 王瑞忠,鲁静.薄层色谱和高效液相色谱法鉴别真伪蜂蜜的方法研究[J].药物分析杂志,2014,34(4):737-741.

[18] 王超辉,杨茂春,王兵娥.蜂蜜质量真伪的鉴别方法探讨[J].中药材,2007(3):284.

[19] 莫菲凡,范伟,周冀衡,等.基于近红外光谱和随机森林方法鉴别蜂蜜真伪[J].食品安全质量检测学报,2014,5(8):2430-2434.

[20] Piasenzotto L, Gracco L, Conte L. Solid phase microextraction (SPME) applied to honey quality control[J]. Journal of the Science of Food and Agriculture, 2003, 83(10): 1037-1044.

[21] 陈立波,王建刚,丁钦.紫椴花挥发性成分HS-SPME气相色谱质谱分析[J].安徽农业科学,2018,46(34):181-183.

[22] Beitlich N, Koelling-Speer I, Oelschlaegel S, et al. Differentiation of manuka honey from kanuka honey and from jelly bush honey using HS-SPME-GC/MS and UHPLC-PDA-MS/MS[J]. Journal of Agricultural and Food Chemistry, 2014, 62(27): 6435-6444.

[23] Bianchin J N, Nardini G, Merib J, et al. Screening of volatile compounds in honey using a new sampling strategy combining multiple extraction temperatures in a single assay by HS-SPME-GC-MS[J]. Food Chemistry, 2014, 145: 1061-1065.

[24] 王小龙,张承明,李干鹏,等.基于化学指纹图谱评价多点加工卷烟产品质量稳定性[J].江西农业学报,2019,31(2):51-56.

[25] 曾学琦,恩在诚,伍绍云.云南栽培大麦的变种及生态特点[J].大麦与谷类科

学,1990(1):21-23.

[26] 顾本文,胡雪琼,吉文娟,等.云南植烟区生态气候类型区划[J].西南农业学报,2007,20(4):772-776.

[27] Geng L,Meng F,Zhao M,et al. 16 Discrimination of Brazilian green propolis and Chinese propolis based on high-performance liquid chromatographic fingerprints and multivariate statistical analysis[J]. Journal of Investigative Medicine,2016,64(8):A6.

[28] Guo Y,Chen D,Dong Y,et al. Characteristic volatiles fingerprints and changes of volatile compounds in fresh and dried *Tricholoma matsutake* singer by HS-GC-IMS and HS-SPME-GC-MS[J]. Journal of Chromatography B,2018,1099:46-55.

[29] 肖佳佳,黄红,雷有成,等.天麻HPLC指纹图谱建立及判别分析[J].中国中药杂志,2017,42(13):2524-2531.

第二章 卷烟烟丝特征化学成分多维分析关键技术专题应用研究 Ⅱ
——彩色纸张颜色稳定性评价

基于"ZL201610079211.8 基于全谱段分子光谱的卷烟烟丝质量趋势分析方法"专利技术,以四种彩色卷烟纸为实验材料,通过近红外光谱技术结合化学计量学分析研究不同光照时间下彩色卷烟纸的整体差异性,反映出不同光照时间对卷烟纸色牢度的影响。通过近红外光谱扫描仪对不同光照时间下四种卷烟纸样品分别进行 6 次测定,采集卷烟纸近红外光谱色谱图谱,通过光谱数据的处理和化学计量技术(包括 PCA 主成分分析、相似度测定和聚类分析)得到校正模型,进行整体差异性分析。不同光照时间下同一品牌卷烟纸存在一定的差异性,光照时间越长,整体差异性越明显,色牢度变化越大。

1. 绪论

1.1 彩色卷烟纸的研究意义

卷烟纸作为一种卷烟辅助材料,在卷烟行业中占有较高的地位,卷烟纸的主成分和影响因素都对卷烟纸的性能及卷烟吸味有着直接的影响作用。

彩色卷烟纸主要由天然色素和人工合成色素对卷烟纸进行染色。大多数天然色素是从一些天然动植物和微生物中分离得到,具有很高的安全性,但大部分天然色素稳定性差、着色力低,有一定的使用局限性。合成色素主要是由煤焦油为原料制成的,其着色力和稳定性都较好,色域宽,但是部分合成色素或其原料残留具有一定毒性[1,2]。近年来,国内卷烟公司对彩色卷烟纸开始有一定的认可,对彩色卷烟纸的文献和报道也开始增加。

1.2 色牢度

色牢度又名染色坚牢度,是对外界因素(如挤压、摩擦、光照、水洗等)的一定抵抗力,保持染色产品固有的物理或化学性质,但也容易受到破坏,则颜色发生变化或是迁移。染色棉织物在日光暴晒下容易出现褪色、掉色的情况[3],一些纺织产品也出现耐光、汗复合色牢度差的问题[4]。本实验中研究不同光照时间对卷烟纸色牢度的影响。

1.3 近红外光谱分析技术

近红外光谱分析主要是利用光谱区所包含的物质信息对有机物进行定性和定量的分析技术,是光谱测量技术与化学计量学学科的有机结合[5,6]。近红外光谱仪扫描采集样品光谱图,光谱波段信息较复杂,还需进行计算机技术的处理,计算机技术包括光谱数据处理和数据关联技术。通过计算机软件对相关光谱进行比对建立化学计量学模型,用于对样品光谱的分析[7]。目前化学计量学模型的应用已较为广泛,例如在石油、药材、农副产品、烟草产品等研究领域中的辅助分析[8-12]。它的优势在相关的光谱技术研究范围得到印证,且模型的计算精准率高,所以我们将近红外光谱技术与化学计量技术的结合应用于本实验中。

1.4 国内外研究进展

近年来,近红外技术已成功地应用于烟草原料的质量控制、卷烟产品的质量检测,但是国内外将该项技术用于彩色卷烟纸的研究还很少见。为满足市场的需求,我们将对卷烟纸进行一定的实验研究,也可作为卷烟生产企业寻找最佳陈化条件的一种补充手段。

2. 实验部分

2.1 样品清单

恒丰彩色卷烟纸、民丰彩色卷烟纸、景丰彩色卷烟纸、棕色卷烟纸。

2.2 实验仪器

Antaris 近红外光谱仪、自动旋转架、碎纸机、150 克多功能粉碎机、ezomnc 32 红外数据处理软件、Chemmind ChemPattern 2017 专业版软件(科迈恩科技有限公司)①。

2.3 样品的制备

取四种彩色卷烟纸,先于碎纸机中磨碎,再于粉碎机中旋风磨成絮状,装入自封袋中备用,控制在一定的室温下。

(1)将四种絮状卷烟纸样品置于光照下,每隔 2 小时取一次样,取样时间分别 4 h、6 h、8 h、10 h、12 h、14 h、16 h、18 h;

(2)将四种絮状卷烟纸样品置于光照下,每隔 2 天取一次样,取样时间分别为 1 天、3 天、5 天。

2.4 光谱数据的采集和处理

将卷烟纸样品倒入石英采样杯中,用压样器轻压后置于旋转台上,开始采用近红外光谱仪扫描检测,光谱采集范围 $4000 \sim 10000 \text{ cm}^{-1}$,分辨率为 8 cm^{-1}。为了减少装样误差,每个样品做三次重复,每测好一次倒出后重新装样,保证样品的代表性,每一份不同光照时间下的卷烟纸样品即有 6 条近红外光谱图谱。将原始采集数据导入红外数据处理软件

---

① ChemPattern 软件:化学计量学软件,可方便快捷地进行化学指纹图谱分析、有关物质分析以及数据挖掘等多种操作。

ezomnc 32,将原始数据转换为.csv 格式,导入 ChemPattern 2017 Pro 软件中,采用化学计量技术进行整体差异性分析。

3. 结果与分析

3.1 同一品牌不同光照时间（以小时计）

3.1.1 主成分分析

主成分分析实质为数据降维方法,通过对协方差矩阵①进行特征分解,形成主成分的线性组合进行分析,在光谱定性或定量中应用较多,且经常用来分析数据集的差异和相似性。本实验中通过对光谱数据矩阵的压缩,样本集的主成分对相应的得分作图,直观样品的聚类效果[13,14]。将光照时间分别为 4 h、6 h、8 h、10 h、12 h、14 h、16 h、18 h 的彩色卷烟纸样品检测数据导入 Chemmind ChemPattern 2017 专业版软件,进行样品图谱分析。以恒丰彩色卷烟纸为分析展示,研究不同光照小时下彩色卷烟纸的整体差异性。

如图 3-2-1 所示为 4 h 光照时间下恒丰彩色卷烟纸的原始图谱。6 次测定下的样品图谱都有一定的重复性,证明近红外光谱样品测定中误差较小,但无法分析出不同光照小时下恒丰卷烟纸的相关性。以 8 h 光照下的卷烟纸为代表性样品建立共有模式,具体采用主成分分析方法(PCA)对检测数据进行降维处理,从相关阵出发,将数据投影在二维平面内,X 轴表示每份样品的第一主成分得分,Y 轴表示每份样品的第二主成分得分,根据 PCA 得分图分类情况来判别不同光照小时下恒丰卷烟纸的整体差异。在 PCA 分析中,两个主成分累计方差解释率均达 97.84%,说明两个主成分的解释能力②较强,符合指纹图谱的表征要求。由图 3-2-2 可知,对不同光照时间下同一样品进行聚集,发现两两均可分类,只有个别样品数据没有聚集。结果表明:恒丰卷烟纸样品在不同光照小时下,由红外光谱表征的特性存在明显差异,该特性在一定程度上可反映光照对卷烟纸色牢度的影响。

3.1.2 相似度分析

相似度分析是以若干特定的相对指标为统一尺度,运用模糊综合评判原理,得出一个对象在诸指标上与标准值的相似度,据以判断该对象相关程度的一种方法。本实验中采用夹角余弦③、马氏距离④、欧氏距离⑤相似度分析同时对不同光照小时下恒丰彩色卷烟纸色牢度的差异性进行定量表征。相似度分析结果显示,三种方式均能在一定程度上表征不同光照时间下恒丰彩色卷烟纸样品存在的差异性,其中马氏距离分析较明显表征其整体差异。如图 3-2-3 所示为马氏距离分析的图谱,不同光照小时下卷烟纸虽存在一定的差异性,但是距离间隔较小且无规律性变化。马氏距离考虑到各种特性之间的联系,可以排除变量

---

① 协方差矩阵:多维随机变量,不同维度之间的协方差。
② 主成分的解释能力强:主成分包含的光谱信息较多。
③ 夹角余弦:通过计算两个向量的夹角余弦值来评估相似性。相似范围−1～1,1 表示它们的指向完全相同。
④ 马氏距离:表示数据的协方差距离,是一种有效计算两个未知样本集的相似度的方法。
⑤ 欧氏距离:m 维空间里两个点之间的真实距离。

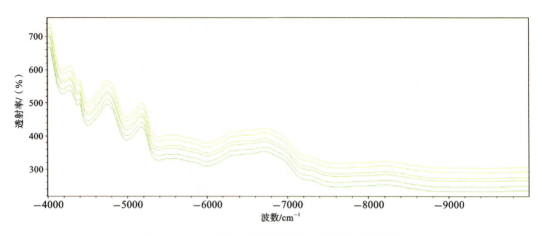

图 3-2-1　4 h 光照时间下恒丰彩色卷烟纸原始图谱

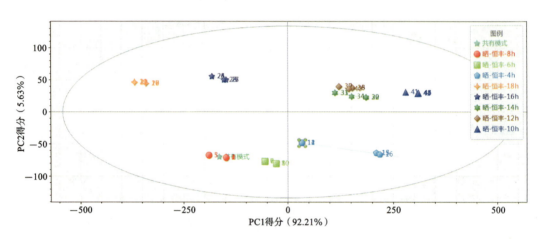

图 3-2-2　不同光照时间下恒丰彩色卷烟纸主成分分析

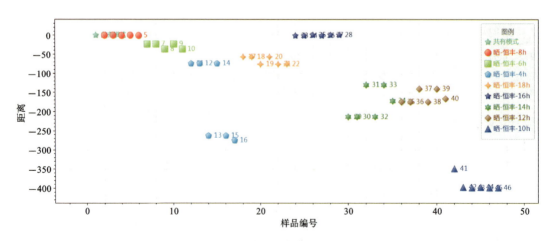

图 3-2-3　不同光照小时下恒丰彩色卷烟纸马氏距离分析

之间相关性的干扰[15]。

由表 3-2-1 可知,光照为 4 h、6 h、8 h、10 h、12 h、14 h、16 h、18 h 的卷烟纸马氏距离平均值分别为 −220.27、−33.33、−1.667、−297.04、−159.165、−34.31、−72.863、−700.278,随光照时间的增加,卷烟纸样品的整体差异无明显规律。结果表明:光照时间较短时,卷烟纸色牢度变化较小,采用相似度分析无法进行定量表征。

表 3-2-1 不同光照时间下恒丰彩色卷烟纸相似度分析

光照时间/h	样品编号	夹角余弦	夹角余弦平均值	欧氏距离	欧氏距离平均值	马氏距离	马氏距离平均值
4	HF-4h-1	0.99	0.99	−182.88	−270.427	−187.07	−220.27
	HF-4h-2	0.99		−182.88		−187.07	
	HF-4h-3	0.99		−355.43		−276.29	
	HF-4h-4	0.99		−182.88		−187.07	
	HF-4h-5	0.99		−355.43		−276.29	
	HF-4h-6	0.99		−363.06		−207.83	
6	HF-6h-1	1.00	1.00	−86.12	−133.423	−24.20	−33.337
	HF-6h-2	1.00		−86.12		−24.20	
	HF-6h-3	1.00		−112.78		−12.85	
	HF-6h-4	1.00		−86.12		−24.20	
	HF-6h-5	1.00		−112.78		−12.85	
	HF-6h-6	1.00		−316.62		−101.72	
8	HF-8h-1	1.00	1.00	−10.88	−46.163	−0.83	−1.667
	HF-8h-2	1.00		−10.88		−0.83	
	HF-8h-3	1.00		−53.02		−1.67	
	HF-8h-4	1.00		−10.88		−0.83	
	HF-8h-5	1.00		−53.02		−1.67	
	HF-8h-6	1.00		−138.30		−4.17	
10	HF-10h-1	0.99	0.99	−461.02	−455.848	−278.03	−297.04
	HF-10h-2	0.99		−461.02		−278.03	
	HF-10h-3	0.99		−459.98		−311.42	
	HF-10h-4	0.99		−461.02		−278.03	
	HF-10h-5	0.99		−459.98		−311.42	
	HF-10h-6	0.99		−432.07		−325.31	

续表

光照时间/h	样品编号	夹角余弦	夹角余弦平均值	欧氏距离	欧氏距离平均值	马氏距离	马氏距离平均值
12	HF-12h-1	0.99	0.99	−311.26	−300.632	−144.17	−159.165
	HF-12h-2	0.99		−311.26		−144.17	
	HF-12h-3	0.99		−283.12		−173.00	
	HF-12h-4	0.99		−311.26		−144.17	
	HF-12h-5	0.99		−283.12		−173.00	
	HF-12h-6	0.99		−303.77		−176.48	
14	HF-14h-1	0.99	0.99	−336.88	−309.098	−30.51	−34.31
	HF-14h-2	0.99		−336.88		−30.51	
	HF-14h-3	0.99		−269.78		−36.77	
	HF-14h-4	0.99		−336.88		−30.51	
	HF-14h-5	0.99		−269.78		−36.77	
	HF-14h-6	0.99		−304.39		−40.79	
16	HF-16h-1	0.99	0.99	−136.02	−129.64	−76.25	−72.863
	HF-16h-2	0.99		−136.02		−76.25	
	HF-16h-3	0.99		−123.13		−73.93	
	HF-16h-4	0.99		−136.02		−76.25	
	HF-16h-5	0.99		−123.13		−73.93	
	HF-16h-6	0.99		−123.52		−60.57	
18	HF-18h-1	0.99	0.99	−247.47	−259.2	−669.23	−700.278
	HF-18h-2	0.99		−247.47		−669.23	
	HF-18h-3	0.99		−271.25		−733.47	
	HF-18h-4	0.99		−247.47		−669.23	
	HF-18h-5	0.99		−271.25		−733.47	
	HF-18h-6	0.99		−270.29		−727.04	

3.1.3 聚类分析

聚类分析的目标是在相似的基础上收集数据来分类,通过数据建模简化数据,分析简单直观,研究数据的整体相关性。根据观察值或变量之间的相似程度,将最为相似的样品结合在一起,以逐次聚合的方式将样品聚类,直到最后所有样品都聚成一类[16]。对卷烟纸样品进行聚类分析,结果如图3-2-4所示,同一光照小时下样品先聚为一类,不同光照小时下样品也成组分类,相似性较高。结果表明:不同光照小时下卷烟纸样品整体差异性较小,可作为相似度分析的补充手段。

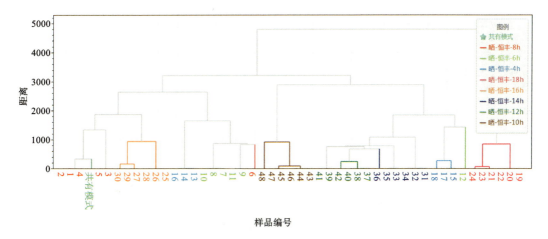

图 3-2-4　不同光照时间下恒丰彩色卷烟纸聚类分析

3.2　同一品牌不同光照时间（以天数计）

3.2.1　主成分分析

将光照天数分别为 1 天、3 天、5 天的恒丰、民丰、景丰彩色卷烟纸以及棕色卷烟纸检测数据导入 Chemmind ChemPattern 2017 专业版软件，进行样品图谱分析。图 3-2-5 为 1 天光照时间下棕色卷烟纸的原始图谱。

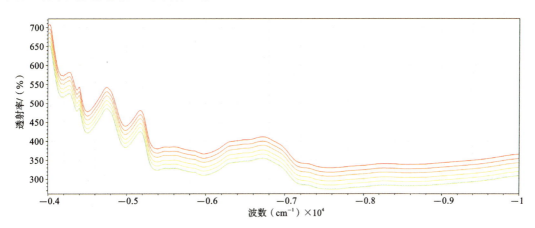

图 3-2-5　1 天光照时间下棕色卷烟纸原始图谱

任意指定其中一种光照时间下卷烟纸为代表性样品建立共有模式，具体采用主成分分析方法（PCA）对检测数据进行降维处理，从相关阵出发，将数据投影在二维平面内，根据 PCA 得分图分类情况来判别不同光照天数下卷烟纸的整体差异。在 PCA 分析中，两个主成分累计方差解释率达 90% 以上，说明两个主成分的解释能力较强，符合指纹图谱的表征要求。由图 3-2-6 至图 3-2-9 可知，对同一光照天数下样品进行聚集，发现均可明显分类，说明各类卷烟纸样品在不同光照天数下，由红外光谱表征的特性存在明显差异，该特性在一定程度上可反映卷烟纸的色牢度。

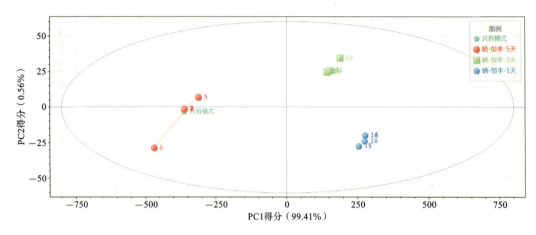

图 3-2-6　不同光照天数下恒丰彩色卷烟纸色牢度主成分分析

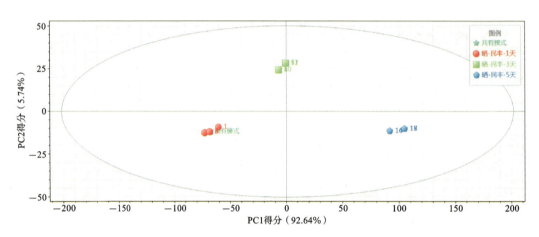

图 3-2-7　不同光照天数下民丰彩色卷烟纸色牢度主成分分析

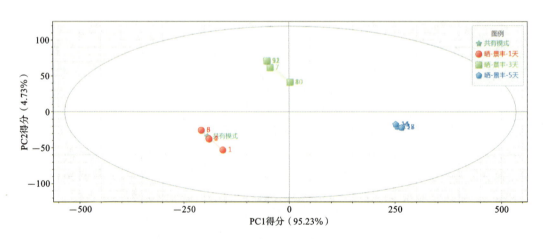

图 3-2-8　不同光照天数下景丰彩色卷烟纸色牢度主成分分析

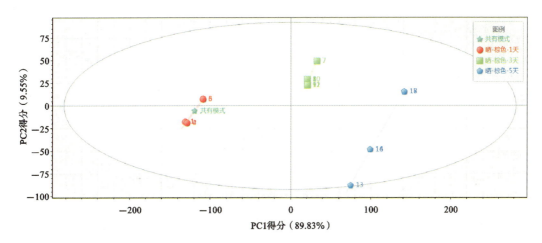

图 3-2-9　不同光照天数下棕色卷烟纸色牢度主成分分析

3.2.2　相似度分析

同时采用夹角余弦、欧氏距离、马氏距离对不同光照天数下各类卷烟纸色牢度的差异性进行定量表征。相似度分析结果显示，三种方式均能在一定程度上表征不同光照天数下卷烟纸样品的整体差异，其中马氏距离能较明显表征，图谱上同一光照天数下聚类效果较好，不同光照天数下卷烟纸差异性明显，其中马氏距离平均值也呈一定规律性大幅度地变化，如图 3-2-10 至图 3-2-13 所示。

由表 3-2-2 可知，光照为 1 天、3 天、5 天的恒丰卷烟纸马氏距离平均值分别为 −2036.345、−740.048、−1.667，随光照天数的增加，马氏距离平均值呈规律性变化，整体差异性逐渐增大，说明采用相似度分析进一步验证了 PCA 的研究结果，同时可作为补充。

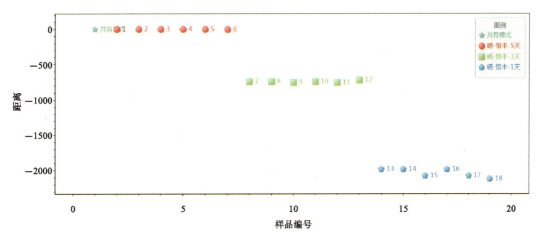

图 3-2-10　不同光照天数下恒丰彩色卷烟纸马氏距离相似度分析

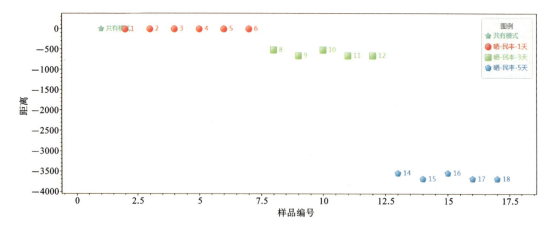

图 3-2-11　不同光照天数下民丰彩色卷烟纸马氏距离相似度分析

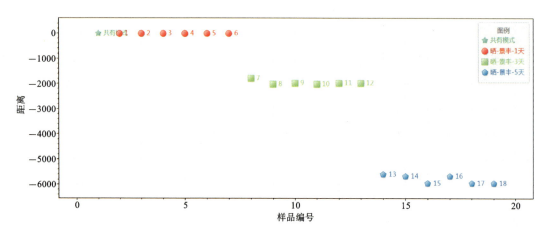

图 3-2-12　不同光照天数下景丰彩色卷烟纸马氏距离相似度分析

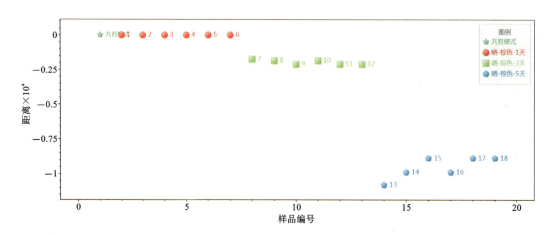

图 3-2-13　不同光照天数下棕色卷烟纸马氏距离相似度分析

表 3-2-2　不同光照天数下恒丰彩色卷烟纸相似度分析

晾晒天数	样品编号	夹角余弦	夹角余弦平均值	欧氏距离	欧氏距离平均值	马氏距离	马氏距离平均值
1 天	HF-1-1	0.99	0.99	−8.68	−10.612	−1983.71	−2036.345
	HF-1-2	0.99		−8.68		−1983.71	
	HF-1-3	0.99		−15.58		−2074.19	
	HF-1-4	0.99		−8.68		−1983.71	
	HF-1-5	0.99		−15.58		−2074.19	
	HF-1-6	0.99		−6.47		−2118.56	
3 天	HF-3-1	0.99	0.99	−134.03	−125.192	−738.54	−740.048
	HF-3-2	0.99		−134.03		−738.54	
	HF-3-3	0.99		−125.51		−752.50	
	HF-3-4	0.99		−134.03		−738.54	
	HF-3-5	0.99		−125.51		−752.50	
	HF-3-6	0.99		−98.04		−719.67	
5 天	HF-5-1	1.00	1.00	−630.64	−632.277	−0.83	−1.667
	HF-5-2	1.00		−630.64		−0.83	
	HF-5-3	1.00		−581.76		−1.67	
	HF-5-4	1.00		−630.64		−0.83	
	HF-5-5	1.00		−581.76		−1.67	
	HF-5-6	1.00		−738.22		−4.17	

由表 3-2-3 可知,光照为 1 天、3 天、5 天的民丰彩色卷烟纸马氏距离平均值分别为 −1.667、−600.656、−3630.566,随光照天数的增加,马氏距离平均值呈规律性变化,整体差异逐渐增大,说明采用相似度分析进一步验证了 PCA 的研究结果,同时可作为补充。

表 3-2-3　不同光照天数下民丰彩色卷烟纸相似度分析

晾晒天数	样品编号	夹角余弦	夹角余弦平均值	欧氏距离	欧氏距离平均值	马氏距离	马氏距离平均值
1 天	MF-1-1	1.00	1.00	−3.76	−8.637	−0.83	−1.667
	MF-1-2	1.00		−3.76		−0.83	
	MF-1-3	1.00		−7.82		−1.67	
	MF-1-4	1.00		−3.76		−0.83	
	MF-1-5	1.00		−7.82		−1.67	
	MF-1-6	1.00		−24.90		−4.17	

续表

晾晒天数	样品编号	夹角余弦	夹角余弦平均值	欧氏距离	欧氏距离平均值	马氏距离	马氏距离平均值
3 天	MF-3-1	0.99		−79.21		−658.24	
	MF-3-2	0.99		−79.21		−658.24	
	MF-3-3	0.99	0.99	−71.93	−76.298	−514.28	−600.656
	MF-3-4	0.99		−79.21		−658.24	
	MF-3-5	0.99		−71.93		−514.28	
5 天	MF-5-1	0.99		−173.55		−3686.27	
	MF-5-2	0.99		−173.55		−3686.27	
	MF-5-3	0.99	0.99	−161.31	−168.654	−3547.01	−3630.566
	MF-5-4	0.99		−173.55		−3686.27	
	MF-5-5	0.99		−161.31		−3547.01	

由表 3-2-4 可知,光照为 1 天、3 天、5 天的景丰彩色卷烟纸马氏距离平均值分别为 −1.667、−1954.028、−5910.053,随光照天数的增加,马氏距离平均值呈规律性变化,整体差异逐渐增大,说明采用相似度分析进一步验证了 PCA 的研究结果,同时可作为补充。

表 3-2-4　不同光照天数下景丰彩色卷烟纸相似度分析

晾晒天数	样品编号	夹角余弦	夹角余弦平均值	欧氏距离	欧氏距离平均值	马氏距离	马氏距离平均值
1 天	JF-1-1	1.00		−17.27		−0.83	
	JF-1-2	1.00		−17.27		−0.83	
	JF-1-3	1.00	1.00	−5.80	−17.457	−1.67	−1.667
	JF-1-4	1.00		−17.27		−0.83	
	JF-1-5	1.00		−5.80		−1.67	
	JF-1-6	1.00		−41.33		−4.17	
3 天	JF-3-1	0.99		−176.25		−1972.05	
	JF-3-2	0.99		−176.25		−1972.05	
	JF-3-3	0.99	0.99	−210.55	−187.82	−2013.40	−1954.028
	JF-3-4	0.99		−176.25		−1972.05	
	JF-3-5	0.99		−210.55		−2013.40	
	JF-3-6	0.99		−177.07		−1781.22	

续表

晾晒天数	样品编号	夹角余弦	夹角余弦平均值	欧氏距离	欧氏距离平均值	马氏距离	马氏距离平均值
5天	JF-5-1	0.99	0.99	−458.92	−452.705	−5961.31	−5910.053
	JF-5-2	0.99		−458.92		−5961.31	
	JF-5-3	0.99		−445.44		−5985.43	
	JF-5-4	0.99		−458.92		−5961.31	
	JF-5-5	0.99		−445.44		−5985.43	
	JF-5-6	0.99		−448.59		−5605.53	

由表 3-2-5 可知，光照为 1 天、3 天、5 天的棕色卷烟纸马氏距离平均值分别为 −1.667、−1959.467、−9523.882，随光照天数的增加，马氏距离平均值呈规律性变化，整体差异逐渐增大，说明采用相似度分析进一步验证了 PCA 的研究结果，同时可作为补充。

表 3-2-5 不同光照天数下棕色卷烟纸相似度分析

晾晒天数	样品编号	夹角余弦	夹角余弦平均值	欧氏距离	欧氏距离平均值	马氏距离	马氏距离平均值
1天	ZS-1-1	1.00	1.00	−16.73	−16.772	−0.83	−1.667
	ZS-1-2	1.00		−16.73		−0.83	
	ZS-1-3	1.00		−16.53		−1.67	
	ZS-1-4	1.00		−16.73		−0.83	
	ZS-1-5	1.00		−16.53		−1.67	
	ZS-1-6	1.00		−17.38		−4.17	
3天	ZS-3-1	0.99	0.99	−143.71	−147.125	−2101.93	−1959.467
	ZS-3-2	0.99		−143.71		−2101.93	
	ZS-3-3	0.99		−144.79		−1855.17	
	ZS-3-4	0.99		−143.71		−2101.93	
	ZS-3-5	0.99		−144.79		−1855.17	
	ZS-3-6	0.99		−162.04		−1740.67	

续表

晾晒天数	样品编号	夹角余弦	夹角余弦平均值	欧氏距离	欧氏距离平均值	马氏距离	马氏距离平均值
5天	ZS-5-1	0.99	0.99	−261.55	−240.167	−8863.81	−9523.882
	ZS-5-2	0.99		−261.55		−8863.81	
	ZS-5-3	0.99		−222.57		−9878.91	
	ZS-5-4	0.99		−261.55		−8863.81	
	ZS-5-5	0.99		−222.57		−9878.91	
	ZS-5-6	0.99		−211.21		−10794.04	

3.2.3 聚类分析

聚类分析中距离越小的个体(变量)越具有相似性。根据距离的大小先将同一批样品聚为一类,再将距离近的相聚,最后再与距离大的聚集[17]。如图3-2-14至图3-2-17所示,临界值处于0.125~0.325之间时,不同光照时间的恒丰彩色卷烟纸可以明显进行区分;临界值处于0.22~0.8之间时,不同光照时间的景丰彩色卷烟纸可以明显进行区分;而不同光照时间的民丰彩色卷烟纸与棕色卷烟纸聚类不明显。

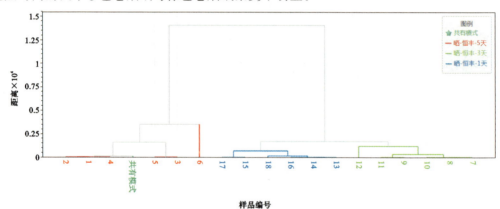

图3-2-14　不同光照天数下恒丰彩色卷烟纸聚类分析

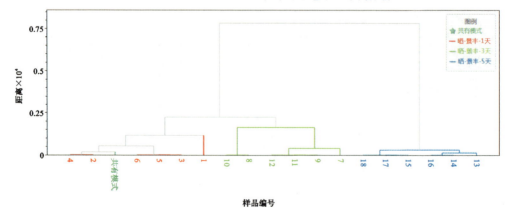

图3-2-15　不同光照天数下景丰彩色卷烟纸聚类分析

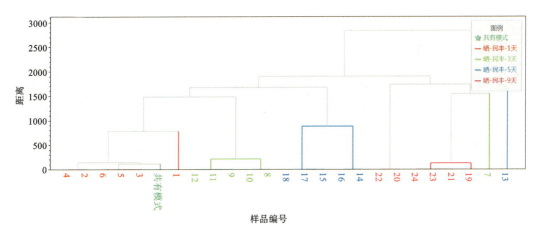

图 3-2-16 不同光照天数下民丰彩色卷烟纸聚类分析

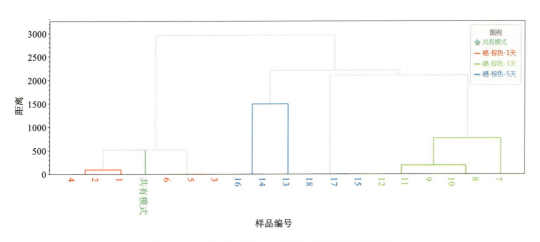

图 3-2-17 不同光照天数下棕色卷烟纸聚类分析

3.3 方法概括

方法概括如表 3-2-6 所示。

表 3-2-6 方法概括

晾晒时间	PCA 主成分分析	相似度分析			聚类分析
		夹角余弦	欧氏距离	马氏距离	
不同光照时间（以小时计）	明显差异	差异小,无法定量表征	差异小,无法定量表征	明显差异(无规律),无法定量表征	差异小(聚类区分不明显),无法定量表征
不同光照时间（以天数计）	明显差异	差异大,可定量表征	差异大,可定量表征	明显差异(有规律),可定量表征	差异大(一定临界值范围内聚类区分明显),可定量表征

4. 总结与讨论

同一品牌不同光照小时 4～18 h 整体差异性分析以恒丰彩色卷烟纸为例，PCA 主成分分析中建立的二维图谱，两个主成分分析解释度高，且同一品牌卷烟纸在不同光照小时下明显分类，说明卷烟纸样品在不同光照小时下，由红外光谱表征的特性存在明显差异，该特性在一定程度上可反映卷烟纸的色牢度。同时进行相似度分析，夹角余弦、欧氏距离、马氏距离三种方式均能在一定程度上表征不同光照小时下恒丰彩色卷烟纸样品的整体差异，其中马氏距离能较明显表征其整体差异。但卷烟纸样品的整体差异无明显规律，采用相似度分析无法进行定量表征。聚类分析中不同光照小时下卷烟纸样品区分效果不明显，作为相似度分析的补充手段。综上表明：彩色卷烟纸在不同光照小时下，光照时间短，差异性不明显。

进一步增加光照时间至 1 天、3 天、5 天，采用主成分分析表明，不同光照天数下卷烟纸样品聚集，均可明显分类。同时采用夹角余弦、欧氏距离、马氏距离对不同光照天数各类卷烟纸色牢度的差异性进行定量表征，结果显示，随光照天数的增加，卷烟纸样品的整体差异逐渐增大，说明采用相似度分析进一步验证了 PCA 的研究结果，同时可作为补充；聚类分析结果显示，临界值处于一定范围内时，不同光照天数的卷烟纸可以明显进行区分。

综上所述，不同光照时间下四种卷烟纸都存在一定的整体差异性，外部因素光照一定程度上影响卷烟纸的色牢度，但光照时间较短，色牢度变化较小，整体差异性不明显。随着光照时间的增加，整体差异性逐渐增大。研究表明，当不同样品近红外光谱有一定差异时，主成分分析可对样品进行明显区分；当样品差异较大时，相似度分析与聚类分析可对各类卷烟纸的近红外光谱差异性进行定量表征。

参考文献

[1] 向能军.彩色卷烟纸的研发[J].云南科技管理,2009(5):68.

[2] 杨绍文,黄海群,罗丽莉,等.棕色卷烟纸的研发及应用[J].烟草科技,2009(5):5-9.

[3] 唐建国.棉织物日晒色牢度的影响因素分析[J].化工管理,2019(17):57-58.

[4] 喻忠军,徐晶.纺织品耐光汗复合色牢度测试方法分析与研究[J].山东纺织科技,2018,59(2):32-34.

[5] 张卉,宋妍,冷静,等.近红外光谱分析技术[J].光谱实验室,2007,24(3):388-395.

[6] 张严,谢岩黎,孙淑敏.近红外光谱结合化学计量学方法在油脂检测中的应用[J].粮食与油脂,2015,28(1):66-68.

[7] 谷岸,罗涵,杨晓丹.近红外光谱结合化学计量学无损鉴定软玉产地的可行性研究[J].文物保护与考古科学,2015(3):78-83.

[8] 王潍平,王继敏,刘名扬,等.化学计量学模型在石油产品检验监管中的应用展望[J].检验检疫科学,2009(5):38-40.

[9] 胡建勇,缪明锦,闻焜,等.基于红外光谱结合化学计量学及HPLC色谱的紫丹参及其近缘种成分差异[J].中国实验方剂学,2019(15):8-14.

[10] 赵卿宇,沈群.GC-IMS技术结合化学计量学方法在青稞分类中的应用[J].中国粮油学报,2020,35(2):165-169.

[11] 黄扬明,田旷达,张吉雄,等.中红外技术结合PCA-MD用于烟用香精香料定性研究[J].光谱学与光谱分析,2018(S1):129-130.

[12] 关斌,王家俊,张峻松.近红外光谱技术在烟草行业的研究进展[J].农产品加工学刊,2009(10):102-105.

[13] 李晨曦,孙哲,蒋景英,等.近红外光谱主成分分析与模糊聚类的典型地面目标物识别[J].光谱学与光谱分析,2017,37(11):3386-3390.

[14] 张灵帅,王卫东,谷运红,等.近红外光谱的主成分分析-马氏距离聚类判别用于卷烟的真伪鉴别[J].光谱学与光谱分析,2011,31(5):1254-1257.

[15] 张雪,葛武鹏,郝梦露,等.基于主成分分析与马氏距离结合运用的婴幼儿配方奶粉营养综合评价[J].食品科学,2020,41(5):166-172.

[16] 柴鹏飞,李林洁,刘静,等.基于聚类分析的浓缩苹果汁风味品质分析与评价[J].食品与发酵工业,2020,46(2):94-101.

[17] 刘玉明,柴逸峰,亓云鹏,等.近红外光谱和聚类分析法无损快速鉴别蓝桉果实[J].中成药,2004,26(12):1049-1051.

第三章 卷烟烟丝特征化学成分多维分析关键技术专题应用研究Ⅲ
——不同梗丝质量差异性分析

1. 前言

卷烟是一个极其复杂的物质体系,研究人员围绕烟草化学与感官品质量效关系开展了大量的研究工作,试图推动卷烟品质评价从感官特性向化学特性的技术进步,但是仍未获实质性突破,因此从化学成分出发对卷烟品质优劣进行评价依然是烟草化学研究领域的技术难题。本研究独辟蹊径,聚焦烟丝化学成分差异性,采用化学检测、统计学分析配套技术,建立了卷烟烟丝特征化学成分分析检测平台。

为了实现不同卷烟品牌之间的差异性分析,从烟丝(整体物质基础)指纹图谱开发入手,开发出服务于指纹图谱相似度分析的4个半定量方法,这些指纹图谱检测方法包括:①烟丝中挥发性成分测定 磁力搅拌棒-顶空-气相色谱-质谱(SBSE-HS-GC-MS)法;②烟丝中挥发性、半挥发性成分内标法半定量测定 静态顶空-气相色谱-质谱(HS-GC-MS)法;③烟丝中挥发性、半挥发性成分内标法半定量测定 顶空-固相微萃取-气相色谱-质谱(HS-SPME-GC-MS)法;④烟丝中非挥发性成分内标法半定量测定 高效液相色谱-二极管阵列检测器(HPLC-DAD)法。同时,开展了与检测方法相配套的3个统计学方法(卷烟烟丝中挥发及半挥发性成分整体差异性分析及分组方法、卷烟烟丝特征主成分分析分组及清单提取法、卷烟产品烟丝物质基础波动水平评价法)开发,从而构建了卷烟烟丝特征化学成分多维分析平台,实现了对不同品牌、品牌不同批次、云产卷烟同品牌不同加工点卷烟品质稳定性评价。

针对梗丝质量趋势分析需求,基于"ZL201710136650.2基于烟丝中挥发性特征组分的卷烟配方质量趋势分析方法"专利技术,选取了卷烟烟丝特征化学成分多维分析平台中特征化学成分检测方法(烟丝中挥发性、半挥发性成分内标法半定量测定 顶空-固相微萃取-气相色谱-质谱(HS-SPME-GC-MS)法),以及特征化学成分统计分析技术(卷烟烟丝中挥发及半挥发性成分整体差异性分析及分组方法),开展了梗丝质量趋势分析。

2. 实验部分

2.1 实验样品

实验样品如表3-3-1所示。

表 3-3-1 烟梗样品

样品名称	备注
1#烟梗	2018/烤烟/云南红河/红大/WGBBB/GY/W/
2#烟梗	2017/烤烟/云南红河/无/WGCCA/GY/W/
3#烟梗	2017/烤烟/云南红河/无/WGCCB/GY/W/
4#梗丝	老工艺滚筒润梗正常烘后未加香梗丝
5#梗丝	增压回潮试验烘后未加香梗丝 0.8 bar
6#梗丝	增压回潮试验烘后未加香梗丝 1.3 bar

2.2 样品前处理

将研究开发的烟丝特征化学成分多维分析关键技术应用于不同形态梗丝（条梗、丝梗）质量趋势的分析中。称取不同形态的梗丝，每个样品取 5 个平行样，称样量为 0.6 g，放置于棕色 20 mL 顶空瓶中，用微量注射器加入内标甲苯-D8，然后进行 HS-SPME-GC/MS 分析。

2.3 样品测试条件

2.3.1 固相微萃取条件

预平衡时间：10 min。平衡温度：80 ℃。平衡搅拌速率：500 r/min。样品瓶取样径深：25 mm。萃取时间：30 min。进样径深：54 mm。解吸附时间：6 min。GC 循环时间：46 min。后处理时间：6 min。

2.3.2 色谱条件

进样口温度：250 ℃。升温程序：初始温度 50 ℃，保持 3 min，以 5 ℃/min 升至 210 ℃，再以 5 ℃/min 升至 240 ℃，保持 1 min。载气：高纯氦气（99.999%），流速 10 mL/min。隔垫吹扫：3 mL/min。进样方式：分流进样，分流比 10∶1。进样体积：1.0 μL。载气节省：15 mL/min。

2.3.3 质谱条件

离子源：EI 源。电离能：70 eV。离子源温度：180 ℃。传输线温度：260 ℃。检测模式：全离子扫描。扫描范围：40～350 amu。溶剂延迟：3 min。阈值：150。采样频率：2。扫描次数：4.51 次/s。

3. 结果与讨论

3.1 6 个梗丝样品指纹图谱

6 个梗丝样品指纹图谱如图 3-3-1 所示。

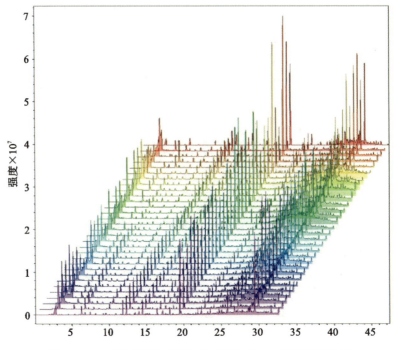

图 3-3-1　6 种不同形态梗丝 HS-SPME-GC/MS 色谱汇总图

3.2　6 个梗丝样品整体差异性分析

通过 ChemPattern 软件[科迈恩（北京）科技有限公司]，结合主成分分析（principal component analysis，PCA）方法对不同形态梗丝样品的挥发性香味成分检测结果进行相关分析，分析不同形态梗丝样品的质量变化趋势，如图 3-3-2 所示，条状梗丝和丝状梗丝可以在 PCA 空间图上自然划分成两块区域。其中，条状梗丝 4 个样品的 PCA 分布图面积区域较大，而丝状梗丝 2 个样品的 PCA 空间分布面积较小，说明可以用该技术手段来跟踪不同形态梗丝的质量变化趋势。

3.3　6 个梗丝样品整体差距分析

6 个梗丝样品的马氏距离如图 3-3-3 所示。

4. 结论

6 种不同形态梗丝分析结果表明：①条状梗丝和丝状梗丝可以在 PCA 空间图上自然划分成两块区域；②条状梗丝 4 个样品的 PCA 分布图面积区域较大，而丝状梗丝 2 个样品的 PCA 空间分布面积较小；③本实验采用的烟丝质量趋势分析专利技术，能够作为跟踪不同形态梗丝质量变化趋势的重要技术手段。

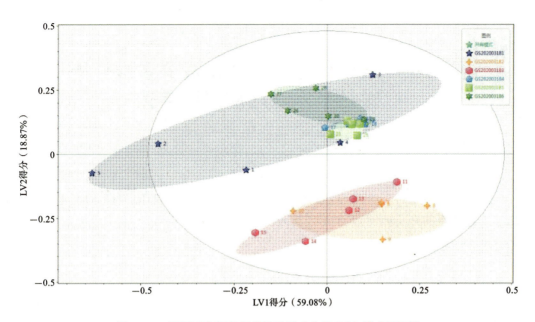

图 3-3-2　不同形态梗丝挥发性致香成分的 PCA 模式识别图

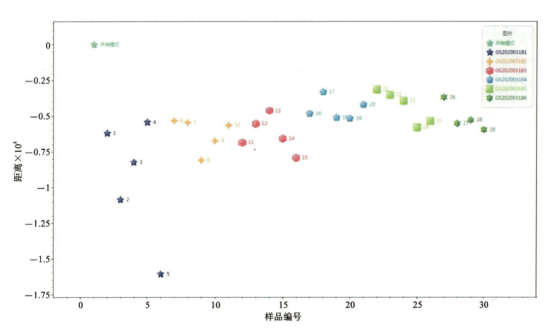

图 3-3-3　不同形态梗丝挥发性致香成分的马氏距离图

第四章 卷烟烟丝特征化学成分多维分析关键技术专题应用研究 IV
——不同烟叶品种差异性分析

"ZL201610079211.8 基于全谱段分子光谱的卷烟烟丝质量趋势分析方法"专利技术,选取了 5 种库存烟叶品种,开展了不同烟叶品种差异性分析研究,为卷烟叶组配方替代提供技术支撑。

1. 样品清单

样品清单如表 3-4-1 所示。

表 3-4-1 不同烟叶品种样品清单

序号	品种	等级
1	K326	C3F
2	红大	C3F
3	K2K26	C3F
4	NC102	C3F
5	贵州长顺	C3F

2. 样品制备

取 5 种原烟叶片,从中间分切为两半,取其中一半密封备用,另一半叶片去梗后粉碎,粉碎后过 100 目筛,分装于自封袋备用。

3. 检测方法

3.1 紫外分光光度计测定

3.1.1 样品前处理

取 5 种原烟烟末各 7 份,分别准确称取 0.2 g(精确到 0.0001 g),加 50 mL H_2O 超声提取 20 min,用 0.22 μm 有机相滤膜过滤后稀释 10 倍放置于液相瓶中密封待测。

3.1.2 仪器分析

采用紫外分光光度计(光谱扫描范围 500～190 nm)检测原烟烟末中基团紫外吸收。

3.1.3 数据统计分析

将 5 种原烟烟末样品分别进行 7 次测定,将检测数据导入 ChemPattern 软件(科迈恩科技有限公司)进行整体差异性分析。

3.2 近红外光谱测定

3.2.1 样品前处理

取 5 种原烟烟末各 7 份,每份 10 mL 于 15 mL 离心管待测。

3.2.2 仪器分析

采用近红外光谱扫描仪检测原烟烟末中基团共轭情况。

3.2.3 数据统计分析

将 5 种原烟烟末样品分别进行 7 次测定,将原始检测数据导入红外数据处理软件 ezomnc 32,将原始数据转换为.csv 格式,然后导入 ChemPattern 软件(科迈恩科技有限公司)进行整体差异性分析。

4. 结果与讨论

4.1 紫外分光光度计测定结果与分析

4.1.1 指纹图谱主成分分析

将样品紫外检测数据导入 Chemmind ChemPattern 2017 专业版软件中,建立样品的指纹图谱。以 K326 C3F 为代表性样品建立共有模式,具体采用主成分分析方法(PCA)对检测数据进行降维处理,从相关阵出发,将数据投影在二维平面内,根据 PCA 得分图(见图 3-4-1)分类情况来判别不同品种烟末的整体差异。在 PCA 分析中,两个主成分累计方差解释率在 90%以上,说明两个主成分的解释能力较强,符合指纹图谱的表征要求。

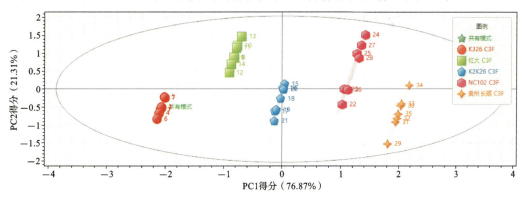

图 3-4-1　5 种烟末样品紫外测定 PCA 得分图

由图可知:对 5 种不同品种原烟烟末进行聚集,发现两两均可分类,说明不同品种烟末样品的共轭基团存在明显差异。该方法对于不同原烟烟末中共轭基团有一定的区分能力。同一品种烟末样品离散度较小,说明仪器稳定,结果可靠。

4.1.2 指纹图谱相似度分析结果

评定个体间差异大小的方法有多种,包括夹角余弦、相关系数、欧氏距离和马氏距离等,本实验采用夹角余弦来有效表征不同品种烟叶样品的整体差距,结果见图 3-4-2 及表 3-4-2。

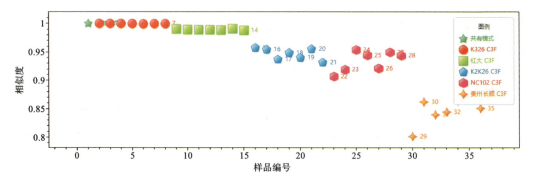

图 3-4-2　5 种烟末样品紫外测定的夹角余弦相似度分析结果

表 3-4-2　5 种烟末样品紫外测定的夹角余弦相似度

品种	样品编号	夹角余弦相似度	相似度平均值
K326 C3F	1	1.00	1
	2	1.00	
	3	1.00	
	4	1.00	
	5	1.00	
	6	1.00	
	7	1.00	
红大 C3F	1	0.99	0.99
	2	0.99	
	3	0.99	
	4	0.99	
	5	0.99	
	6	0.99	
	7	0.99	

续表

品种	样品编号	夹角余弦相似度	相似度平均值
K2K26 C3F	1	0.93	0.95
	2	0.96	
	3	0.94	
	4	0.95	
	5	0.94	
	6	0.95	
	7	0.96	
NC102 C3F	1	0.94	0.93
	2	0.95	
	3	0.92	
	4	0.94	
	5	0.95	
	6	0.92	
	7	0.91	
贵州长顺 C3F	1	0.85	0.85
	2	0.89	
	3	0.86	
	4	0.84	
	5	0.84	
	6	0.86	
	7	0.80	

由表 3-4-2 可知,同一样品的平行检测数据间的夹角余弦相似,以 K326 C3F 为代表性样品,不同样品的夹角余弦从大到小依次为 K326 C3F、红大 C3F、K2K26 C3F、NC102 C3F、贵州长顺 C3F。结果表明,采用夹角余弦进一步验证了 PCA 的研究结果,同时可作为补充。夹角余弦可以从定量的角度明确不同的 5 种烟末样品的整体差异性。

4.2 近红外光谱测定结果分析

4.2.1 指纹图谱主成分分析

将检测数据导入 Chemmind ChemPattern 2017 专业版软件中,建立样品的指纹图谱。以 K326 C3F 为代表性样品建立共有模式,具体采用主成分分析方法(PCA)对检测数据进行降维处理,从相关阵出发,将数据投影在二维平面内,根据 PCA 得分图(见图 3-4-3)分类情况来判别不同品种烟末的整体差异。在 PCA 分析中,两个主成分累计方差解释率在 90% 以上,说明两个主成分的解释能力较强,符合指纹图谱的表征要求。

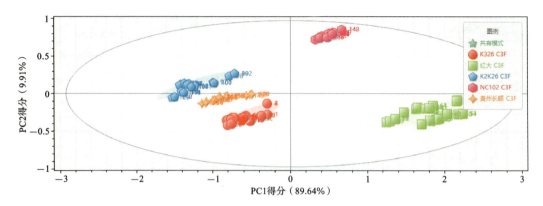

图 3-4-3　5 种烟末样品近红外光谱测定 PCA 得分图

由图可知：对 5 种不同品种原烟烟末进行聚集，发现两两均可分类，说明不同品种烟末样品的基团存在明显差异。该方法对不同原烟烟末中基团有一定的区分能力。同一品种烟末样品离散度较小，说明仪器稳定，结果可靠。

4.2.2　指纹图谱相似度分析结果

评定个体间差异大小的方法有多种，包括夹角余弦、相关系数、欧氏距离和马氏距离等，本实验采用马氏距离来有效表征不同品种烟末的整体差距，结果见图 3-4-4 及表 3-4-3。

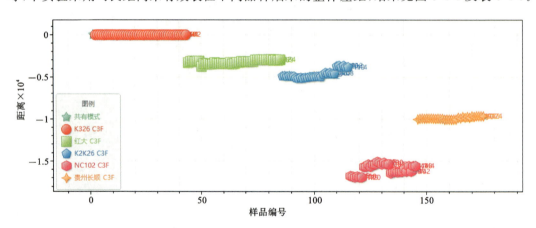

图 3-4-4　5 种烟末样品的近红外光谱测定马氏距离相似度分析结果

表 3-4-3　5 种烟末样品的近红外光谱测定马氏距离相似度

品种	马氏距离相似度平均值
K326 C3F	−12.69
红大 C3F	−3204.38
K2K26 C3F	−4875.62
NC102 C3F	−15632.54
贵州长顺 C3F	−9985.31

由表 3-4-3 可知,同一样品的平行检测数据间的马氏距离相似,以 K326 C3F 为代表性样品,不同样品的马氏距离从大到小依次为 NC102 C3F、贵州长顺 C3F、K2K26 C3F、红大 C3F、K326 C3F。从样品间基团来看,红大 C3F、K2K26 C3F 两样品最为相似。结果表明,采用马氏距离进一步验证了 PCA 的研究结果,同时可作为补充。马氏距离可以从定量的角度明确不同的 5 种烟末样品间基团整体差异性。

5. 结论

(1)利用紫外分光光度计检测方法建立不同品种烟末样品指纹图谱,结合 PCA 分析评价其整体差异性,结果可有效分类不同品种烟末样品,说明不同样品在共轭结构存在明显整体差异;相同样品的平行检测数据间的夹角余弦相似,说明仪器稳定,结果可靠。夹角余弦可以从定量的角度明确不同品种烟末样品的整体差异性。从不同烟末样品的亲缘性角度分析,在共轭结构方面 5 个样品中 K326 C3F 和红大 C3F 最为相似,贵州长顺 C3F 与其余四个样品差异最大。

(2)利用近红外光谱数据建立不同品种烟末样品指纹图谱,结合 PCA 分析评价其整体差异性,结果可有效分类不同品种烟末样品,说明不同样品的基团存在明显整体差异;同一样品的平行检测数据间的马氏距离相似,以 K326 C3F 为代表性样品,不同样品的马氏距离从大到小依次为 NC102 C3F、贵州长顺 C3F、K2K26 C3F、红大 C3F、K326 C3F。从不同烟末样品的亲缘性角度分析,在样品间基团方面,红大 C3F、K2K26 C3F 两样品最为相似。

(3)紫外光谱、近红外光谱差异性分析结果表明:两种方法对 5 个烟叶品种差异性判定高度一致,红大 C3F、K326 C3F 差异性最小;该方法组合能够作为卷烟叶组配方替代原料选择的技术解决手段。

第五章　卷烟烟丝特征化学成分多维分析关键技术专题应用研究 V
——卷烟烟气全组分分析及规律探索

为了进一步研究烟丝特征成分在对应卷烟烟气中的存在状况,明确烟丝特征成分对卷烟品质的贡献,探索特征成分从烟丝向烟气的迁移行为,依托前期烟丝特征成分多维分析关键技术研发成果,开展了卷烟烟气研究。

围绕卷烟烟气检测需求,开展了卷烟烟气捕集、吸烟机配套专用部件等新装置开发。①为了模拟不同海拔卷烟抽吸条件(昆明、郑州),开发了吸烟机用压力仓的新装置,相关授权专利包括 ZL201720563955.7、ZL201720562635.X 等;②为了满足不同圆周规格烟支的要求,开发了卷烟烟支固定、存储及定位可调的新装置,相关授权专利包括 ZL201510415085.4、ZL201510416130.8 等;③为了解决吸烟机人工点火不稳定的问题,开发了吸烟机机械点火的新装置,授权专利包括 ZL201720865953.3、ZL201520838127.0 等。

在卷烟烟丝特征化学成分多维分析专利技术(ZL201710136650.2 基于烟丝中挥发性特征组分的卷烟配方质量趋势分析方法)的基础上,为了进一步提高卷烟烟气成分分析及相关规律研究的水平,选取了卷烟烟丝特征化学成分多维分析平台中特征化学成分检测方法(烟丝中挥发性、半挥发性成分内标法半定量测定 顶空-固相微萃取-气相色谱-质谱(HS-SPME-GC-MS)法),以及特征化学成分统计分析方法(卷烟烟丝中挥发及半挥发性成分整体差异性分析及分组方法)开展了卷烟烟气成分分析及相关规律研究。

1. 卷烟抽吸和烟气成分捕集新装置开发

围绕卷烟烟气检测需求,开展了卷烟抽吸和烟气成分捕集等新装置开发,这些新装置从应用目的来归类,可以划分为三种类型:①吸烟机用压力仓;②烟支固定、存储及定位可调装置;③吸烟机用机械点火装置。下面选取部分授权专利,介绍相关情况。

1.1 一种夹持直径可调式半自动卷烟烟支固定、定位及存储装置 (CN 204979581 U)

1.1.1 专利技术开发背景

在卷烟滤嘴加香的实验操作过程中,需要在单支成品烟的滤嘴中加入微量香精,使卷烟在保持原有风格特征的基础上,提升香气丰富性、改善余味和改进烟气协调性。卷烟滤嘴加香实验中,加入香精主要采用微量注射器手工添加,烟支并没有固定装置,只能采取人手固定的方式添加。对于加香前后的烟支样品,通常采用密封袋储存,然而一批平行实验需要烟支 15 支左右,所以一个密封袋会装多支不同品牌的烟支,容易造成烟支间的串味和相互挤压,进而导致烟支的物理指标或者感官指标发生变化,使实验结果产生误差。关于烟叶和烟丝的储存装置,包括不同材质的储存桶和储存箱均有相应的报道,例如 CN 20280122120 U 和 CN 202828320 U,对于烟支却没有相应的固定、存储和取用装置,导致在进行相应实验时,会产生较大的不便。烟支平衡时,也没有适宜的存储装置,导致存储困难,取用不便。

综上所述,设计制作一种在实验时能够固定烟支,在实验结束后能够对烟支起到密封存储、平衡作用,而又取用方便的装置,将对卷烟滤棒加香、产品提质改进等方面起到重要作用。

1.1.2 专利内容

本实用新型公开了一种夹持直径可调式半自动卷烟烟支固定、定位及存储装置(见图 3-5-1),其包括若干个固定存储箱,其中每个所述固定存储箱包括通过转动副 12 连接的箱体 1 和箱盖 3,且每个所述固定存储箱内包括以下构件:支撑板 2;弹簧 6 和固定板 15;第一收紧带 71 和第二收紧带 72,以及齿轮轴 13 和固定在其上且能随其转动的齿轮 9。其中所述齿轮 9 能与所述第二收紧带 72 上的齿状结构接触。本实用新型的装置可以调节自身的夹持直径,从而可以夹持不同直径的物体。

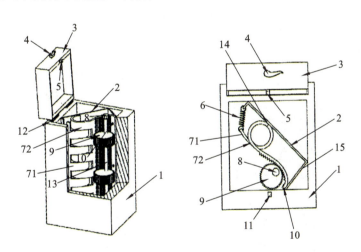

图 3-5-1 一种夹持直径可调式半自动卷烟烟支固定、定位及存储装置示意

1.1.3 专利技术优点

相对于现有技术,本实用新型具有以下优点:

(1)在卷烟滤棒加香实验中,本实用新型的装置代替了人手固定且多个固定存储箱可以同时固定存储多支卷烟,能显著提高工作效率。

(2)该装置同时具有密封结构,在烟支平衡阶段或储存时,可以避免其物理化学性质产生变化,造成烟支皱褶、水分散失、挥发性香味物质损失或串味现象的发生。

(3)本实用新型的装置中采用两条呈指叉结构的收紧带,可以通过拉伸和收缩两条收紧带,来包围固定住不同直径物品,例如不同直径的烟支。所述齿轮轴 13 转动带动所述齿轮 9 转动,从而通过位于所述第二收紧带 72 上的齿状结构带动所述第二收紧带 72 移动,实现对物体的固定和松开,并且可以固定不同直径的物体。

1.2 一种齿轮式可变径卷烟烟支夹持装置 (CN 204789535 U)

1.2.1 专利技术开发背景

在烟草研究领域,吸烟机在烟气分析过程中具有重要作用,其能在国家规定的标准条件下对卷烟样品模拟人工抽吸,并捕集烟气的主要待测成分。每个吸烟机中均包括一个或多个用于夹持卷烟的卷烟夹持器,其主要作用是固定烟支,以便进行后续抽吸及测试研究。每个卷烟夹持器中均需要安装能够夹持卷烟的夹持装置,因此本领域迫切需要一种能够根据需要夹持的卷烟烟支直径来改变夹持直径的可变径夹持装置。

1.2.2 专利内容

本实用新型的目的在于针对现有技术中的不足,提供一种齿轮式可变径夹持装置,从而可以在一套装置上夹持不同直径的物体(见图 3-5-2 和图 3-5-3)。

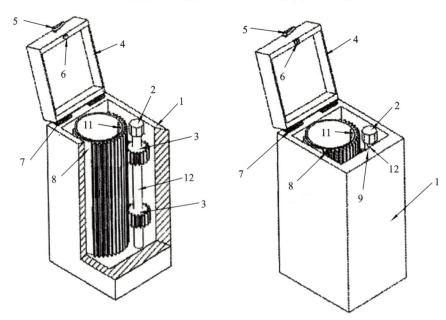

图 3-5-2 一种齿轮式可变径卷烟烟支夹持装置侧视图

(1)装置构件。

固定板 11:其下端固定。弹性带 8:其卷曲布置且两端相互交叠,其中位于内侧的一端通过紧定螺钉 10 固定在所述固定板 11 上端,位于外侧的一端外部具有一段齿状结构。齿

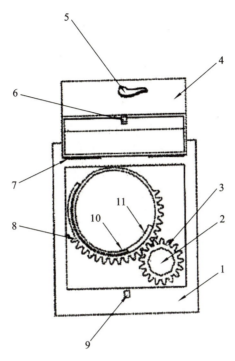

图 3-5-3　一种齿轮式可变径卷烟烟支夹持装置上视图

轮轴 12:其竖直放置且能自由转动,其上固定有至少一个齿轮 3,所述齿轮 3 能与所述齿状结构啮合。

(2)优选实施方案。

所述固定板 11 呈圆弧形且竖直放置;所述齿轮轴 12 上端具有旋转钮 2;所述齿轮 3 的数量为两个,且分别位于所述齿轮轴 12 的两端;所述齿轮轴 12 被电机所驱动;所述弹性带 8 上设有压力传感器;所述固定板 11 可以固定在固定的平面上,也可以固定在可移动的装置中,例如可以固定在一个包括通过转动副 7 连接的箱体 1 和箱盖 4 的箱状容器的箱体 1 底部。

(3)基础原理。

采用卷曲布置且两端相互交叠的弹性带 8,通过所述齿轮轴 12 的转动带动所述齿轮 3 转动,从而通过位于所述弹性带 8 上的齿状结构转动带动所述弹性带 8 移动,从而调节所述弹性带 8 两端交叠的程度,就可以固定不同直径的物体。

1.2.3　专利技术优点

相对于现有技术,本实用新型具有以下优点:

(1)在卷烟滤棒加香实验中,本实用新型的装置代替了人手固定,操作方便。

(2)本实用新型的装置中通过所述齿轮轴 12 的转动带动所述齿轮 3 转动,从而通过位于所述弹性带 8 上的齿状结构转动带动所述弹性带 8 移动,以改变两端交叠的程度,从而实现对烟支的固定,并可以根据烟支直径的大小调节所述弹性带 8 两端的交叠程度,从而可以固定不同直径的烟支。

1.3 一种半自动卷烟烟支固定、存储及定位装置 (CN 105000249 A)

1.3.1 专利技术开发背景

在卷烟滤棒加香的实验操作过程中，需要在单支成品烟的滤棒中加入微量香精，使卷烟在保持原有风格特征的基础上，提升香气丰富性、改善余味和改进烟气协调性。卷烟滤棒加香实验中，加入香精主要采用微量注射器手工添加，烟支并没有固定装置，只能采取人手固定的方式添加。对于加香前后的烟支样品，通常采用密封袋储存，然而一批平行实验需要烟支15支左右，所以一个密封袋一般会装多支不同品牌的烟支，容易造成烟支间的串味和相互挤压，进而导致烟支的物理指标或者感官指标发生变化，使实验结果产生误差。关于烟叶和烟丝的储存装置，包括不同材质的储存桶和储存箱均有相应的报道，例如 CN 202807270 U 和 CN 202828320 U，对于烟支却没有相应的固定、存储和取用装置，导致在进行相应实验时，会产生较大的不便。烟支平衡时，也没有适宜的存储装置，导致存储困难，取用不便。

综上所述，设计制作一种在实验时能够固定烟支，在实验结束后能够对烟支起到密封存储、平衡作用，而又取用方便的半自动装置，将对卷烟滤棒加香、产品提质改进等方面起到重要作用。

1.3.2 专利内容

本发明的目的在于针对现有技术中的不足，提供一种结构简单，既能固定烟支又能密封存储烟支，同时取用烟支方便的半自动卷烟烟支固定、存储及定位装置，如图3-5-4所示。

（1）技术方案。

一种半自动卷烟烟支固定、存储及定位装置，其包括若干个固定存储箱，其中每个所述固定存储箱包括以下构件：通过转动副7连接的箱体1和箱盖4；固定板11，其下端固定于所述箱体1的底部；弹性带8，其卷曲布置且两端相互交叠，其中位于内侧的一端通过紧定螺钉10固定在所述固定板11上端，位于外侧的一端外部具有一段齿状结构；齿轮轴12，其下端位于所述箱体1底部且能自由转动，其上固定有至少一个齿轮3，所述齿轮3能与所述齿状结构啮合。

（2）优选实施方案。

所述固定存储箱还包括位于所述箱盖4外侧的锁把手5，位于所述箱盖4上的锁扣6以及位于所述箱体1上能与所述锁扣6啮合的结构锁孔9；所述固定板11呈圆弧形且竖直放置；若干个所述固定存储箱呈矩阵排布，例如，3×3、4×5或9×9等；所述齿轮轴12上端具有旋转钮2；所述齿轮3的数量为两个，且分别位于所述齿轮轴12的两端；每个固定存储箱的所述箱盖4是能各自独立地打开或关闭的；所述齿轮轴12被电机所驱动；所述弹性带8上设有压力传感器；还可以在本发明的装置一侧设置固定记录台，该固定记录台上有记录纸和笔，用以记录烟支的牌号、批次信息，以及其在该装置中的坐标位置，其中写字纸可反复擦写或更换。另外，通过设置固定记录台，用以记录烟支在该装置中的位置及其牌号，可以方便取用特定烟支。

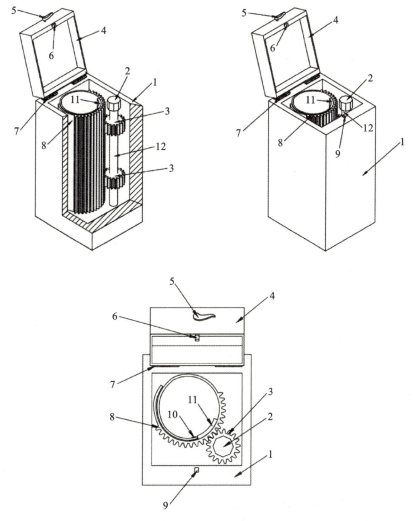

图 3-5-4　一种半自动卷烟烟支固定、存储及定位装置

1.3.3　专利技术优点

(1)在卷烟滤嘴加香实验中,本发明的装置代替了人手固定且多个固定存储箱可以同时固定存储多支卷烟,能显著提高工作效率。

(2)该装置同时具有密封结构,在烟支平衡阶段或储存时,可以避免其物理化学性质产生变化,造成烟支皱褶、水分散失、挥发性香味物质损失或串味现象的发生。

本发明的装置中通过所述齿轮轴 12 的转动带动所述齿轮 3 转动,从而通过位于所述弹性带 8 上的齿状结构转动改变所述弹性带 8 两端交叠的程度,从而实现对烟支的固定,并可以根据烟支直径的大小调节所述弹性带 8 两端的交叠程度,从而可以固定不同直径的烟支。

1.4 相关专利清单

相关专利清单如表 3-5-1 所示。

表 3-5-1　卷烟抽吸和烟气成分捕集新装置相关专利汇总表

序号	新装置分类	专利名称	授权专利号	专利类型
1	吸烟机用压力仓装置	一种香烟吸烟机用的恒湿压力仓	ZL201720563955.7	实用新型
2		一种香烟吸烟机用的压力仓	ZL201720562634.5	实用新型
3		一种香烟吸烟机用的恒压仓	ZL201720562635.X	实用新型
4	烟支固定、存储及定位可调装置	一种夹持直径可调式半自动卷烟烟支固定、存储及定位装置	ZL201510415085.4	发明专利
5		一种半自动卷烟烟支固定、存储及定位装置	ZL201510416130.8	发明专利
6		一种齿轮式可变径卷烟烟支夹持装置	ZL201520512047.6	实用新型
7		一种夹持直径可调式半自动卷烟烟支固定、定位及存储装置	ZL201520512926.9	实用新型
8		一种皮带式可变径卷烟烟支夹持装置	ZL201520511945.X	实用新型
9		一种烟支自动夹取机构	ZL201720865955.2	实用新型
10	吸烟机用点火装置	一种卷烟点火抽吸装置	ZL201720865953.3	实用新型
11		一种对烟支进行自动抽吸的装置	ZL201520838127.0	实用新型

2. 卷烟烟气成分分析及相关规律初探

在卷烟烟丝特征化学成分多维分析平台研究成果的基础上，为了进一步提高卷烟烟气成分分析及相关规律研究的水平，选取了卷烟烟丝特征化学成分多维分析平台中特征化学成分检测方法（烟丝中挥发性、半挥发性成分内标法半定量测定 顶空-固相微萃取-气相色谱-质谱（HS-SPME-GC-MS）法），以及特征化学成分统计分析方法（卷烟烟丝中挥发及半挥发性成分整体差异性分析及分组方法)开展了卷烟烟气成分分析及相关规律研究。

2.1 前期烟丝特征成分研究结论

第二部分第四章卷烟产品烟丝特征成分识别技术研究,完成了6种卷烟烟丝特征成分的识别,包括 PCA 分组、化学成分差异性表达及提取,结合方差分析确认及增减,确定6种卷烟烟丝的特征化学指标。用 PCA 分析进行验证,结果可得特征化学指标能够将上述6大类卷烟产品进行有效区分。YX-R、YY-R 烟丝相关特征成分如下:

(1)YX-R 卷烟 17 个特征化学指标:2,3-二氢-1,1,3-三甲基-3-苯基-1H-茚、柠檬酸三乙酯、N,N-二甲基甲酰胺、十六烷、2-己烯醛、麦斯明、羟基丙酮、2-氰基吡啶、烟碱烯、二乙酸甘油酯、丙二醇、单乙酸甘油酯、麦芽酚+苯乙醇、薄荷醇、1,3,7,7-四甲基-9-氧-2-氧杂二环[4.4.0]癸-5-烯、2-丁烯酸和 N-环亚戊基-甲基胺。

(2)YY-R 卷烟 11 个特征化学指标:乙二醇甲醚、1-戊烯-3-酮、丙二醇、糠醇、羟基丙酮、2-氰基吡啶、2-羟基-3,5,5-三甲基-环己-2-烯酮、辛酸、乙基麦芽酚、草蒿脑和麦斯明。

2.2 卷烟烟气样品前处理

2.2.1 实验样品

根据烟丝特征物质在卷烟烟气中存在状况的研究需求,确定 YX-R 卷烟、YY-R 卷烟作为实验样品。

2.2.2 样品选取

取 YX-R 卷烟、YY-R 卷烟各 3 包,在每一包中随机选取 4 支卷烟作为一个样品,共计 6 个样品,分别开展卷烟烟气粒相物和气相物两部分的全成分分析。

2.2.3 样品抽吸

依据国家标准 GB/T 19609,采用剑桥滤片(直线型吸烟机)捕集单一卷烟样品的烟气粒相物;同时采用图 3-5-5 所示装置,捕集同一卷烟样品的气相部分,在吸收瓶中添加 20 mL 三醋酸甘油酯作为捕集溶剂。

2.2.4 前处理方法

将单一卷烟样品抽吸捕集到的粒相物(剑桥滤片)和气相物(三醋酸甘油酯)合并,转移至同一个锥形瓶(100 mL)中,并将该锥形瓶置于摇床上,在 100 r/min 条件下,振荡萃取 10 min;取 1 mL 萃取液置于 20 mL 顶空瓶中,加入 1 μL 乙酸苯乙酯内标,旋紧瓶盖密封待测。

2.3 仪器分析

采用顶空-固相微萃取-气相色谱/质谱联用仪(HS-SPME-GC/MS)全扫描模式检测卷烟烟丝中挥发及半挥发性成分,质谱数据库检索定性,内标法半定量。

2.3.1 仪器测试条件

(1)固相微萃取条件。萃取头:85 μm Carboxen/PDMS。萃取温度:80 ℃。萃取时间:

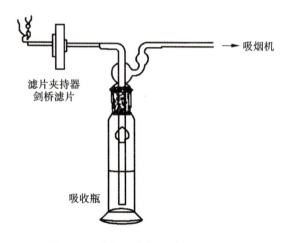

图 3-5-5 卷烟烟气气相捕集装置示意

20 min。解吸附时间:5 min。

(2)气相色谱/质谱条件。进样口温度:250 ℃。分流进样。载气:氦气(99.99%)。恒流流速 1.0 mL/min。色谱柱:ZB-624(30 m×0.25 mm×0.25 μm,Agilent 公司,美国)。分流比:5∶1。升温程序:初始温度 50 ℃,保持 2 min,升温速率 5 ℃/min 升至 220 ℃,升温速率 10 ℃/min 升至 250 ℃,保持 1 min。电离方式:EI^+。离子源温度:230 ℃。传输线温度:250 ℃。扫描范围:40~350 amu。溶剂延迟:3.5 min。

2.3.2 数据处理

采用质谱数据库(NIST 谱库)对挥发及半挥发性成分进行定性分析,内标法(内标:乙酸苯乙酯,103-45-7)进行半定量测定。

2.4 检测结果

检测结果如表 3-5-2 和表 3-5-3 所示。

2.5 烟丝特征物质在卷烟烟气中的存在状况分析

2.5.1 烟丝特征物质转移情况分析

在第二部分第四章卷烟产品烟丝特征成分识别技术研究工作中,基于 PCA 分组的特征成分含量表达,开拓性地建立了特征成分清单提取的方法;同时通过国内名优卷烟烟丝特征成分的检测和统计学分析,确定了 YX-R、YY-R 两个云产名优卷烟的特征成分。针对 YX-R、YY-R 中烟丝特征物质,通过卷烟烟气组分分析,初步探索了烟丝特征物质向卷烟烟气转移的情况,YX-R 和 YY-R 中烟丝特征物质与卷烟烟气成分对比结果见表 3-5-4。

表 3-5-2 YX-R 三个样品定性和定量结果汇总

序号	保留时间	英文名称	中文名称	CAS	匹配度	4号样品 面积	4号样品 响应值	5号样品 面积	5号样品 响应值	6号样品 面积	6号样品 响应值
1	1.916	Acetaldehyde	乙醛	75-07-0	10	1861112	0.004082287	4572732	0.014517	1862856	0.003878
2	2.098	Acetone	丙酮	67-64-1	9	10228867	0.022436677	1798462	0.005706	3501883	0.00729
3	2.153	1,3-Pentadiene	1,3-戊二烯	504-60-9	91	199640	0.437904	6572478	0.020852	2685865	0.005591
4	2.212	2-Pentyne	2-戊炔	627-21-4	91	23105	5.068E-05	3861859	0.012252	3918687	0.008157
5	2.235	2,3-Butanedione	2,3-丁二酮	431-03-8	49	32156	7.05331E-05	4572683	0.014507	4443106	0.009249
6	2.626	Furan,2-methyl-	2-甲基呋喃	534-22-5	91	3369249	0.007390335	3941247	0.012504	3612378	0.00752
7	2.814	1, 3-Pentadiene, 3-methyl-,(Z)-	1,3-戊二烯,3-甲基-,(Z)-	2787-45-3	87	479500	0.001051767	491340	0.001559	566425	0.001179
8	2.997	1,4-Cyclohexadiene	1,4-环己二烯	628-41-1	70	45987	0.100871	2486425	0.007889	484235	0.001008
9	3.058	2-Butenal	2-丁烯醛	4170-30-3	72	3109434	0.006820439	3384443	0.010738	2149857	0.004475
10	3.185	Benzene	苯	71-43-2	80	3387005	0.011216692	3463694	0.010989	3122491	0.0065
11	3.45	Pentane,3-methylene-	2-乙基-1-丁烯	760-21-4	14	1052546	0.002308724	1198606	0.003803	2159174	0.004354
12	3.598	3-Hexanone	3-己酮	589-38-8	38	545323	0.001196148	641438	0.002035	3612187	0.008050
13	3.72	Furan,2,5-dimethyl-	2,5-二甲基呋喃	625-86-5	91	3776742	0.008284157	4665677	0.014802	3920415	0.008161
14	3.99	2-Vinylfuran	2-乙烯基呋喃	1487-18-9	90	1142194	0.002505364	1357853	0.004308	1214776	0.002529
15	4.244	2-Pentene, 4-methyl-,(Z)-	顺式-4-甲基-2-戊烯	691-38-3	64	635055	0.001392972	732891	0.002325	1191485	0.00248
16	4.511	Furan,3-methyl-	3-甲基呋喃	930-27-8	90	1441230	0.00316129	647027	0.002053	1376441	0.002865
17	4.784	Toluene	甲苯	108-88-3	94	1915845	0.004202342	6305930	0.026	4939445	0.010282

续表

序号	保留时间	英文名称	中文名称	CAS	匹配度	4号样品 面积	4号样品 响应值	5号样品 面积	5号样品 响应值	6号样品 面积	6号样品 响应值
18	5.054	1,3,5-Hexatriene,3-methyl-,(Z)-	1,3,5-己三烯,3-甲基-,(Z)-	2196-24-9	72	540778	0.001186178	617346	0.001959	4939445	0.010282
19	5.235	1,3,5-Heptatriene,(E,E)-	1,3,5-庚三烯,(E,E)-	17679-93-5	64	334812	0.734399	469543	0.00149	566425	0.001179
20	5.405	1,3-Dimethyl-1-cyclohexene	1,3-二甲基-1-环己烯	2808-76-6	80	353844	0.776145	1167312	0.003703	—	—
21	5.235	1,4-Cyclohexadiene,1-methyl-	1-甲基-1,4-环己二烯	4313-57-9	28	208536	0.457417	1578934	0.005009	383991	0.799
22	5.414	Cyclopentene,1,2,3-trimethyl-	1,2,3-三甲基-环戊烯	473-91-6	80	480510	0.001591297	486081	0.001542	377137	0.785
23	5.797	Pyridine,4-methyl-	4-甲基吡啶	108-89-4	52	95067	0.208526	—	—	—	—
24	6.092	Phenol,3-methyl-	3-甲基苯酚	108-39-4	59	852598	0.001870145	1167312	0.003703	847383	0.001764
25	6.17	Furfural	糠醛	98-01-1	72	1243392	0.002727339	1578934	0.005009	1339235	0.002788
26	6.702	Furan,2-(2-propenyl)-	(2-丙烯基)-2-呋喃	75135-41-0	72	317225	0.695822	486081	0.001542	346145	0.721
27	6.904	Benzene,[[[(1-ethenyl-1,5-dimethyl-4-hexenyl)oxy]methyl]-	苯,[[(1-乙烯基-1,5-二甲基-4-已烯基)氧基]甲基]-	77611-58-6	38	509772	0.001118168	—	—	—	—
28	7.108	p-Xylene	对二甲苯	106-42-3	90	754321	0.001654578	1111581	0.003527	740171	0.001541
29	7.655	Styrene	苯乙烯	100-42-5	94	1245741	0.002732491	1640445	0.005205	1224935	0.00255
30	9.47	2-Furancarboxaldehyde,5-methyl-	5-甲基呋喃醛	620-02-0	78	441224	0.96781	574944	0.001824	476858	0.993

续表

序号	保留时间	英文名称	中文名称	CAS	匹配度	4号样品 面积	4号样品 响应值	5号样品 面积	5号样品 响应值	6号样品 面积	6号样品 响应值
31	9.688	Pyridine, 3-ethenyl-	3-乙烯基吡啶	1121-55-7	50	325795	0.71462	349697	0.001109	364469	0.759
32	9.939	Phenol	苯酚	108-95-2	53	289867	0.635814	346918	0.001101	324974	0.676
33	11.365	D-Limonene	D-柠檬烯	5989-27-5	95	328907	0.721446	469851	0.001491	294717	0.613
34	12.611	1-Benzenesulfonyl-1H-pyrrole	1-苯磺酰基-1H-吡咯	16851-82-4	45	410164	0.899681	283751	0.9	62015	0.129
35	12.925	Acetamide, N-(2-methylpropyl)-	乙酰胺, N-(2-甲基丙基)-	1540-94-9	5	122590	0.268897	165449	0.525	54213	0.113
36	13.601	Phenylethyl alcohol	苯乙醇	60-12-8	90	1006501	0.002207726	864042	0.002741	878746	0.001829
37	14.921	Phenol, 2-methyl-	2-甲基苯酚	95-48-7	86	168594	0.369805	310730	0.986	46170	9.61E-05
38	15.523	Ethanone, 1-(2-methylphenyl)-	邻甲基苯乙酮	577-16-2	33	88194	0.193451	183656	0.583	205895	0.429
39	16.929	Ethanone, 2-hydroxy-1-phenyl-	2-羟基苯乙酮	582-24-1	7	76237	0.167223	895616	0.002841	1351860	0.002814
40	17.167	Acetic acid, 2-phenylethyl ester	乙酸 2-苯基乙酯	103-45-7	86	2467490	0.005412357	1722296	0.005464	1769232	0.003683
41	17.241	Propanoic acid, phenylmethyl ester	丙酸苄酯	122-63-4	86	56821	0.124635	160788	0.51	978458	0.002037
42	17.381	Glycerol 1,2-diacetate	1,2-二乙酸甘油	102-62-5	40	1529835	0.003355642	851324	0.002701	1257234	0.002617
43	17.721	Benzenemethanol, alpha-methyl-, propanoate	丙酸苏合香脂	120-45-6	72	252259	0.553322	—	—	—	—

续表

序号	保留时间	英文名称	中文名称	CAS	匹配度	4号样品面积	4号响应值	5号样品面积	5号响应值	6号样品面积	6号响应值
44	18.113	naphthalen-1-yl（1-pentyl-1H-indol-3-yl）methanone	萘-1-基（1-戊基-1H-吲哚-3-基）甲酮	209414-07-3	45	25431	5.5782E-05	124578	0.395	—	—
45	19.654	Propanoic acid, 2-phenylethyl ester	丙酸苯乙酯	122-70-3	35	455889382	1	315196069	1	4.8E+08	1
46	19.802	Triacetin	三乙酸甘油酯	102-76-1	83	4052636316	8.889321802	3505657008	11.12215	4.09E+09	8.504383
47	19.964	Cyclopropanecarboxylic acid,2-phenylethyl ester	环丙烷甲酸2-苯乙酯	97-71-2	72	1738774847	3.813944295	1170705014	3.714212	1.23E+09	2.563103
48	20.637	4-Pyridinecarbonitrile, 1-oxide	4-氰基吡啶-1-酮	14906-59-3	50	1144884	0.002511265	826540	0.002622	633930	0.00132
49	21.243	Malonic acid, 3, 3-dimethylbut-2-yl propyl ester	丙二酸3,3-二甲基丁-2-基丙酯	1349-14-7	32	1376530	0.003019372	177719	0.564	—	—
50	21.402	Benzofuran,2,3-dihydro-	2,3-二氢苯并呋喃	496-16-2	64	684373	0.001501149	851324	0.002701	572288	0.001191
51	21.675	1,2-Benzenedicarbonitrile, 4-amino-5-hydroxy-	1,2-苯甲腈,4-氨基-5-羟基-	1338-30-3	56	150315	0.329711	147388	0.468	1016511	0.002116
52	22.418	Nicotyrine	二烯烟碱	487-19-4	90	930224	0.002040415	652766	0.002071	931502	0.001939
53	23.29	Styramate	司替氨酯	94-35-9	50	346879	0.760867	346879	0.761	213886	0.445

表 3-5-3　YY-R 三个样品定性和定量结果汇总

序号	保留时间	中文名称	英文名称	CAS	匹配度	1号样品 面积	1号样品 响应值	2号样品 面积	2号样品 响应值	3号样品 面积	3号样品 响应值
1	1.913	乙醛	Acetaldehyde	75-07-0	9	1864230	0.019366	1886762	0.004737	1818111	0.006021
2	2.101	丙酮	Acetone	67-64-1	9	6130920	0.06369	6712530	0.016853	3443477	0.011404
3	2.157	2-甲基-1,3-丁二烯	Isoprene	78-79-5	91	92351	0.959	365421	0.917	3785175	0.012535
4	2.223	2-戊炔	2-Pentyne	627-21-4	94	3925137	0.040775	4292305	0.010777	4520045	0.014969
5	2.534	2,3-丁二酮	2,3-Butanedione	431-03-8	37	4114451	0.042742	4154390	0.01043	3575479	0.011841
6	2.626	2-甲基呋喃	Furan,2-methyl-	534-22-5	91	3972105	0.041263	3928524	0.009863	477087	0.00158
7	2.999	1,4-环己二烯	1,4-Cyclohexadiene	628-41-1	81	526512	0.00547	2407631	0.006045	2280874	0.007554
8	3.066	2-丁烯醛	2-Butenal	4170-30-3	80	5386112	0.055952	3320082	0.008336	3198251	0.010592
9	3.188	苯	Benzene	71-43-2	91	3167345	0.032903	3291588	0.008264	3387005	0.011217
10	3.458	2-乙基-1-丁烯	Pentane,3-methylene-	760-21-4	27	1129915	0.011738	1143279	0.00287	1143481	0.003787
11	3.727	2,5-二甲基呋喃	Furan,2,5-dimethyl-	625-86-5	91	4064669	0.042225	4319230	0.010844	4227594	0.014
12	4.001	2-乙烯基呋喃	2-Vinylfuran	1487-18-9	90	1246855	0.012953	1368485	0.003436	1236739	0.004096
13	4.248	顺式-4-甲基-2-戊烯	2-Pentene,4-methyl-,(Z)-	691-38-3	64	1273491	0.013229	680939	0.00171	667615	0.002211

续表

序号	保留时间	英文名称	中文名称	CAS	匹配度	1号样品 面积	1号样品 响应值	2号样品 面积	2号样品 响应值	3号样品 面积	3号样品 响应值
14	4.525	Furan,2-methyl-	2-甲基呋喃	534-22-5	90	603300	0.006267	1499765	0.003765	1366136	0.004524
15	4.795	Toluene	甲苯	108-88-3	94	1346835	0.013991	5699835	0.01431	5885147	0.01949
16	5.069	1,3,5-Heptatriene, (E, E)-	1,3,5-庚三烯, (E, E)-	17679-93-5	74	533405	0.005541	628378	0.001578	635890	0.002106
17	5.427	5,5-Dimethyl-1,3-hexadiene	5,5-二甲基-1,3-己二烯	1515-79-3	72	349117	0.003627	406723	0.001021	423475	0.001402
18	6.103	Phenol,3-methyl-	间甲酚	108-39-4	72	892451	0.009271	956738	0.002402	975319	0.00323
19	6.174	Furfural	糠醛	98-01-1	59	1342697	0.013948	1514617	0.003803	1269832	0.004205
20	6.89	Ethylbenzene	乙苯	100-41-4	60	346974	0.003604	573456	0.00144	590986	0.001957
21	7.12	p-Xylene	对二甲苯	106-42-3	93	781732	0.008121	877941	0.002204	942547	0.003121
22	7.678	Styrene	苯乙烯	100-42-5	90	1297253	0.013476	1311461	0.003293	1353942	0.004484
23	9.492	2-Furancarboxaldehyde, 5-methyl-	5-甲基呋喃醛	620-02-0	87	393470	0.004087	563217	0.001414	480510	0.001591
24	9.577	Benzaldehyde	苯甲醛	100-52-7	74	392920	0.004082	421922	0.001059	421922	0.001059
25	9.699	Benzene,1-azido-4-methyl-	苯1-叠氮基-4-甲基	2101-86-2	53	289283	0.003005	376095	0.944	325602	0.001078
26	11.384	D-Limonene	右旋萜二烯	5989-27-5	94	374635	0.003892	64212	0.161	234438	0.776
27	11.809	Indene	茚	95-13-6	5	60084	0.624	34514	8.67E-05	107638	0.356

续表

序号	保留时间	英文名称	中文名称	CAS	匹配度	1号样品 面积	1号样品 响应值	2号样品 面积	2号样品 响应值	3号样品 面积	3号样品 响应值
28	12.925	Propanoic acid, 2-methyl-, ethyl ester	异丁酸乙酯	97-62-1	5	170844	0.001775	164398	0.413	367911	0.001218
29	13.612	Phenylethyl alcohol	苯乙醇	60-12-8	93	1280813	0.013305	1176978	0.002955	34514	8.60E-05
30	14.935	Acetic acid, 4-methylphenyl ester	乙酸对甲酚酯	140-39-6	58	377344	0.00392	286827	0.72	169578	0.562
31	15.523	Ethanone, 1-(2-methylphenyl)-	邻甲基苯乙酮	577-16-2	86	177536	0.001844	189021	0.475	882179	0.002921
32	15.707	3-Pyrrolidinol	3-羟基吡咯烷	40499-83-0	7	78051	0.811	83641	0.21	205381	0.68
33	16.942	Ethanone, 2-hydroxy-1-phenyl-	2-羟基苯乙酮	582-24-1	80	1355197	0.014078	98068	0.246	72560	0.24
34	17.182	1-Phenethyl-pyrrolidin-2,4-dione	1-苯乙基吡咯烷酮-2,4-二酮	1287-25-2	72	2889390	0.030016	2969463	0.007455	804542	0.002664
35	17.248	Propanoic acid, phenylmethyl ester	丙酸苄酯	122-63-4	55	1440653	0.014966	25416	6.38E-05	2309166	0.007647
36	17.333	1,2,3-Propanetriol, 1-acetate	单乙酸甘油酯	106-61-6	56	322576	0.003351	1292434	0.003245	1198586	0.0039693
37	17.729	Benzenemethanol, alpha-methyl-, propanoate	丙酸苏合香酯	120-45-6	64	210564	0.002187	257915	0.648	135525	0.449

续表

序号	保留时间	英文名称	中文名称	CAS	匹配度	1号样品 面积	1号样品 响应值	2号样品 面积	2号样品 响应值	3号样品 面积	3号样品 响应值
38	19.654	Propanoic acid, 2-phenylethyl ester	丙酸苯乙酯	122-70-3	35	96262419	1	398321	1	3.02E+08	1
39	19.802	Triacetin	三乙酸甘油酯	102-76-1	83	4.14E+09	43.00922	3840744132	9.642842	3.46E+09	11.45857
40	19.964	Cyclopropanecarboxylic acid, 2-phenylethyl ester	环丙烷甲酸 2-苯乙酯	97-71-2	72	1.19E+09	12.33905	1475389100	3.704215	1.53E+09	5.062584
41	20.648	4-Pyridinecarbonitrile, 1-oxide	4-氰基吡啶-1-酮	14906-59-3	50	1585816	0.016474	1003148	0.002519	726216	0.002405
42	21.051	Isobutyl propane-1, 2-diyl dicarbonate	异丁基丙烷-1,2-二碳酸二酯	1372-79-7	23	813195	0.008448	45612	0.115	1282603	0.004248
43	21.25	Butane,1,1-dibutoxy-	1,1-二丁氧基丁烷	5921-80-2	43	1271609	0.01321	1253283	0.003147	1193454	0.003952
44	21.409	N-(3-Oxo-1-phenylbutan-2-yl)acetamide	N-(3-氧-1-苯基丁烷-2-基)乙酰胺	142924-43-4	50	824491	0.008565	625054	0.001569	583678	0.001933
45	21.875	5-Methylsalicylic acid, 2TMS derivative	5-甲基水杨酸 2TMS 衍生物	1153-59-4	32	215503	0.002239	112203	0.282	72560	0.24
46	22.426	1H-Pyrazole,3-methyl-1-phenyl-	3-甲基-1-苯基吡唑	1128-54-7	86	806358	0.008377	816841	0.002051	915898	0.003033

表 3-5-4　YX-R 和 YY-R 中烟丝特征物质与卷烟烟气成分对比列表

序号	样品名称	烟丝	卷烟烟气
		特征物质	烟丝特征物质及其氧化物、类似物
1	YX-R	2,3-二氢-1,1,3-三甲基-3-苯基-1H-茚、柠檬酸三乙酯、N,N-二甲基甲酰胺、十六烷、2-己烯醛、麦斯明、羟基丙酮、2-氰基吡啶、烟碱烯、二乙酸甘油酯、丙二醇、单乙酸甘油酯、麦芽酚＋苯乙醇、薄荷醇、1,3,7,7-四甲基-9-氧-2-氧杂二环[4.4.0]癸-5-烯、2-丁烯酸和 N-环亚戊基-甲基胺	特征物质：苯乙醇、单乙酸甘油酯。氧化物和类似物：2-氰基吡啶、烟碱
2	YY-R	乙二醇甲醚、1-戊烯-3-酮、丙二醇、糠醇、羟基丙酮、2-氰基吡啶、2-羟基-3,5,5-三甲基-环己-2-烯酮、辛酸、乙基麦芽酚、草蒿脑和麦斯明	氧化物和类似物：糠醛、4-氰基吡啶-1-酮

通过以上对比分析发现，烟丝特征物质向烟气实现原位转移的情况较少，其中 YX-R 烟丝特征物质清单中有 2 个物质实现了向烟气的原位转移，YY-R 烟丝特征物质清单中则未发现向烟气的原位转移。

导致上述情况可能包括三方面的原因：①烟丝特征物质在实际燃烧和热解暴露条件下，发生了分解；②烟丝特征物质进入卷烟烟气后，未被有效捕集；③烟丝特征物质在实现了有效捕集后，因干扰物质太多和含量太低，检测仪器未能检出。

2.5.2　基于特征物质的卷烟烟气差异性评价

通过对特征物质含量的多元统计分析，可以对不同烟气质量特征的卷烟规格进行分类，如图 3-5-6 所示。从图可知，红色圆点围成的 PCA 模式空间为 YX-R 样品，绿色方块围成的 PCA 模式空间为 YY-R 样品，而蓝色五边形围成的 PCA 模式空间为空白样品。PCA 模式空间通过不同卷烟烟气中检测到的特征物质含量可以清晰地区分空白样品和卷烟样品，但对不同规格的卷烟样品，通过烟气特征物质来区分效果欠佳。这可能是由于其所能捕获的烟气特征成分种类有限，信息不够充分。

通过计算不同规格卷烟烟气捕集特征物质含量的欧氏距离和马氏距离，可以对其进行一定的分类，具体结果如图 3-5-7 和图 3-5-8 所示。从图中可知，两种距离都可以通过不同卷烟烟气中检测到的特征物质含量清晰地区分空白样品和卷烟样品，但对不同规格的卷烟样品，通过烟气特征物质来区分效果欠佳。

综上所述，通过卷烟烟气中捕集的特征成分来进行不同规格的分类，由于其成分种类的局限性，导致其信息的局限性，不适宜用于不同规格卷烟的分类，建议采用烟丝特征成分来进行分类研究。

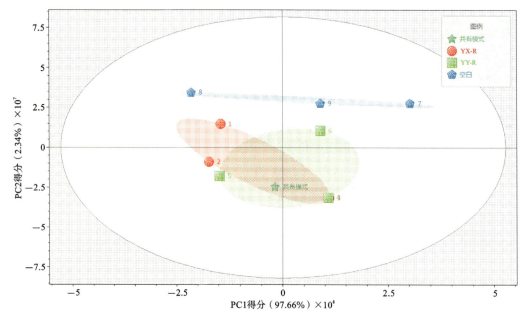

图 3-5-6　卷烟烟气气相捕集特征成分的 PCA 分类图

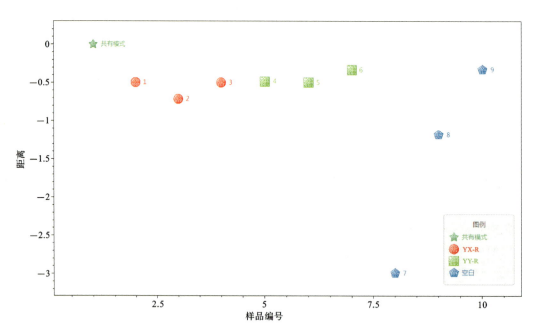

图 3-5-7　卷烟烟气气相捕集特征成分的马氏距离图

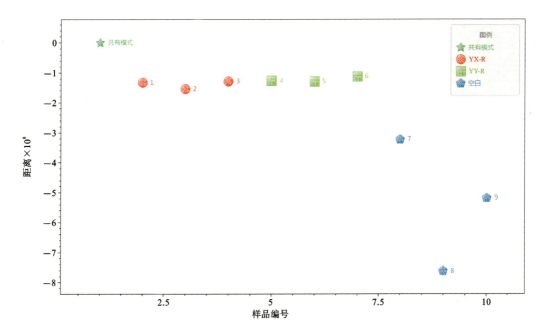

图 3-5-8　卷烟烟气气相捕集特征成分的欧氏距离图